大学计算机基础教程

张丽娅 编

科学出版社

北京

内 容 简 介

本书是"大学计算机基础"课程教学的主教材,全书共 9 章,内容包括计算机概述、计算机系统、计算机中的数据与编码、操作系统基础、网络基础及 Internet、计算机等级考试二级公共基础知识(程序设计基础、数据结构与算法基础、软件工程基础、数据库技术基础)、搜索引擎、常用软件简介、多媒体技术基础等。

本书可作为普通高等学校各类专业学生学习"大学计算机基础"课程的教材,也可作为计算机爱好者的入门参考书。

图书在版编目(CIP)数据

大学计算机基础教程/张丽娅编. —北京:科学出版社,2011
ISBN 978-7-03-032088-9

Ⅰ.①大… Ⅱ.①张… Ⅲ.①电子计算机-高等学校-教材 Ⅳ.①TP3

中国版本图书馆 CIP 数据核字(2011)第 167087 号

责任编辑:相 凌/责任校对:陈玉凤
责任印制:张克忠/封面设计:华路天然工作室

科 学 出 版 社 出版
北京东黄城根北街 16 号
邮政编码:100717
http://www.sciencep.com

北京市文林印务有限公司 印刷
科学出版社发行 各地新华书店经销

*

2011 年 8 月第 一 版 开本:720×1000 1/16
2011 年 8 月第一次印刷 印张:14 1/2
印数:1—5 000 字数:290 000

定价:26.00 元
(如有印装质量问题,我社负责调换)

前　　言

我校根据教育部高等学校计算机基础课程教学指导委员会制定的《关于进一步加强高等学校计算机基础教学的意见暨计算机基础课程教学基本要求》和教育部高等学校文科计算机教学指导委员会制定的《高等学校文科类专业大学计算机基础教学基本要求》，针对学生的不同起点，围绕提高大学生的计算机技术应用能力，并融入全国计算机等级考试二级模块的考核内容，形成了大学计算机基础分类分级有机递进的新的教学模式。本书是为适应这种新的教学模式而编写的，是田俊忠教授主持的宁夏自治区省级教学改革项目《非计算机专业计算机基础分类教学与分级教学的教学改革与实践》的研究成果之一。其教学内容改革的要点是：

(1) 把原来"大学计算机基础"主要讲的 Office 教学内容全部归口到实验教学内容之中，不再作为理论课进行讲授。节省的课时用于程序设计基础、数据结构与算法、软件工程基础、数据库技术基础等新增的计算机基础理论。

(2) 强化学生计算机技术的实际操作技能，以《大学计算机基础实践教程》为独立实验教学教材。以 Word2003、Excel2003、Powerpoint2003 与网络操作四大块为重点。补充 WindowsXP 操作系统、Access2003 和网页制作的操作内容，以专业班级为组织形式，以实验项目为单元，以实验大作业为训练抓手，进行计算机技能操作的实验教学。强化实验教学的过程训练与过程管理，真正实现了理论教学与实验教学的"2+2"教学模式。

本书共分 9 章，内容包括计算机概述、计算机系统、计算机中的数据与编码、操作系统基础、网络基础及 Internet、计算机等级考试二级公共基础知识、搜索引擎、常用软件简介、多媒体技术基础等。

本书在编写过程中得到了北方民族大学基础教学部的大力支持，同时计算机教研室的马占有、刘冬等老师对本书的编写提出了宝贵的意见和建议，在此一并表示衷心的感谢。

由于实行新的教学模式，教学内容的选择与把握有难度，加之作者水平所限，书中难免存在不足和欠妥之处，为了便于今后的修订和完善，恳望读者不吝指正，提出宝贵的意见和建议，十分感谢。

编　者

2011 年 3 月于北方民族大学基础教学部

目　　录

第1章 计算机概述

计算机及其广泛应用正在改变着传统的工作、学习、生活和思维方式，推动着社会的发展，成为人类学习、工作不可缺少的工具。计算机文化已融入到了社会的各个领域之中，成为了人类文化中不可缺少的一部分。在进入信息时代的今天，学习计算机知识，掌握计算机的应用已成为人们的迫切需求。

计算机是一种处理信息的工具，它能自动、高速、精确地对信息进行存储、传输和加工处理。

计算机的主要特点是：

（1）运算速度快。计算机的运算速度是指在单位时间内执行的平均指令数。目前，计算机的运算速度已达数万亿次/秒，极大地提高了工作效率。

（2）运算精度高。当前计算机字长为 32 位或 64 位，计算结果的有效数字可精确到几十位甚至上百位数字。

（3）存储功能强。计算机具有存储"信息"的存储装置，可以存储大量的数据，当需要时又可准确无误地取出来。计算机这种存储信息的"记忆"能力，使它能成为信息处理的有力工具。

（4）具有记忆和逻辑判断能力。计算机不仅能进行计算，还可以把原始数据、中间结果、指令等信息存储起来，随时调用，并能进行逻辑判断，从而完成许多复杂问题的分析。

（5）具有自动运行能力。计算机能够按照存储在其中的程序自动工作，不需要用户直接干预运算、处理和控制。这是计算机与其他计算工具的本质区别。

本章主要介绍计算机系统的基本知识，包括计算机的发展与应用、计算机的分类等内容。

1.1 计算机的发展

人类所使用的计算工具是随着生产的发展和进步，经历了从简单到复杂、从低级到高级的发展过程，其间相继出现了如算盘、计算尺、手摇机械计算机、电动机械计算机等。

1.1.1 早期计算工具的发展

人类最早的计算工具是手指，但是手指只能实现计数，不能进行存储，而且还局限于 0～20 以内的计算。

算筹起源于2000多年前的周朝，在春秋战国时应用已经非常普遍了，是世界上最早的计算工具。

算盘发明于唐朝，流行于宋朝。它是世界上第一种手动式计算工具，使用了两千年的算筹在此时演变为珠算，而珠算口诀是最早的体系化的算法。

1.1.2 早期计算机的发展

1625年，英格兰人威廉·奥特雷（William Oughtred）发明了能进行6位数加减法的滑动计算尺。

1642年，法国数学家帕斯卡（Pascal）采用与钟表类似的齿轮传动装置，设计出能进行8位十进制计算的加法器，如图1-1所示。

1822年，英国数学家巴贝奇（Charles Babbage）制造出了差分机，如图1-2所示，它由以前的每次只能完成一次算术运算，发展为自动完成某个特定的完整运算过程。此后，巴贝奇又设计了一种程序控制的通用分析机，它是现代程序控制方式计算机的雏型，其设计理论非常超前，但限于当时的技术条件而未能实现。

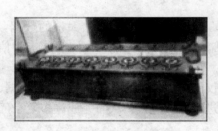

图1-1　帕斯卡发明的加法器（1642年）　　图1-2　巴贝奇发明的差分机（1822年）

基础理论的研究与先进思想的出现推动了计算机的发展。1854年，英国数学家布尔（George Boole）提出了符号逻辑的思想，数十年后形成了计算科学软件的理论基础。1936年，英国数学家图灵（Alan Turing）提出了著名的"图灵机"模型，探讨了现代计算机的基本概念，从理论上证明了研制通用数字计算机的可行性。1945年，匈牙利出生的美籍数学家冯·诺依曼（John Von Neumann）提出了在数字计算机内部的存储器中存放程序的概念。这是所有现代计算机的范式，被称为"冯·诺依曼结构"。按这一结构制造的计算机称为存储程序计算机，又称为通用计算机。半个世纪过去了，虽然现在的计算机系统从性能指标、运算速度、工作方式、应用领域和价格等方面与当时的计算机有很大的差别，但基本结构没有变，都属于冯·诺依曼计算机。冯·诺依曼因此而被人们称为"计算机之父"。

德国科学家朱斯（Konrad Zuse）最先采用电气元件制造计算机。他在1941年制成的全自动继电器计算机Z-3，已具备浮点记数、二进制运算、数字存储地址的指令形式等现代计算机的特征。

1946 年 2 月，美国宾夕法尼亚大学莫尔学院的莫克利(John W. Mauchly)和埃克特(J. Presper Eckert)，研制成功了世界上公认的第一台大型通用数字电子计算机ENIAC。这台计算机最初专门用于火炮弹道计算，后经多次改进后，成为了能进行各种科学计算的通用计算机。ENIAC 不是一台机器，而是一屋子机器，如图 1-3 所示，它大约使用了 18000 个电子管，1500 个继电器，重 30 吨，占地面积约 170 平方米，总耗资达 48.6 万美元。1955 年 10 月 2 日，ENIAC 正式退休，实际运行了 80223 个小时。ENIAC 仍然采用外加式程序，尚未完全具备现代计算机的主要特征。

图 1-3　通用数字电子计算机 ENIAC(1946 年)

新的重大突破是由冯·诺依曼领导的设计小组完成的。1945 年他们发表了一个全新的"存储程序式通用电子计算机"设计方案。1946 年 6 月，冯·诺依曼等人提出了更为完善的设计报告《电子计算机装置逻辑结构初探》。1949 年，英国剑桥大学数学实验室率先研制成功 EDSAC (Electronic Delay Storage Automatic Calculator，电子延迟存储自动计算机)。至此，电子计算机发展的萌芽时期宣告结束，开始了现代计算机的发展时期。

1.1.3　现代计算机的发展

在现代计算机诞生后的 60 年中，计算机所采用的基本电子元器件经历了电子管、晶体管、中小规模集成电路、大规模和超大规模集成电路四个发展阶段，如表 1-1所示。

表 1-1　计算机发展的四个阶段

代别	起止年份	代表产品	硬件			处理方式	应用领域
			逻辑单元	主存储器	其他		
第一代	1946~1957	ENIAC EDVAC IBM-705	电子管	磁鼓 磁芯	输入、输出主要采用穿孔卡片	机器语言 汇编语言	科学计算

代别	起止年份	代表产品	硬件			处理方式	应用领域
			逻辑单元	主存储器	其他		
第二代	1958~1964	IBM-7090 ATLAS	晶体管	普遍采用磁芯	外存开始采用磁带、磁盘	作业连续处理编译语言	科学计算、数据处理、事务管理
第三代	1965~1970	IBM-360 PDP-11 NOVA1200	中小规模集成电路	磁鼓 磁芯 半导体	外存普遍采用磁带、磁盘	多道程序实时处理	实现标准化系列,应用于各个领域
第四代	1971至今	IBM-370 VAX-11 CRAYⅡ	大规模和超大规模集成电路	半导体	普遍使用各种专业外设,大容量磁盘	网络结构实时、分时处理	广泛应用于各领域

一、第一代(1946~1957 年)

第一代计算机采用电子管作为基本电子元件,当时,主存储器有水银延迟线存储器、阴极射线示波管静电存储器、磁鼓和磁芯存储器等类型。由于电子管体积大、耗电多,这一代计算机运算速度低,存储容量小,可靠性差且造价昂贵。在计算机中,几乎没有什么软件配置,编制程序用机器语言或汇编语言。计算机主要用于科学计算和军事应用方面。代表机型为 1952 年由冯·诺依曼设计的 EDVAC 计算机,这台计算机共采用 2300 个电子管,运算速度比 ENIAC 提高了 10 倍,冯·诺依曼"程序存储"的设想首次在这台计算机上得到了体现。

二、第二代(1958~1964 年)

第二代计算机采用晶体管作为基本电子元件,第二代计算机另一个很重要的特点是存储器的革命。1951 年,当时尚在美国哈佛大学计算机实验室的华人留学生王安发明了磁芯存储器,这项技术彻底改变了继电器存储器的工作方式和与处理器的连接方法,也大大缩小了存储器的体积,为第二代计算机的发展奠定了基础。

计算机软件配置在这个时期开始出现,一些高级程序设计语言相继问世。如科学计算用的 FORTRAN,商业事务处理用的 COBOL,符号处理用的 LISP 等高级语言开始进入实用阶段。操作系统也初步成型,使计算机的使用方式由手工操作改变为自动作业管理。

三、第三代(1965~1970 年)

第三代计算机采用中小规模集成电路作为基本电子元件,计算机的体积和耗电量有了显著减小,计算速度也显著提高,存储容量大幅度增加。

这一时期半导体存储器逐步取代了磁芯存储器的主存储器地位,磁盘成了不可缺少的辅助存储器,并且开始普遍采用虚拟存储技术。

同时,计算机的软件技术也有了较大的发展,出现了操作系统和编译系统,出现了更多的高级程序设计语言。计算机的应用开始进入到许多领域。1964 年由 IBM 公司推出的 IBM 360 计算机是第三代计算机的代表产品，如图 1-4 所示。

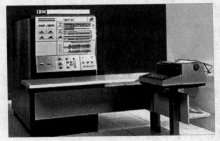

图 1-4　IBM 360 计算机(1964 年)

四、第四代(1971 年至今)

第四代计算机采用大规模和超大规模集成电路作为主要功能部件，主存储器使用了集成度更高的半导体存储器，计算机运算速度高达每秒几亿次甚至数百万亿次。在这个时期，计算机体系结构有了较大发展，并行处理、多机系统、计算机网络等都已进入实用阶段。软件方面更加丰富，出现了网络操作系统和分布式操作系统以及各种实用软件。

这一时期，超级计算机是通过使用大量集成电路芯片制造的，有些超级计算机干脆就是由一大批计算机组成的集群计算机。超级计算机的典型机器有美国 IBM 公司制造的 Blue Gene/L 超级计算机(蓝色基因)，它由数个服务器机柜连接而成，如图 1-5所示。在 1 个 1.8 米高的机柜中可以安装 32 个主板，每个主板上安装 32 个 CPU 芯片，芯片内部集成有 4 个时钟频率为 850MHz 的 PowerPC 450 的 CPU 内核，机器中 CPU 内核的数量达到了 13 万个以上。Blue Gene/L 超级计算机达到了每秒 478 万亿次基准计算，成为 2007 年全球最强大的超级计算机。

2010 年 11 月 14 日，国际 TOP500 组织在网站上公布了最新全球超级计算机前 500 强排行榜，中国首台千万亿次超级计算机系统"天河一号"雄居第一，其实测运算速度可以达到每秒 2570 万亿次，如图 1-6 所示，CPU 数量为 6144 个，使我国成为继美国之后世界上第二个能够自主研制千万亿次超级计算机系统的国家。

图 1-5　Blue Gene/L 超级计算机(2007 年)　　图 1-6　天河一号千万亿次超级计算机系统

1.1.4　微型计算机的发展

相对于高性能的大型或巨型计算机系统，在 20 世纪 70 年代诞生的微型计算机（Personal Computer，简称 PC，也称个人计算机）则因其较高的性价比而在各行各业得到了更为广泛的应用。

与微型计算机的发展相伴随的是微处理器的发展。世界上第一片微处理器是 Intel 公司于 1971 年研制生产的 Intel 4004，如图 1-7 所示，它是一个 4 位微处理器，可进行 4 位二进制的并行运算，拥有 45 条指令，运算速度为 0. 05 MIPS（Million Instructions Per Second，每秒百万条指令）。

图 1-7　Intel 4004 微处理器

Intel 4004 功能有限，主要用在计算器、电动打字机、照相机、台秤、电视机等家用电器上，一般不适用于通用计算机。而在同年末推出的 8 位扩展型微处理器 Intel 8008，则是世界上第一个 8 位微处理器，也是真正适用于通用微型计算机的处理器。它可一次处理 8 位二进制数，寻址 16KB 存储空间，拥有 48 条指令系统。这些优势使它能有机会应用于许多高级的系统。

微处理器及微型计算机从 1971 年至今经历了 4 位、8 位、16 位、32 位、64 位及多核芯六个时代。除上述主要用于袖珍式计算器的 Intel 4004 芯片外，其他具有划时代意义的微处理器有以下几个。

（1）1973 年 Intel 公司推出的 8 位微处理器 Intel 8080。这是 8 位微处理器的典型代表，它的存储器寻址空间增加到 64KB，并扩充了指令集，指令执行速度达到每秒 50 万条指令，同时还使处理器外部电路的设计变得更加容易且成本降低。除 Intel 8080 外，同时期推出的还有 Motorola 公司的 MC6800 系列及 Zilog 公司的 Z80 等。

（2）1978 年推出的 Intel 8086/8088 微处理器是 16 位微处理器的标志。其内部包含 29000 个 3μm 技术的晶体管，工作频率为 4.77MHz，采用 16 位寄存器和 16 位数据总线，能够寻址 1MB 的内存储器空间。IBM PC 采用的微处理器就是 Intel 8088。同时代的还有 Motorola 公司的 M68000 和 Zilog 公司的 Z8000。

（3）1985 年研制成功的 32 位微处理器 80386 系列。其内部包含 27. 5 万个晶体管，工作频率为 12.5MHz，后逐步提高到 40MHz。可寻址 4GB 的内存空间，并可管理 64 TB 的虚拟存储空间。

（4）"奔腾（Pentium）"微处理器于 2000 年 11 月发布，起步频率为 1.5GHz，随后陆续推出了 1.4GHz～3.2GHz 的 64 位 P4 处理器。

（5）2006 年开始推出并得到迅速发展的多核处理器，是计算技术的又一次重大飞跃。多核处理器是指在一个处理器上集成两个或更多个运算核心，从而提高计算能力。与单核处理器相比，多核处理器能带来更高的性能和生产力优势，因而成为一种广泛普及的计算模式。如图 1-8 所示为 Intel 公司推出的双核处理器芯片。

世界上第一台微型计算机 Altair 8800 于 1975
年 4 月由 Altair 公司推出，它采用 Zilog 公司的 Z80
芯片作为微处理器。它没有显示器和键盘，面板上
有指示灯和开关，给人的感觉更像一台仪器箱。

IBM 公司于 1981 年推出了首台个人计算机
IBM PC。1984 年又推出了更先进的 IBM PC/AT，
它支持多任务、多用户，并增强了网络能力，可连网
1000 台 PC。从此，IBM 彻底确立了在微型计算机
领域的霸主地位。

图 1-8　Intel Core 2 微处理器芯片

在微机发展的各个时期，为了满足市场的需求，都会推出一些相应的微机主流
应用技术。早期的微机主要用于 BASIC 等简单语言的编程，解决了计算机的普及
化问题。以后又推出了 2D(二维)图形技术，解决了微机只能处理字符的问题。386
微机时代，随着音频处理技术的发展，又推出了多媒体技术，主要解决音频和视频
播放问题。到 486 微机时代，推出了 Windows 技术，实现了图形化操作界面，使普
通用户也可以很简单地使用微机。近年来，主要是不断加强 3D 图形处理技术。随
着微机性能的增强，不同开发商推出了越来越多的微机设备和接口卡，为了简化对
这些设备安装和配置，即插即用技术得到了很好的应用。微机各个时期应用技术的
发展如图 1-9 所示。

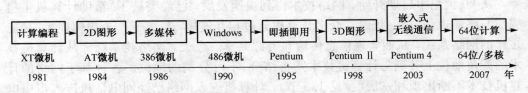

图 1-9　微机应用技术的发展

微机经过 30 多年的发展，性能得到了极大的提高，功能也越来越强大，应用涉及
各个领域。毫不夸张地说，微机已经成为我们工作和生活中重要的组成部分之一。今
天，微型计算机已真正走进了千家万户、各行各业，真正实现了其大众化、平民化和多
功能化的设计目标。

统计资料表明，微机自 20 世纪 70 年代中期问世以来，截至 2003 年，已售出 10
亿多台。其中 75％用于办公，25％用于个人用途，桌上型微机占了 81.5％ 左右。根
据国家信息产业部统计，2007 年中国计算机产量达到了 1.2 亿台。在目前计算机市场
上，微机占有比例达到了 90％以上。

1.1.5　未来计算机技术的发展

未来充满了变数，未来的计算机将会是什么样的？21 世纪是人类走向信息社会
的世纪，是网络的时代，是超高速信息公路建设取得实质性进展并进入应用的年代。

电子计算机技术正在向巨型化、微型化、网络化和智能化这四个方向发展。

巨型化不是指计算机的体积大，而是指运算速度高、存储容量大、功能更完善的计算机系统。巨型机的应用范围也日渐广泛，如在航空航天、军事工业、气象、电子、人工智能等几十个学科领域发挥着巨大的作用，特别是在复杂的大型科学计算领域，其他的机种难以与之抗衡。

计算机的微型化得益于大规模和超大规模集成电路的飞速发展。现代集成电路技术不断发展，可将计算机中的核心部件运算器和控制器集成在一块大规模或超大规模集成电路芯片上，作为中央处理单元，称为微处理器，从而使计算机作为"个人计算机"变得可能。微处理器自1971年问世以来，发展非常迅速，伴随着集成电路技术的发展，以微处理器为核心的微型计算机的性能不断提升。现在，除了放在办公桌上的台式微型机外，还有可随身携带的各种规格的笔记本电脑、可以握在手上的掌上电脑、可随时上网和进行文字处理的平板电脑、手机等。

据美国媒体报道，在2011年2月，美国科学家已成功研制出世界上最小的计算机———一种可以植入眼球的医用毫米级计算系统。这种计算机主要为青光眼患者研制，放置在患者眼球内可以监测眼压，方便医生及时为患者缓解痛苦。据介绍，这种计算机只有一立方毫米大小，包括一个极其节能的微处理器、一个压力传感器、一枚记忆卡、一块太阳能电池、一片薄薄的蓄电池和一个无线收发装置。通过无线收发装置，这个计算机能够向外部装置发出眼压数据资料。

从20世纪中后期开始，网络技术得到快速发展，已经突破了"帮助计算机主机完成与终端通信"这一概念。众多计算机通过相互连接，形成了一个规模庞大、功能多样的网络系统，从而实现信息传输和资源共享。今天，网络技术已经从计算机技术的配角地位上升到与计算机技术紧密结合、不可分割的地位。各种基于网络的计算机技术不断出现和发展（参见1.3节），计算机连入网络已经同电话机连入市内电话交换网一样方便，且网络信息传输的速度也随着"光纤到家"而变得越来越快。今天，计算机技术的发展已离不开网络技术的发展，同时，网络也成为人们生活的一部分。

计算机的智能化就是要求计算机具有人的智能，即让计算机能够进行图像识别、定理证明、研究学习、探索、联想、启发和理解人的语言等。目前，人工智能技术的研究已取得较大成绩，智能计算机（俗称"机器人"）已部分具有人的能力，能具有简单的"说"、"看"、"听"、"做"能力，能替代人类去做一些体力劳动或从事一些危险的工作。例如，日本福岛核电站出现核泄漏后，日本政府就曾"派"机器人进入核电站检测核泄漏情况。

人工智能是目前乃至未来可见的时间里计算机科学的研究热点。人工神经网络的研究，使计算机向人类大脑又迈出了重要的一步。今天，除了在软件技术方面不断深入研究，人们还寄希望于全新的计算机技术能够带动人工智能的发展。至少有三种技术有可能引发全新的革命，它们是光子计算机、生物计算机和量子计算机。

光子计算机的运算速度据推测可能比现行的超级计算机快 1000～10000 倍。而一台具有 5000 个左右量子位的量子计算机可以在大约 30 秒内解决传统超级计算机需要 100 亿年才能解决的素数问题。相对而言，生物计算机研究更加现实，美国威斯康星一麦迪逊大学已研制出一台可进行较复杂运算的 DNA 计算机。据悉，1 克 DNA 所能存储的信息量可与 1 万亿张 CD 光盘相当。这些推测，有理由使人们对人工智能的发展前景变得乐观。

计算机真的能具有人类的思维能力、模拟人类的行为动作吗？未来的计算机会像影视剧中描述的那样完全达到人的智力水平吗？我们拭目以待。

1.2　计算机的类型

计算机工业的迅速发展，导致了计算机类型的一再分化。从计算机主要组成部件来看，目前计算机主要采用半导体集成电路芯片；从市场主要产品来看，有超级计算机、微机、嵌入式系统等产品。

1.2.1　计算机系统的分类

计算机系统的分类方法有很多，一种常见的方法是按照其性能和价格的综合指标来分，可分为巨型机、大型机、中型机、小型机和微型机等。这种分法不是绝对的，随着技术的不断进步，各种类型计算机的性能都在不断提高，今天一台微型机的性能，甚至比过去一台大型机的性能还高，但是价格却要低很多。例如，20 世纪 90 年代的巨型机并不比目前微机的计算能力强。如果根据运算速度进行计算机类型分类，就必须根据运算速度的不断提高而随时改变计算机的分类，这显然是不合理的。随着技术的发展，计算机朝着大型化和微机化两个方向发展，大型计算机主要作为服务器（Server），微机主要用于客户机（Client）。

从计算机结构的观点来看，只要符合冯·诺依曼结构的机器，都可以称为计算机。但是，从超级计算机到简单的计算器都具有输入、输出、控制器、运算器、存储器五大结构单元，而手机也具有这五大结构单元，因此无法从系统结构的观点进行计算机类型分类。

从计算机组成的观点来看，计算机中最重要的核心部件是 CPU（中央处理单元），以不同的 CPU 类型来划分计算机类型是否可行呢？生产 CPU 的厂商非常多，不同 CPU 厂商之间的产品逐步分化为两大阵容：CISC（复杂指令系统）系列和 RISC（简单指令系统）系列。在 CISC 系列产品中，主要包括 Intel、AMD（超威）、VIA（威胜）生产的 X86 系列 CPU 产品，它们在硬件上虽然不完全兼容，但是在操作系统一级上是相互兼容的，也就是说，它们都可以运行 Microsoft 的 DOS 或 Windows 操作系统。我们通常所说的微机，大部分是指这类微机。生产 RISC 系列 CPU 的厂商有 IBM、Motorola（摩托罗拉）、Sun（太阳）、HP（惠普）等，它们之间的 CPU 产品在硬件上互不兼容，在软件上也无法统一。因此，它们生产的计算机有些称为"微机"，如采用 PowerPC 芯片的苹果微机，它们的操作系统为苹果公司自己开发的 Mac OS X；也有些称为"工作站"，如 Sun 公司采用 Ultra-SPARC III 芯片生产的计算机，它们采用 Sun 公司设计的 Solaris 操作系统。无论是采用 CISC 芯片，还是采用 RISC 芯片，都可以采用单个 CPU 芯片组成微机系统，或采用多个 CPU 芯片组成大型服务器计算机系统，甚至采用成千上万个 CPU 芯片组成超级计算机系统。因此很难从计算机组成的观点对计算机类型进行划分。

自从现代计算机诞生以来，IT（信息技术）产业的发展一直非常迅速，各种新技术不断推出，计算机性能不断提高，应用范围发展到各行各业。因此，很难对计算机进行一个精确的类型划分。如果按照目前计算机的市场分布情况，大致可以分为大型计算机、微机、嵌入式系统三类，如图 1-10 所示。

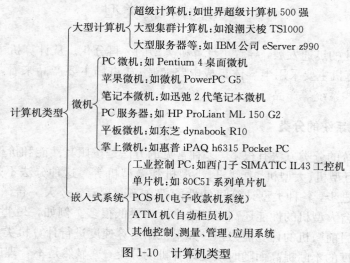

图 1-10   计算机类型

一、大型计算机

大型计算机包括超级计算机、大型集群计算机、大型服务器等。国际上每年都进行计算机 500 强测试，凡是能够入围的产品都可以称为超级计算机，超级计算机主要用于科学计算、军事领域以及国家大型项目等。大型集群计算机技术是利用许多台单独的计算机，组成一个计算机群，使多个计算机系统能够像一台机器那样工作。集群计算机一般采用专用操作系统（如 UNIX 或 Linux）和软件实现并行计算，而价格只有专用大型机的几十分之一，且具有可增长的特性，也就是可以不断向集群系统中加入新的计算机。集群计算机提高了系统的稳定性和数据处理能力，许多超级计算机也采用了集群技术，大型集群计算机主要用于大型工程项目。大型服务器一般采用专用的系统结构，一般用于通信、网络、工程计算等项目。

二、微机

微机包括 PC 微机、苹果微机、笔记本微机、PC 服务器、各种工作站、平板笔记本微机、掌上微机（PDA）等产品。

三、嵌入式系统

嵌入式系统包括工业控制 PC、单片机、POS 机（电子收款机系统）、ATM 机（自动柜员机）等系统。嵌入式系统是将微机或某个微机核心部件安装在某个专用设备之内，并对这个设备进行控制和管理，使设备具有智能化操作的特点。例如，在手机中嵌入 CPU、存储器、图像音频处理芯片、微型操作系统等计算机芯片或软件，就使手机具有了上网、摄影、播放 MP3 等功能。

1.2.2　微型计算机的类型

一、微机定义的不确定性

从微机发展历史的角度考察，1971 年 11 月 Intel 公司推出了一套芯片，包括 4001 ROM、4002 RAM、4003 移位寄存器、4004 微处理器，Intel 公司将这套芯片称为"MCS-4 微型计算机系统"，这是最早提出的"微机"概念。但是，这仅仅是一套芯片而已，并没有组成一台真正意义上的微机，以后，人们将装有微处理器芯片的机器称为"微机"。然而，随着 CPU 技术的发展，生产微处理芯片的厂商越来越多，它的应用领域也越来越广泛，产品也互不兼容。例如，在一些大型计算机中，就安装有几百个微处理器。因此，以机器内部是否有微处理器芯片来界定微机是不科学的。

如果仅仅从"微机"这一字面意义来理解，微机是一种外形小巧的计算机，但是外观小到什么尺寸并没有统一的标准规定。我们日常放在办公桌上使用的机器称为"微机"，一些可以随身携带的数据处理机器也称为掌上微机。从目前技术发展的情况看，微机的外观尺寸在不断缩小，因此，无法从外观尺寸来界定微机。

由以上分析可以看到，"微机"是一个非常含糊的概念，至今也没有一个权威的定义。由外观尺寸、计算性能、系统结构、CPU 类型等，任何单一标准来定义"微机"这一概念，都是不完整、不准确的。"电脑"一词首先由港台地区引入，它是对微机的一种通俗称呼，它的含义更加不确定，国际上也没有相对应的单词。

按产品范围大致可以将微机划分为个人计算机（PC）、苹果微机（Mac）、掌上微机（PDA）等类型。

二、PC 系列微机

1981 年，IBM 公司推出了个人计算机（PC）系统，它采用了 Intel 公司的 CPU 作为核心部件。以后，凡是能够兼容 IBM PC 的微机产品都称为"PC 机"。目前大部分桌面微机都采用 Intel 和 AMD 公司的 CPU 产品，这两个公司的 CPU 产品往往兼容 Intel 公司早期的"80X86"系列 CPU 产品，因此也将采用这两家公司 CPU 产品的微机称为 X86 系列微机。

如果从微机应用范围分类，可以分为台式微机、笔记本微机、PC 服务器、平板微机等类型。台式微机在外观上有立式和卧式两种类型，它们在性能上没有区别。台式微机主要用于企业办公和家庭应用，如图 1-11 所示，因此要求有较好的图形和多媒体功能。由于台式微机应用领域广泛，它们的应用软件也是最为丰富的，这类微机有较好的性价比，占微机市场的 80％左右。

笔记本微机主要用于移动办公，因此要求机器具有短小轻薄的特点，如图 1-12 所示。笔记本微机在硬件上虽然按照 PC 设计规范制造，但是由于受到体积的限制，不同厂商之间的产品是不能互换的。在与台式微机相同的配置下，笔记本微机的性能要低于台式微机，价格也要高于台式微机。笔记本微机一般具有无线通信功能。笔记本微机的尺寸虽然小于台式微机，但它的软件系统与台式微机是兼容的。

图 1-11　台式微机

图 1-12　笔记本微机

平板微机是 Microsoft 公司 2002 年 11 月推出的一种新式微机，也称为"Tablet PC"，如图 1-13 所示。在外观上是杂志大小的平板形状，在设计上完全改变了现有的"键盘＋鼠标"操作模式，所有的操作都通过一支专用的手写笔完成，并采用 Windows XP Table PC Edition 操作系统，在软件上它与普通台式微机基本兼容。

(a) 笔操作平板式微机　　(b) 可折叠的键盘　　(a) 机架式PC服务器

(c) 折叠后的平板微机　　(b) 机箱式PC服务器

图 1-13　平板微机　　　　　图 1-14　机架式和机箱式 PC 服务器

PC 服务器往往采用机箱或机架等形式，机箱式 PC 服务器体积较大，便于今后扩充硬盘等 I/O 设备，如图 1-14(b)所示；机架式 PC 服务器体积较小，尺寸标准化，扩充时在机柜中再增加一个机架式服务器既可，如图 1-14(a)所示。PC 服务器一般运行在 Windows Server 或 Linux 操作系统下，在软件和硬件上都与其他 PC 微机兼容。PC 服务器硬件配置一般较高。例如，它们往往采用高性能的 CPU，如 Intel"至强"系列 CPU 产品，有时甚至采用多 CPU 结构，主板也要求有 64 位的 PCI-X 总线，内存容量一般较大，而且要求具有 ECC（错误校验）功能，硬盘也采用高转速和支持热插拔的 SCSI 硬盘。由于大部分服务器要求不间断工作，因此往往采用冗余电源。它们主要用于网络服务器主机，因此对图形和多媒体功能几乎没有要求，但是对数据处理能力和系统稳定性有很高要求。

三、苹果系列微机

美国苹果公司是早期微机生产厂商之一，苹果公司微机产品有苹果 Power Mac G4 系列、苹果 Power Mac G5 系列、iMac、MacBook 等，早期这些产品在硬件和软件上均与 PC 系列微机不兼容。苹果公司的 Power Mac 微机采用 Motorola 公司和 IBM 公司联合开发的 CPU 芯片，PowerPC 采用简单指令计算架构（RISC）。苹果 Power Mac G5 微机采用双 64 位 PowerPC G5 处理器，高端的型号拥有两块 2.5GHz 处理器，而且配备先进的水冷系统。苹果微机采用基于 UNIX 的 Mac OS X 操作系统。

苹果微机外形漂亮时尚，如图 1-15 所示，图像处理速度快，但是，由于与 PC 微机不兼容，造成大量 PC 软件不能在 Mac 微机上运行。另外，苹果 Mac 微机没有兼容机，因此微机价格偏高，影响了它的普及。苹果微机在我国主要应用于美术设计、视频处理、出版等行业。苹果微机后来的产品中，由于 Intel 处理器的介入，其也可以像其他的 PC 一样安装 Windows 系统。

四、掌上微机

掌上微机也称为 PDA（个人数字助理）、Palm-size PC、Pocket PC，它是一种可以拿在手上，装在口袋里的微机，如图 1-16 所示。

图 1-15　苹果微机　　　　　　　　图 1-16　掌上微机

掌上微机的特点是小巧、功能丰富，具有记事簿、计算器、备忘录等多种功能。掌上微机可以和 GSM（全球移动通信系统）网络相连，作为手机使用，也可以进行无线数据传输。

掌上微机从基本结构和工作原理上来说，与通用计算机没有太大的区别。掌上微机与台式 PC 不同，它们之间虽然可以进行数据交换，但没有直接的兼容性，掌上微机与笔记本微机也有很大的区别。掌上微机多采用笔输入，更适合普通移动用户使用，但不能快速、大量地输入和处理数据。掌上微机有文字编辑功能，但是没有 Word 这样强大的功能。简单地说，掌上微机具有简单、实用、小巧的特点。

掌上微机的硬件资源非常有限，不要说没有海量存储的硬盘，就是所配的内存容量也不能与台式机相比。掌上微机的体积和重量受到了很大的限制，供电方式也以电池为主，因此要求对整机的功耗进行严格控制。

惠普公司生产的 HP iPAQ hx2410 Pocket PC 系列掌上微机，它采用 Intel PXA270 520MHz 处理器，最大用户内存为 65MB，屏幕分辨率为 240×320 像素，集成无线局域网协议(IEEE 802.11b)，集成蓝牙功能，支持 USB 和串口通信，电池采用可充电 1440mAh 锂离子电池。操作系统为 Windows Mobile 2003 Software for Pocket PC，应用软件有日历、通讯录、任务、录音机、记事本、Pocket Word、Pocket Excel、Pocket Internet Explorer、Windows Media Player、安全管理软件、计算器、收件箱、文件管理器等。

1.3 计算机应用技术

虽然发明计算机的初衷是军事领域中大数据量计算的需要，但信息技术的进步使今天的计算机的功能已经远远超出了"计算的机器"这样狭义的概念，计算机的应用已深入到社会的各个领域。其应用方向也不再限于单纯的数值计算，而是逐渐拓展到了包括信息处理、过程控制、人工智能、多媒体技术、电子商务、计算机辅助设计和制造等多个方向。近年来，随着计算机技术特别是网络技术的发展，新的计算机应用技术不断提出并实现。限于篇幅，以下仅简要介绍近年来得到飞速发展的计算机应用技术。

1.3.1 普适计算

只有当机器进入人们生活而不是强迫人们进入机器世界时，机器的使用才能像在林中漫步一样新鲜有趣。

案例 1：在一个智能教室环境下，如果投影设备的显示效果不是很理想，教师可以通过自己的掌上电脑向学生的掌上电脑发送电子课件。当教师走近学生讨论组时，其掌上电脑会动态加入该组，下载该组正在讨论的材料。

这就是一个普适环境，它由投影机、教师掌上电脑、学生掌上电脑组成，该系统通过可重新配置的上、下文敏感中间件，突出对环境的感知和动态自组网络通信的支持。

案例 2：一个普适医疗服务系统，可以提供任何时间、任何地点的医疗服务访问。在一辆急救车上配备无线定位系统，就可以准确地定位突发事故现场，同时利用无线网络获取实时的交通信息。另外，在事故现场，通过便携式或移动式设备监测患者的脉搏、血压、呼吸等数据，通过无线网络访问分布式的医疗服务系统，下载有关病历数据等必要信息。

除了基于定位系统的应急响应机制，普适医疗服务系统的功能还包括基于移动设备和无线网络的远程医疗诊断、远程患者监护及远程访问具有患者病历信息的医疗数据库。

施乐公司 Palo Alto 研究中心的首席技术官 Mark Weiser 曾经说过,最深刻和强大的技术应该是"看不见"的技术,是那些融入日常生活并消失在日常生活中的技术。这个被称为"普适计算之父"的人在 20 世纪 90 年代初就声称受社会学家、哲学家和人类学家的影响,他重新审视了网络计算模式。他指出,21 世纪的计算将是一种无所不在的计算(Ubiquitous Computing)。

因此,普适计算也称为普及计算(Pervasive Computing 或 Ubiquitous Computing),强调将计算和环境融为一体,而让计算本身从人们的视线中消失,使人的注意力回归到要完成的任务本身。它的含义是:在普适计算的模式下,人们能够在任何时间、任何地点、以任何方式进行信息的获取与处理。简单地说,是一种无处不在的计算模式。

互联网应用的兴起使计算模式继主机计算和桌面计算之后进入一种全新的模式,也就是普适计算模式。这种新的计算模式强调把计算机嵌入人们日常生活和工作环境中,使用户能方便地访问信息和得到计算的服务。

普适计算包括移动计算,但普适计算更强调环境驱动性。这要求普适计算对环境信息具有高度的可感知性,人机交互更自然化,设备和网络的自动配置和自适应能力更强,所以普适计算的研究涵盖传感器、人机交互、中间件、移动计算、嵌入式技术、网络技术等领域。

1.3.2 网格计算

随着计算机的普及,个人计算机开始进入千家万户,随之产生了计算机的利用率问题。越来越多的计算机处于闲置状态,即使在开机状态下,CPU 的潜力也远不能被完全利用。可以想象,一台家用计算机将大多数时间花费在"等待"上,即使是实际运行时,CPU 依然存在不计其数的等待(如等待输入)。互联网的出现使得连接调用所有这些拥有限制计算资源的计算机系统成为现实。

对于一个非常复杂的大型计算任务,通常需要用大型或巨型计算机来完成,所花费的时间视任务的复杂程度而定。对于一般用户来讲,可能难以拥有这样的大型计算设备。那么,如果能将这个大型计算任务分解为多个小的计算任务片段,然后将它们分发到网络中不同物理位置的、处于闲置状态的个人计算机中进行处理,处理完后只需要将计算结果汇总,就可以方便地完成一个大型计算任务。对于用户来讲,关心的是任务的完成结果,并不需要知道任务是如何切分及哪台计算机执行了哪个小任务。这样,从用户的角度看,就好像拥有了一台功能强大的虚拟计算机,这就是网格技术。

网格计算(Grid Computing)是利用互联网上计算机 CPU 的闲置处理能力来解决大型计算问题的一种计算科学,它研究如何将一个需要巨大计算能力才能解决的问题分成许多小任务,然后根据网络中计算资源当前的实际利用情况,将这些小任务分配给相应的计算设备进行处理,最后把这些计算结果综合起来得到最终结果。

网格计算的目的是将整个网络中的计算机、各种存储设备、数据库等资源整合成为一体，形成一台巨大的超级计算机，而不用考虑提供资源的计算机的具体信息，为用户提供"即插即用"的"即连即用"式服务，实现包括计算、存储、数据、信息等各类资源的全面共享。到目前为止，网格技术已经被应用于不同的领域来解决存储、计算能力等方面的诸多问题。

网格计算包括任务管理、任务调度和资源管理，它们是网格计算的三要素。用户通过任务管理向网格提交任务，为任务指定所需的资源，删除任务并检测任务的运行；用户提交的任务由任务调度按照任务的类型、所需的资源、可用资源等情况安排运行日程和策略；资源管理则负责检测网格中资源的状况。

1.3.3 云计算

云计算（Cloud）的概念是由 Google 提出的，是分布式计算、并行计算和网格计算的发展，或者说是这些科学概念的商业实现，指通过网络以按需、易扩展的方式获得所需的服务。

云计算的核心思想是将大量用网络连接的计算资源统一管理和调度，构成一个计算资源池，向用户按需服务。提供资源的网络被称为"云"。"云"中的资源在使用者看来是可以无限扩展的，并且可以随时获取、按需使用、随时扩展，按使用情况付费。

云计算是网格计算的发展（虽然与网格计算有所不同），强调某个机构内部的分布式计算资源的共享，由于确保了用户运行环境所需的资源，可将用户提交的一个处理程序分解成较小的子程序，使在不同的资源上进行处理成为可能。

云计算的基本原理是通过使计算分布到大量的分布式计算机上（而非本地计算机或远程服务器中），使得企业能够将资源切换到所需要的应用上，根据需求访问计算机和存储系统。

在云计算模式下，用户不再需要购买复杂的硬件和软件，只需要支付相应的费用给"云计算"服务提供商，通过网络就可以方便地获取所需要的计算、存储等资源。从服务的角度看，云计算是一种全新的网络服务模式，将传统的以桌面为核心的任务处理转变为以网络为核心的任务处理，利用互联网实现一切处理任务，使网络成为传递服务、计算力和信息的综合媒介，真正实现按需计算、网络协作。

1.3.4 人工智能

人工智能（Artificial Intelligence）是研究、开发用于模拟、延伸和扩展人的智能的理论、方法、技术及应用系统的一门新的技术科学。它是计算机科学的一个分支，企图了解智能的实质，并生产出一种新的能以人类智能相似的方式做出反应的智能机器。

人工智能的基本研究主要包括如下内容。

（1）机器感知。主要包括计算机视觉和计算机听觉，研究用计算机来模拟人和生物的感官系统功能，使计算机具有"感知"周围世界的能力；具体来说，就是让计算机具有对周围世界的空间物体进行传感、抽象、判断的能力，从而达到识别、理解的目的。根据其处理过程的先后及复杂程度，计算机视觉的任务可以分成下列几个方面：图像的获取、特征抽取、识别与分类、三维信息理解、景物描述和图像解释。计算机听觉建立在机器识别语言、声响和自然语言理解的基础上。语言理解包括语音分析、词法分析、句法分析和语义分析。机器感知是计算机获取外部信息的基本途径，是使机器具有智能不可缺少的组成部分，对此人工智能中已经形成两个专门的研究领域：模式识别和自然语言理解。

（2）机器思维。指计算机对通过感知得来的外部信息及其内部的各种工作信息进行有目的的处理。正像人的智能来源于大脑的思维活动一样，机器智能也是通过机器思维实现的，因此，机器思维是人工智能研究中最重要、最关键的部分。为了使计算机能模拟人类的思维活动，需要开展以下研究：

① 知识的表示，特别是各种不精确、不完全、非规范知识的表示；

② 知识的组织、累积和管理技术；

③ 知识的推理，特别是各种不精确推理、归纳推理、非单调推理、定性推理；

④ 各种启发式搜索及控制策略；

⑤ 神经网络、人脑的结构及其工作原理。

（3）机器学习。学习是人类具有的一种重要智能行为，人类能够获取新的知识、学习新技巧，并在实践中不断完善、改进。机器学习就是要使计算机具备这种学习能力，在不断重复的工作中使本身能力增强或得到改进，使得在下一次执行同样任务或类似任务时，会比现在做得更好或效率更高，并且能克服人类在学习中的局限性，如遗忘、效率低、注意力分散等弱点。

（4）机器行为。与人的行为能力相对应，机器行为主要是指计算机的表达能力，如"说"、"写"、"画"等。对于智能机器人，还应具有人的四肢功能，能走路、能操作。

（5）智能系统及智能计算机构造技术。人工智能的最终目标就是要构造智能系统及智能机器，因此需要开展对系统分析与建模、构造技术、建造工具及语言的研究。

1950 年，计算机理论的奠基人艾伦·图灵在哲学性杂志《精神》上发表了一篇题为"计算机和智能"（Computing Machiery and Intelligence）的著名文章，文章提出了一个检验计算机是否具备人类"思维"的方法，后来被称为"图灵测试"或"图灵检验"。

被测试者中有一个是人，另一个是声称有人类智力的机器。测试时，测试人与被测试者分开，测试人通过一些装置（如键盘）向被测试者提出问题，这些问题可以是任何问题。提问后，如果测试人能够正确地分出谁是人谁是机器，那么机器就没有通过图灵测试，如果测试人没有分出，则这个机器就是有人类智能的。

当然，目前还没有一台机器能够通过图灵测试，也就是说，计算机的智力与人类还相差很远。但图灵指出："如果机器在某些现实的条件下，能够非常好地模仿人回答问题，以至提问者在相当长时间里误认它不是机器，那么机器就可以被认为是能够思维的。"

虽然成功通过图灵测试的计算机还没有，但已有计算机在测试中"骗"过了测试者。著名的"深蓝(Deep Blue)"机器人就是一个很好的例证。1997 年 5 月 11 日，由IBM 公司研制的名为"深蓝(Deep Blue)"的超级计算机 AS/6000 SP，与"人类最伟大的棋手"——前苏联国际象棋世界冠军卡斯帕洛夫进行的人机象棋大赛，最终计算机以微弱优势取胜。这个案例及众多的影视作品都不禁会让人设想：未来会出现能够骗过大多数人的计算机吗？

1.3.5 物联网

物联网(The Internet of things)，顾名思义，就是"物物相连的互联网"，是新一代信息技术的重要组成部分。它是通过射频识别(Radio Frequency Identification，RFID)、红外感应器、全球定位系统、激光扫描器等信息传感设备，按约定的协议，把任何物体与互联网相连，进行信息交换和通信，以实现对物体的智能化识别、定位、跟踪、监控和管理的一种网络。

物联网的核心和基础仍然是互联网，是在互联网基础上延伸和扩展的网络。其用户端可延伸和扩展到任何物体与物体之间，实现物体与物体之间的信息交换和通信。

物联网可分为三层：感知层、网络层和应用层，如图 1-17 所示。感知层由各种传感器(如温度传感器、湿度传感器、摄像头、GPS 等感知终端)和传感器网关构成。其作用相当于人的眼耳鼻喉和皮肤等神经末梢，它是物联网识别物体、采集信息的来源，其主要功能是识别物体，采集信息。

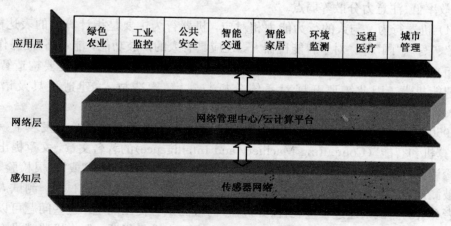

图 1-17 物联网架构示意图

网络层由各种私有网络、互联网、有线和无线通信网、网络管理系统和云计算平台等组成，相当于人的神经中枢和大脑，负责传递和处理感知层获取的信息。

应用层是物联网和用户(包括人、组织和其他系统)的接口,它与行业需求结合,实现物联网的智能应用。

目前,物联网技术已在多个行业和领域得到应用。例如上海浦东国际机场的入侵防护系统,为了保护机场安全,铺设了 3 万多个传感节点,覆盖了地面、栅栏和低空探测,可以防止人员的翻越、偷渡、恐怖袭击等攻击性入侵。

物联网技术近年来发展迅速,已广泛应用于物流、零售、制药、安保等各个领域,在不断地改变着人们目前的生活方式。未来的物联网将会向更加智能化的方向发展。

第 2 章　计算机系统

随着计算机技术的快速发展，计算机及其应用已渗透到社会生活的各个领域。为了更好地使用计算机，必须对计算机系统有个全面的了解。本章主要介绍计算机系统、计算机硬件系统和基本工作原理、计算机软件系统、微型计算机硬件等内容。

2.1　计算机系统概述

一个完整的计算机系统由硬件系统和软件系统两部分组成。硬件系统是构成计算机系统的各种物理设备的总称，它包括主机和外部设备两部分。软件系统是运行、管理和维护计算机的各类程序和文档的总称。通常把没有安装任何软件的计算机称为"裸机"，裸机只能识别由 0、1 组成的机器代码，对于一般用户来说几乎是没有用的。计算机之所以能够应用到各个领域，是由于软件的丰富多彩，并且能够出色地按照人们的意图完成各种不同的任务。一个完整的计算机系统如图 2-1 所示。

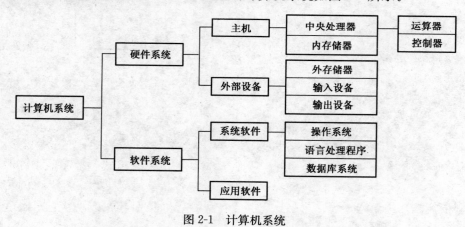

图 2-1　计算机系统

2.2　计算机硬件系统和基本工作原理

2.2.1　计算机硬件系统

计算机的工作过程就是执行程序的过程，而程序是指令的序列。所以，计算机的工作过程就是执行指令的过程。怎样组织程序，涉及计算机体系结构的问题。1946 年，第一台电子计算机 ENIAC 投入运行，它以每秒 5000 次运算的计算速度震惊了世界(这在当时是不可想象的)。但事实上,在它未完工之前,一些人,包括它的主要设计者就已经认识到,它的控制方式已不适用了。ENIAC并不像现代计算机那样用程序来进行控制,而是利用硬件,即利用插线板和转换开关所连接的逻辑电路来控制运算。而对现代计算机的体系结构和工作原理具有重大影响的是冯·诺依曼和他的同事们研制的EDVAC计算机。它的主要特点可以归纳为:

(1) 计算机硬件设备由存储器、运算器、控制器、输入设备和输出设备五大部件组成,它们之间的关系如图2-2所示;

(2) 计算机内部一律采用二进制数码来表示指令和数据,每条指令一般由一个操作码和一个地址码构成,其中操作码表示所做的操作性质,地址码则指出被操作数在存储器中的存放地址;

(3) 将编制好的程序(由若干条相应的指令构成)存入计算机的存储器,当计算机工作时,能自动地逐条取出指令并执行指令。

从计算机的第1~第4代,一直没有突破这种冯·诺依曼的体系结构,目前绝大多数计算机都是基于冯·诺依曼计算机模型而开发的。

一、运算器

运算器也称算术逻辑单元(ALU),是计算机进行算术运算和逻辑运算的部件。算术运算有加、减、乘、除等;逻辑运算有比较、移位、与运算、或运算、非运算等。在控制器的控制下,运算器从存储器中取出数据进行运算,然后将运算结果写回存储器中。

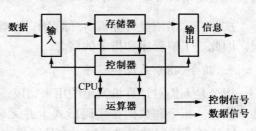

图2-2 冯·诺依曼计算机模型

二、控制器

控制器主要用来控制程序和数据的输入和输出以及各个部件之间的协调运行,控制器由程序计数器、指令寄存器、指令译码器和其他控制单元组成。控制器工作时,它根据程序计数器中的地址,从存储器中取出指令送到指令寄存器中,经译码单元译码后,再由控制器发出一系列命令信号,送到有关硬件部位引起相应动作,完成指令所规定操作。

三、存储器

存储器的主要功能是存放运行中的程序和数据。在冯·诺依曼计算机模型中,存储器是指内存单元。存储器中有成千上万个存储单元,每个存储单元存放一组二进制信息。对存储器的基本操作是数据的写入或读出,这个过程称为"内存访问"。为了便于存入或取出数据,存储器中所有单元均按顺序依次编号,每个单元的编号称为"内存地址",当运算器需要从存储器某单元读取或写入数据时,控制器必须提供存储单元的地址。

四、输入设备

输入设备的第一个功能是用来将现实世界中的数据输入到计算机中,如输入数字、文字、图形、电信号等,并且转换成为计算机熟悉的二进制码;第二个功能是由用户对计算机进行操作控制。常见的输入设备有键盘、鼠标、数码相机等设备。还有一些设备既可以作为输入设备,也可以用作输出设备,如优盘、硬盘、网卡等。

五、输出设备

输出设备将计算机处理的结果转换成为用户熟悉的形式,如数字、文字、图形、声音、视频等。常见的输出设备有显示器、打印机、硬盘、优盘、音箱、网卡等。

在现代计算机中,往往将运算器和控制器制造在一个集成电路芯片内,这个芯片称为 CPU。CPU 的主要工作是与内存系统或 I/O(输入/输出)设备之间传输数据;进行算术和逻辑运算;通过逻辑判断,控制程序的流向。CPU 性能的高低,往往决定了一台计算机性能的高低。

2.2.2 计算机的基本工作原理

按照冯·诺依曼计算机"存储程序"的概念,计算机的工作过程就是执行程序的过程。因此要了解程序和指令的概念。

一、指令、指令系统和程序

指令是人们对计算机发出的用来完成一个最基本操作的工作命令,它由计算机硬件来执行。指令和数据在代码形式上并无区别,都是由 0 和 1 组成的二进制代码序列,只是各自约定的含义不同。在计算机中采用二进制,使信息数字化容易实现,并可以用二值逻辑元件进行表示和处理。

指令是能被计算机识别并执行的二进制代码,它规定了计算机能完成的某一种操作,指令的数量与类型由 CPU 决定。系统内存用于存放程序和数据,程序由一系列指令组成,这些指令在内存中是有序存放的,什么时候执行哪一条指令由 CPU 中的控制单元决定。数据是用户需要处理的信息,它包括用户的具体数据和这个数据在内存系统中的地址。

一条指令通常由操作码和操作数两部分组成。

操作码指明该指令要完成的操作类型或性质,如取数、做加法或输出数据等。操作码的位数决定了机器操作指令的条数,当使用定长操作码格式时,若操作码位数为 N,则指令条数可有 2^N 条。

操作数指明操作对象的内容或所在的存储单元地址(地址码),操作数在大多数情况下是地址码,地址码可以有多个。从地址码得到的仅是数据所在的地址,可以是源操作数的存放地址,也可以是操作结果的存放地址。

一台计算机的所有指令的集合称为该计算机的指令系统。不同类型计算机的指令系统有所不同。但无论是哪种类型的计算机,指令系统都应具有以下功能的指令:

(1)数据传送指令,将数据在内存与CPU之间进行传送;

(2)数据处理指令,对数据进行算术、逻辑或关系运算;

(3)程序控制指令,控制程序中指令的执行,如条件转移、无条件转移、调用子程序、返回、停机等;

(4)输入/输出指令,用来实现外部设备与主机之间的数据传输;

(5)其他指令,对计算机的硬件和软件进行管理等。

程序是人们为解决某一实际问题而设计的指令序列,指令设计及调试过程称为程序设计。存储程序意味着事先将编制好的程序(包含指令和数据)存入计算机存储器(内存)中,计算机在运行程序时就能自动地、连续地从存储器中依次取出指令并执行。计算机的功能很大程度上体现为程序所具有的功能。

二、计算机的基本工作原理

计算机的工作过程就是执行程序的过程,而程序是指令的序列。

指令是控制计算机完成某种操作并能够被计算机硬件所识别的命令。根据冯·诺依曼计算机的原理,程序在被执行前先要存放在(内)存储器中,而程序的执行需要由CPU完成。因此,计算机在执行程序时,首先需要按某种顺序将指令从内存储器中取出(一次读取一条指令)并送入微处理器,处理器分析指令要完成的动作,再去存储器中读取相应的操作数,然后执行相应的操作,最后将运算结果存放到内存储器中。这一过程直到遇到结束程序运行的指令为止。

因此,指令的执行过程可简单地描述为五个基本步骤:取指令、分析指令、读取操作数、执行指令和存放结果。如图 2-3 所示给出了一条指令的执行流程。

图 2-3 中的"需读取操作数?"的分支,表示不是每一条指令都需要到内存中去读取操作数。当然,这不表示指令没有操作的对象,而是操作的对象可能是处理器本身。

以下讨论只包括取指令、分析指令(也称指令译码)和执行指令这三个基本步骤时指令的执行方式。

在现代微处理器中,取指令、分析指令和执行指令的工作是由三个部件分别完成的。这三个部件可以同时工作(并行工作),也可以按顺序方式工作(串行工作)。

1. 顺序工作方式

所谓顺序工作方式,是指取指令、分析指令和执行指令三个部件依次工作,前一个部件工作结束后,下一个部件才开始工作。

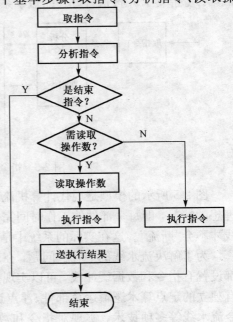

图 2-3 指令的执行流程

指令顺序执行方式如图 2-4 所示,这是早期计算机系统中均采用的执行方式。

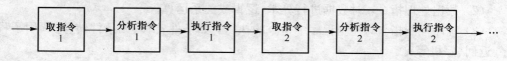

图 2-4　指令顺序执行方式示意图

顺序工作方式的优点是控制系统简单,实现比较容易;节省硬件设备,使成本降低。缺点主要有两个:一是微处理器执行指令的速度比较慢,因为只有在上一条指令执行结束后才能够执行下一条指令;二是处理器内部各个功能部件的利用率较低。如图 2-4 所示的流程工作,在取指令部件从内存中读取指令时,分析指令部件和执行指令部件都处于空闲状态;同样,在指令执行时也不能同时取指令或分析指令。因此,顺序执行方式时系统总的效率是比较低的,各功能部件不能充分发挥作用。

2. 并行工作方式

并行工作方式是使三个功能部件同时工作,即在指令被取入处理器、开始进行分析的时候,取指令部件就可以去取下一条指令;而当指令分析结束开始被执行时,指令分析部件就可以进行下一条指令的译码工作,同时取指令部件又可以再去取新的指令,依次进行,在进入稳定状态后,就可以实现多条指令的并行处理。

如图 2-5 所示,当第 1 条指令进入指令分析部件时,取指令部件就开始从内存中取第 2 条指令,并行执行方式缩短了系统执行程序的时间。

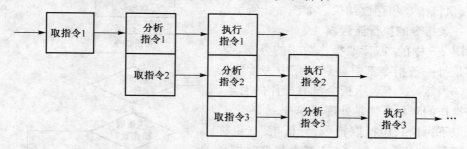

图 2-5　指令并行执行方式示意图

图 2-5 所示的模型是现代计算机流水线控制技术的基本模型。该模型所给出的是理想的情况,即每个部件的工作时间完全相同,仅在这样的假设下,所示模型的流水线才不会"断流"。这在实际的系统中是几乎不可能的。

为了解决流水线的"断流"问题,在现代计算机系统中,在取指令和指令译码部分都设置有指令和数据缓冲栈,可以实现指令和数据的预取和缓存。指令执行部分设置有独立的定点算术逻辑运算部件、浮点运算部件等。另外,加入了预测、分析、多级指令流水线等多项技术,实现对指令和数据的预取和分析,以尽可能地保证流水线的连续。

总之，计算机的工作就是执行程序，即自动连续地执行一系列指令的序列。而程序开发人员的工作就是编制程序。每一条指令的功能虽然有限，但是在人精心编制下一系列指令组成的程序可完成的任务是无限多的。

2.3　计算机软件系统

计算机软件包括程序与程序运行时所需的数据，以及与这些程序和数据有关的文档资料。软件系统是计算机上可运行程序的总和。计算机软件系统可以分为系统软件和应用软件，系统软件的数量相对较小，其他绝大部分软件都是应用软件。

2.3.1　系统软件

系统软件是维持计算机系统的正常运行，支持用户应用软件运行的基础软件，包括操作系统、程序设计语言和数据库管理系统等。

一、操作系统

为了使计算机系统的所有资源（包括中央处理器、存储器、各种外部设备及各种软件）协调一致，有条不紊地工作，就必须有一个软件来进行统一管理和统一调度，这种软件称为操作系统（Operating System，OS）。操作系统的功能就是管理计算机系统的全部硬件资源、软件资源及数据资源，使计算机系统所有资源最大限度地发挥作用，为用户提供方便、有效、友善的服务界面。

操作系统的功能包括 CPU 管理、存储管理、设备管理、文件管理和进程管理。实际的操作系统是多种多样的，根据侧重面和设计思想不同，操作系统的结构和内容存在很大差别。目前在微机上常见的操作系统有 DOS、Windows 系列、OS/2、UNIX、XENIX、Linux、NetWare 等。DOS 是单用户单任务操作系统，Windows 是单用户多任务操作系统。

二、程序设计语言

计算机语言是程序设计的最重要工具，是指计算机能够接受和处理的、具有一定格式的语言。从计算机诞生至今，计算机语言发展经历了三代。

（1）机器语言。由 0、1 代码组成，能被机器直接理解、执行的指令集合。该语言编程质量高，所占空间小，执行速度快，是机器唯一能够执行的语言，但机器语言不易学习和修改，且不同类型机器的机器语言不同，只适合专业人员使用。

（2）汇编语言。采用助记符来代替机器语言中的指令和数据。汇编语言在一定程度上克服了机器语言难读难改的缺点，同时保持了其编程质量高、占用存储空间小、执行速度快的优点。不同的计算机一般有不同的汇编语言。汇编语言程序必须翻译成机器语言的目标程序后再执行。

（3）高级语言。一种完全符号化的语言，采用自然语言（英语）中的词汇和语法习惯，容易被人们理解和掌握；完全独立于具体的计算机，具有很强的可移植性。用高级语言编写的程序称为源程序，源程序不能在计算机直接执行，必须将它翻译或解释成目标程序后，才能为计算机所理解和执行。高级语言的种类繁多，如面向过程的FORTRAN、PASCAL、C、BASIC 等，面向对象的 C++、Java、Visual Basic、Visual C、Delphi 等。

三、语言处理程序

用汇编语言和高级语言编写的程序称为"源程序"，不能被计算机直接执行，必须把它们翻译成机器语言程序，机器才能识别及执行。这种翻译也是由程序实现的，不同的语言有不同的翻译程序，我们把这些翻译程序统称为语言处理程序。

通常翻译有两种方式：解释方式和编译方式。解释方式是通过相应语言解释程序将源程序逐条翻译成机器指令，每译完一句立即执行一句，直至执行完整个程序，如图 2-6(a)所示，其特点是便于查错，但效率较低，如 BASIC 语言。编译方式是用相应语言的编译程序将源程序翻译成目标程序，再用连接程序将目标程序与函数库等连接，最终生成可执行程序，才可在机器上运行，如图 2-6(b)所示。

语言解释程序一般包含在开发软件或操作系统内，如 IE 浏览器就带有 ASP 脚本语言解释功能；也有些是独立的，如 Java 语言虚拟机。语言编译程序一般都附带在开发系统内，如 Visual C++ 开发系统就带有程序编译器。

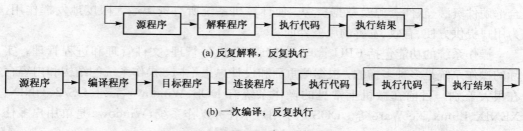

(a) 反复解释，反复执行

(b) 一次编译，反复执行

图 2-6　程序翻译的两种方式

四、数据库管理系统

数据库管理系统主要是面向解决数据处理的非数值计算问题，主要用于档案管理、财务管理、图书资料管理及仓库管理等的数据处理。这类数据的特点是数据量比较大，数据处理的主要内容为数据的存储、查询、修改、排序、分类等。目前，常用的数据库管理系统有 Access、FoxPro、SQL Server、Oracle、Sybase、DB2 等。

2.3.2　应用软件

利用计算机的软件、硬件资源为某一专门的应用目的而开发的软件称为应用软件。可以将应用软件分为三大类：通用应用软件、专用应用软件及定制应用软件。一些常见的通用应用软件可分为以下几类。

（1）办公自动化软件。应用较为广泛的有 Microsoft 公司开发的 MS Office 软件，它由几个软件组成，如文字处理软件 Word、电子表格软件 Excel 等。国内优秀的办公自动化软件有 WPS 等，IBM 公司的 Lotus 也是一套非常优秀的办公自动化软件。

（2）多媒体应用软件。如图像处理软件 Photoshop、矢量图形制作软件 CorelDraw、动画设计软件 Flash、音频处理软件 Audition、视频处理软件 Premiere、多媒体创作软件 Authorware 等。

（3）辅助设计软件。如机械、建筑辅助设计软件 Auto CAD、网络拓扑设计软件 Visio、电子电路辅助设计软件 Protel、数学软件 MATLAB 等。

（4）企业应用软件。如用友财务管理软件、SPSS 统计分析软件等。

（5）网络应用软件。如网页浏览器软件 IE、即时通信软件 QQ、网络文件下载软件 FlashGet 等。

（6）安全防护软件。如瑞星杀毒软件、天网防火墙软件、操作系统 SP 补丁程序等。

（7）系统工具软件。如文件压缩与解压缩软件 WinRAR、数据恢复软件 EasyRecovery、系统优化软件 Windows 优化大师、磁盘克隆软件 Ghost 等。

（8）娱乐休闲软件。如各种游戏软件、电子杂志、图片、音频、视频等。

2.4　微型计算机硬件系统

微型计算机硬件系统包括主机和能够与计算机进行信息交换的外部设备。主机位于主机箱内，主要包括微处理器（CPU）、内存储器、I/O 接口、总线和电源等。其中，微处理器是整个系统的核心，能否与处理器进行直接信息交换是能否成为主机部件的重要标志。所谓直接信息交换，就是无须通过任何中间环节（用专业术语说是接口），就能够实现从处理器接收数据或向处理器发送数据。例如内存，与处理器间的数据传输就是直接进行的。事实上，计算机正在运行的所有程序和数据，无论其曾经存放在哪里，在运行前都必须送入内存，这样才能保证计算机工作的高速度。

如果有人说他买了一台计算机，你一定清楚他不是只拿了一台主机箱回来，至少还包括显示器、键盘和鼠标，这些称为计算机的基本外部设备。

所谓外部设备，是指所有能够与计算机进行信息交换的设备（当然，这种信息交换需要通过接口进行）。既包括上述操作计算机所必需的基本外部设备，还包括其他各种能够连接到计算机的仪器。用于向计算机输入信息的设备称为输入设备，如键盘、鼠标器、扫描仪等；用于接收计算机输出信息的设备称为输出设备，如显示器、打印机、绘图仪等。当然，有些设备既能接收计算机输出的信息又能向系统输入信息，如数码摄像机、硬磁盘等。它们兼具了输入设备和输出设备的功能，具体担当何种角色，则视其在某个时刻传送数据的方向而定。

相对于主机，外部设备的主要特点是不能与处理器直接进行数据交换，数据的传输必须通过接口。如硬磁盘，虽然安装在主机箱内，但不属于主机系统，因为它与处理器的通信需要通过专用接口进行。

2.4.1 主板

　　主板(Mainboard)也称系统板(Systemboard)，是微机最基本的也是最重要的部件之一，在整个微机系统中扮演着举足轻重的角色。可以说，主板的类型和档次决定了整个微机系统的类型和档次，主板的性能影响着整个微机系统的性能。主板位于主机箱内，上面安装了组成计算机的主要电路系统，包括芯片、扩展槽和对外接口三种类型的部件。

　　主板的主要功能是传输各种电子信号，部分芯片也负责初步处理一些外围数据。从系统结构的观点看，主板由芯片组和各种总线构成，目前市场主板的系统结构为控制中心结构。一个实际的 ATX 主板的布局结构及外形图，如图 2-7 所示。

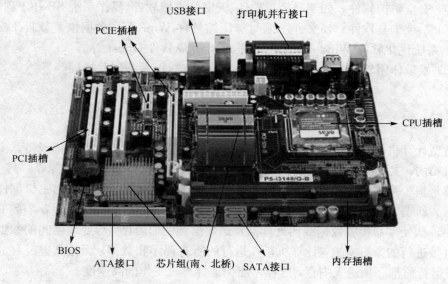

图 2-7　主板

一、芯片

这部分除微处理器(CPU)外，主要有控制芯片组和 BIOS。

　　芯片组是主板上一组超大规模集成电路芯片的总称，是主板的关键部件，用于控制和协调计算机系统各部件的运行，它在很大程度上决定了主板的功能和性能。可以说，系统的芯片组一旦确定，整个系统的定型和选件变化范围也就随之确定了。

　　典型的芯片组由北桥芯片和南桥芯片两部分(两片芯片)组成，也称南北桥芯片。如图 2-7 所示，CPU 插槽旁边被散热片盖住的就是北桥芯片。北桥芯片是芯片组的核心，主要负责处理 CPU、内存、显卡三者间的"交通"，由于发热量较大，故需加装散热片散热。南桥芯片主要负责硬盘等存储设备和 PCI 之间的数据流通。

　　需要说明的是，现在一些高端主板上已将南北桥芯片封装到一起，使"芯片组"在形式上只有一个芯片，提高了芯片组的性能。

BIOS 是方块状的存储器芯片，里面存有与该主板搭配的基本输入/输出系统程序，能够让主板识别各种硬件，还可以设置引导系统的设备、调整 CPU 外频等。BIOS 芯片是可读/写的只读存储器(EPROM 或 E2PROM)。机器关机后，其上存储的信息不会丢失。在需要更新 BIOS 版本时，还可方便地写入。当然，不利的一面是会让主板遭受病毒的攻击。

系统 BIOS 程序主要包含以下几个模块。

(1) 上电自检(Power-On Self Test，POST)。微机加电后，CPU 从地址为 0xFFFFFF0H 处读取和执行指令，进入加电自检程序，测试整个微机系统是否工作正常。

(2) 初始化。包括可编程接口芯片的初始化；设置中断向量表(一个专门用于存放中断程序入口地址的内存区域)；设置 BIOS 中包含的中断服务程序的中断向量(即将这些中断程序入口地址放入中断向量表中)；通过 BIOS 中的自举程序将操作系统中的初始引导程序装入内存，从而启动操作系统。

(3) 系统设置(Setup)。装入或更新 CMOS RAM 保存的信息。在系统加电后尚未进入操作系统时，按 Del 键(或其他热键)可进入 Setup 程序，修改各种配置参数或选择默认参数。

二、扩展槽

安装在扩展槽上的部件属于"可插拔"部件。所谓"可插拔"，是指这类部件可以用"插"来安装，用"拔"来拆卸。主板上的扩展槽包括内存插槽和总线接口插槽两大类。内存插槽一般位于 CPU 插座下方，用于安装内存储器(也称内存条，如图 2-8 所示)。通过在内存插槽上插入不同的内存条，可方便地构成所需容量的内存储器。主板上内存插槽的数量和类型对系统主存的扩展能力及扩展方式有一定影响。现在主板上大多采用 184 线的内存插槽，配置的内存条也必须是 184 个引脚的。

总线接口插槽是 CPU 通过系统总线与外部设备联系的通道，系统的各种扩展接口卡都插在总线接口插槽上。总线接口插槽主要有 PCI 插槽、AGP 插槽或 PCI Express(PCIE)插槽。PCI 插槽多为乳白色，是主板的必备插槽，可以

图 2-8　内存条

插入声卡、网卡、多功能卡等设备。AGP 插槽的颜色多为深棕色，位于北桥芯片和 PCI 插槽之间，用于插入 AGP 显卡，有 1×、2×、4× 和 8×[①]之分。在 PCI Express 出现之前，AGP 显卡是主流显卡，其数据传输速率最高可达 2133 Mbps(AGP8×)。

随着 3D 性能要求的不断提高，AGP 总线的数据传输速率已越来越不能满足视频数据处理的要求。在目前的主流主板上，显卡接口多转向 PCI Express。PCI Express 插槽有 1×、2×、4×、8× 和 16× 之分。

①　n× 表示 n 倍速，即对原来的时钟脉冲进行技术处理，使时钟频率变成 n 倍频。

2.4.2　CPU

CPU 也称为微处理器(Microprocessor)，是微型计算机的核心芯片，也是整个系统的运算和指挥控制中心。不同型号的微型计算机，其性能的差别首先在于其 CPU 性能的不同，而 CPU 性能又与它的内部结构有关。无论哪种 CPU，其内部的基本组成都大同小异，主要包括控制器、运算器和寄存器组三个部分。

CPU 的主要性能指标包含以下几个方面。

一、主频

主频就是 CPU 的时钟频率，简单地说也就是 CPU 的工作频率。我们通常说的 Pentium 4 1.8GHz 就是指 CPU 的主频而言的。一般说来，一个时钟周期完成的指令数是固定的，所以主频越高，CPU 的速度也就越快了。不过由于各种 CPU 的内部结构也不尽相同，所以并不能完全用主频来概括 CPU 的性能。

二、外频

外频就是系统总线的工作频率，CPU 与外围设备传输数据的频率，具体是指 CPU 到芯片组之间的总线速度。而倍频则是指 CPU 外频与主频相差的倍数。用公式表示就是：主频＝外频×倍频。

三、字长

字长指 CPU 内部运算单元通用寄存器一次处理二进制数据的位数。目前 CPU 通用寄存器宽度有 32 位和 64 位两种类型，64 位 CPU 处理速度更高。由于 X86 系列 CPU 是向下兼容的，因此在 32 位或 64 位的 CPU 中可以运行 16 位、32 位的软件。64 位 CPU 有 Intel Core 2、AMD Athlon 64 等产品。

四、核心数量

在单一处理器上安置两个或多个具有强大计算能力的核心开拓了一个全新的处理器世界，多核心处理器带来的直接优势是可以降低随着单核心处理器频率的不断上升而增大的热量和功耗，并提高计算能力。目前主流的 CPU 有双核、3 核及 4 核 CPU。

2.4.3　存储器系统

能够直接与 CPU 进行数据交换的存储器称为内存，与 CPU 间接交换数据的存储器称为外存。内存位于计算机系统主板上，运行速度较快，容量相对较小，所存储的数据断电即失。外存一般安装在主机箱中，通过数据线连接在主板上，它与 CPU 的数据交换必须通过内存和接口电路进行。外存的特点是存储容量大，存取速度相对内存要慢得多，但存储的数据很稳定，停机后数据不会消失。常用的外部存储器有硬盘、光盘、软盘、优盘等。

一、内存

内存又称为主存储器，用于存放计算机进行数据处理所必须的原始数据、中间结果、最后结果以及指示计算机工作的程序。内存是微机主要技术指标之一,其容量大小和性能直接影响程序运行情况。内存的主要技术指标包括以下几个方面。

1.内存容量

在内存中有大量的存储单元,每个存储单元可存放1位二进制数据,8个存储单元称为1个字节(Byte)。内存容量是指存储单元中的字节数,通常以KB、MB、GB、TB作为内存容量单位。其中,1字节=8bit,1KB=1024字节,1MB=1024KB,1GB=1024MB,1TB=1024GB。

2.内存读写时间

从内存中读一个字或向内存写入一个字所需的时间为读写时间,两次独立的读写操作之间所需的最短时间称为存取周期。存取周期反映了内存的存取速度,早期内存存取周期为100ns(纳秒),目前为2ns～8ns。

3.内存的类型

内存均是半导体存储器,可分为随机存储器(RAM)和只读存储器(ROM)。随机存储又分为静态随机存取存储器(SRAM)和动态随机存取存储器(DRAM)。

(1)静态随机存取存储器(SRAM)。SRAM存储单元电路工作状态稳定,速度快,不需要刷新,只要不断电,数据不会丢失。SRAM一般只应用在CPU内部作为高速缓存(Cache)。

(2)动态随机存取存储器(DRAM)。DRAM中存储的信息以电荷形式保存在集成电路的小电容中,由于电容的漏电,因此数据容易丢失。为了保证数据不丢失,必须对DRAM进行定时刷新。现在微机内存均采用DRAM芯片安装在专用电路板上,称为内存条,如图2-9所示。目前内存条类型有DDR SDRAM、DDR2 SDRAM、DDR3 SDRAM等,内存条容量有256MB、512MB、1GB、2GB等规格。

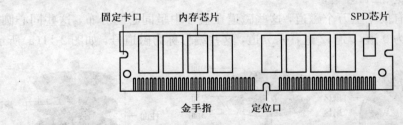

图2-9 DDR SDRAM内存条组成图

(3)只读存储器(ROM)。与SRAM、DRAM不同,ROM中存储的数据在断电后能保持不丢失。ROM只能一次写入数据,多次读出数据。微机主板上的ROM用于保存系统引导程序、自检程序等。目前在微机中常用的ROM存储器为Flash Memory(闪存),这种存储器可在不加电的情况下长期保存数据,又能再对数据进行快速擦除和重写。

(4)高速缓冲存储器(Cache)。为了提高运算速度,通常在CPU内部增设一级、二级、三级高速静态存储器,它们称为高速缓冲存储器。Cache大大缓解了高速CPU

与低速内存的速度匹配问题，它可以与 CPU 运算单元同步执行。目前 CPU 内部的 Cache 一般为 1MB～10MB。

二、硬盘驱动器

硬盘驱动器也称为硬盘，由于它存储容量大，数据存取方便，价格便宜等优点，目前已经成为保存用户数据重要的外部存储设备。但是硬盘也是微机中最娇气的部件，容易受到各种故障的损坏，硬盘如果出现故障，意味着用户的数据安全受到了严重威胁。另外，硬盘的读写是一种机械运动，因此相对于 CPU、内存、显卡等设备，数据处理速度要慢得多，从"木桶效应"来看，可以说硬盘是阻碍计算机性能提高的瓶颈。

图 2-10　硬盘内部组成图

1. 硬盘的工作原理

硬盘采用了"温彻斯特"（Winchester）技术，这种技术的特点是"密封、固定并高速旋转的镀磁盘片，磁头沿盘片径向移动，磁头悬浮在高速转动的盘片上方，而不与盘片直接接触"，这是现在所有硬盘的基本工作原理。硬盘的内部组成如图 2-10 所示。

硬盘利用电磁原理读写数据。根据物理学原理，当电流通过导体时，围绕导体会产生一个磁场，当电流方向改变时，磁场的极性也会改变。数据写入硬盘的操作就是根据这一原理进行的。

2. 硬盘的磁道、柱面与扇区

硬盘盘片上有成千上万个磁道，这些磁道在盘片中呈同心圆分布，这些同心圆从外至内依次编号为 0 道，1 道，2 道，…，n 道，这些编号称为磁道号，如图 2-11(a) 所示。

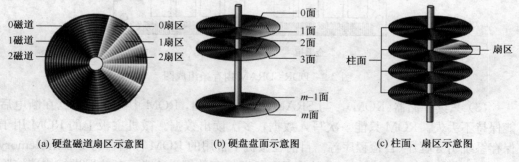

(a) 硬盘磁道扇区示意图　　(b) 硬盘盘面示意图　　(c) 柱面、扇区示意图

图 2-11　硬盘上的扇区与柱面

只有一张盘片的硬盘有两个面，分别为 0 面和 1 面。由多张盘片构成的硬盘，从上至下依次编号为 0 面，1 面，2 面，…，m 面，这些编号称为盘面号，如图 2-11(b) 所示。

由多张盘片构成的硬盘，从 0 面到第 m 面上所有的 0 磁道构成一个柱面，所有盘片上的 1 磁道又构成一个柱面……这样所有柱面从外向内编号，依次为 0 柱面，1 柱面，2 柱面，…，k 柱面，这种编号称为柱面号。

为了记录数据的方便，每个磁道又分为多个小区段，每个区段称为一个扇区，如图 2-11(c)所示。每个磁道上的扇区数是不相同的，这些扇区编号依次为 0 扇区，1 扇区，2 扇区，…，x 扇区。一般一个扇区内可以存储 512 字节的用户数据。

3. 硬盘的类型与接口

按照硬盘尺寸(磁盘直径)分类，硬盘有 5.25 英寸、3.5 英寸、2.5 英寸等规格。目前市场以 3.5 英寸硬盘为主流，2.5 英寸硬盘主要用于笔记本微机和移动硬盘。

按照硬盘的接口分类，有 IDE 接口硬盘(ATA)、串行接口硬盘(SATA)、SCSI 接口硬盘、USB 接口硬盘等。IDE 和 SATA 接口硬盘主要用于台式微机，SCSI 硬盘主要用于 PC 服务器，USB 硬盘主要用作移动存储设备。如表 2-1 所示为几种接口标准的性能对比。

表 2-1　硬盘接口标准技术性能

接口标准	最大数据传输率	传输方式	接口插座	接口导线	说明
IDE	11 MB/s	并行	40 针	40 线	已淘汰
EIDE	16.6 MB/s	并行	40 针	40 线	已淘汰
ATA 33	33 MB/s	并行	40 针	40 线	连接光驱
ATA 66/100/133	66/100/133 MB/s	并行	40 针	80 线	趋于淘汰
SCSI 80/160/320	80/160/320 MB/s	并行	68 针	80 线	用于服务器
SATA 1.0/2.0	150/300 MB/s	串行	4 针	4 线	市场主流
USB 1.1/2.0	12/480 Mbit/s	串行	4 针	4 线	用于移动硬盘

4. 磁盘冗余阵列(RAID)技术

磁盘冗余阵列属于超大容量的外存子系统，它可以提高磁盘系统性能和增加数据安全性。磁盘冗余阵列由许多个硬盘按一定规则(如条带化、映像等)组合在一起。通过阵列控制器的控制和管理，磁盘冗余阵列系统能够将几个、几十个硬盘组合起来，使其容量高达数十 TB。

5. 硬盘主要技术指标

(1) 平均寻道时间。指磁盘磁头移动到数据所在磁道所用的时间，一般为 8ms 左右。

(2) 内部数据传输速率。指磁头读出数据，并传输至硬盘缓存芯片的最大数据传输率。目前硬盘一般为 25～45MB/s。

(3) 外部数据传输速率。指硬盘接口传输数据的最大速率，目前 IDE 接口硬盘为 133MB/s，SATA 接口为 150MB/s。

(4) 电机转速。指硬盘内电机主轴转动速度，目前硬盘主流转速为 7200r/min。

(5) 高速缓存。指硬盘内部的高速缓冲存储器，目前容量一般为 128KB～8MB。

（6）硬盘容量。目前主要为 120GB、200GB、400GB、1TB 或更高。

三、软盘驱动器

软盘驱动器也称为软驱，软驱由于容量小，数据读写速度慢，在 PC2000 计算机设计规范中已经建议取消，目前市场产品也趋于淘汰。

四、光盘和光盘驱动器

光盘驱动器（简称光驱）和光盘一起构成了光存储器，光盘用于记录数据，光驱用于读取数据。光盘的特点是记录数据密度高，存储容量大，数据保存时间长。光盘由印刷标签保护层、铝反射层、数据记录刻槽层、透明聚碳脂塑料层等组成，光盘盘片结构如图 2-12 所示。

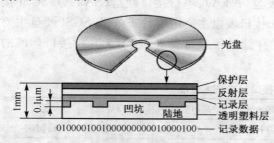

图 2-12　光盘盘片结构

光盘的工作原理是利用光盘上的凹坑记录数据。在光盘中，凹坑（Pit）是被激光照射后反射弱的部分，陆地（Land）是没有受激光照射而仍然保持有高反射率的部分。光盘是用激光束照射盘片并产生反射，然后根据反射的强度来判定数据是 0 还是 1。光盘利用凹坑的边缘来记录"1"，而凹坑和陆地的平坦部分记录"0"，凹坑的长度和陆地的长度都代表有多少个 0。需要强调的是，凹坑和陆地本身不代表"1"和"0"，而是凹坑端部的前沿和后沿代表"1"，凹坑和陆地的长度代表"0"的个数，然后使用激光来读出这些凹坑和陆地的数据。

光盘的类型有 CD-ROM、CD-R、CD-RW、DVD-ROM、DVD-R、DVD-RW 等。

CD-ROM 和 DVD-ROM 是只读型光盘，数据采用专用设备一次性写入到光盘中。以后，数据只能读出，不能再写入。CD-ROM 的存储容量为 650MB，DVD-ROM 的存储容量为 4.3GB～27GB。

CD-R 和 DVD-R 是一次性刻录光盘，可以利用光刻录机将数据写入，数据写入后不能修改。

CD-RW 和 DVD-RW 是一种可擦写光盘，可以利用光盘刻录机将数据写入光盘，这种光盘可以反复读写，但需要专用软件进行操作。

光驱由激光头、电路系统、光驱传动系统、光头寻道定位系统和控制电路等组成，如图 2-13 所示。激光头是光驱的关键部件，光驱利用激光头产生激光扫描光盘盘面，从而读出"0"和"1"的数据。

目前更为先进的产品是全息存储光盘，全息存储光盘是利用全息存储技术制造而成的新型存储器，它用类似于 CD 和 DVD 的方式（即能用激光读取的模式）存储信息，但存储

图 2-13　光驱

数据是在一个三维的空间而不是通常的二维空间，并且数据检索速度要比传统的快几百倍。

五、优盘

优盘又名"闪存盘"，是一种采用快闪存储器（Flash Memory）为存储介质，通过 USB 接口与计算机交换数据的可移动存储设备。优盘具有即插即用的功能，使用者只需将它插入 USB 接口，计算机就可以自动检测到优盘设备。优盘在读写、复制及删除数据等操作上非常方便。目前，优盘的存储容量已达到了 64GB，甚至更大容量的产品已面市，可重复擦写 100 万次以上。

由于优盘具有外观小巧、携带方便、抗震、容量大等优点，因此，受到微机用户的普遍欢迎。优盘的外观如图 2-14 所示。

六、移动硬盘

移动硬盘与台式机 IDE 接口硬盘不同，它采用 USB 接口、IEEE 1394 接口或 eSATA 接口。移动硬盘一般由 2.5 英寸的硬盘加上带有 USB 或 IEEE 1394 接口的硬盘盒构成。移动硬盘有以下特性。

（1）容量大，单位储存成本低。移动硬盘主流产品都至少是 20GB，最大能提供上百 GB 甚至几 TB 的储存空间。

图 2-14　优盘

（2）速度快。移动硬盘采用 USB 1.1 和 USB 2.0 接口的数据传输速率分别为 12Mbit/s 和 480Mbit/s；采用 IEEE 1394 接口的硬盘数据传输速率为 400Mbit/s；采用 eSATA 接口的数据传输速率为 1.5～3Gbit/s。

2.4.4　总线和接口

一、总线

总线是微机中各种部件之间共享的一组公共数据传输线路。

总线由多条信号线路组成，每条信号线路可以传输一个二进制的 0 或 1 信号。例如，32 位的 PCI 总线就意味着有 32 根数据通信线路，可以同时传输 32 位二进制信号。任何一条系统总线都可以分为五个功能组：数据线、地址线、控制线、电源线和地线。数据总线用来在各个设备或者单元之间传输数据和指令，它们是双向传输的。地址总线用于指定数据总线上数据的来源与去向，它们一般是单向传输的。控制总线用来控制对数据总线和地址总线的访问与使用，它们大部分是双向的。

总线的性能可以通过总线宽度和总线频率来描述。总线宽度为一次并行传输的二进制位数。例如，32 位总线一次能传送 32 位数据，64 位总线一次能传送 64 位数据。微机中总线的宽度有 8 位、16 位、32 位、64 位等。总线频率则用来描述总线的速度，常见的总线频率有 33MHz、66MHz、100MHz、133MHz、200MHz、400MHz、800MHz、1066MHz 等。

主板上有七大总线，它们是前端总线 FSB、内存总线 MB、Hub 总线 IHA、图形显示接口总线 PCI-E、外部设备总线 PCI、通用串行总线 USB 和少针脚总线 LPC。总线的工作频率与位宽是非常重要的技术指标。

前端总线 FSB 由主板上的线路组成，没有插座。前端总线负责 CPU 与北桥芯片之间的通信与数据传输，总线宽度为 64 位，数据传输频率为 100～1066MHz。

内存总线 MB 负责北桥芯片与内存条之间的通信与数据传输，总线宽度为 64 位，数据传输频率为 200MHz、266MHz、400MHz、533MHz 或更高。主板上一般有四个 DIMM 内存总线插座，它们用于安装内存条。

PCI-E 是目前微机流行的一种高速串行总线。PCI-E 总线采用点对点串行连接方式，这个和以前的并行通信总线大为不同。它允许和每个设备建立独立的数据传输通道，不用再向整个系统请求带宽，这样也就轻松地提高了总线带宽。PCI-E 总线根据接口对位宽要求不同而有所差异，分为 PCI-E X1、X2、X4、X8、X16 甚至 X32。因此 PCI-E 总线的接口长短也不同，X1 最小，往上则越长。PCI-E X16 图形总线接口包括两条通道，一条可由显卡单独到北桥芯片，而另一条则可由北桥芯片单独到显卡，每条单独的通道均将拥有 4Gbit/s 的数据传输带宽。PCI-E X16 总线插座用于安装独立显卡，有些主板将显卡集成在主板北桥芯片内部，因此不需要另外安装独立显卡。

PCI 总线插座一般有 3～5 个，主要用于安装一些功能扩展卡，如声卡、网卡、电视卡、视频卡等。PCI 总线宽度为 32 位，工作频率为 33MHz。

USB 总线是一个通用串行总线，一般在主板后部，它支持热插拔。

二、I/O 接口

接口是指计算机系统中，在两个硬件设备之间起连接作用的逻辑电路。接口的功能是在各个组成部件之间进行数据交换。主机与外部设备之间的接口称为输入输出接口，简称为 I/O 接口。

计算机的外部设备多种多样，而系统总线上的数据都是二进制数据，而且外部设备与 CPU 的处理速度相差很大，所以需要在系统总线与 I/O 设备之间设置接口，来进行数据缓冲、速度匹配和数据转换等工作。外设与主机之间相互传送的信号有三类：数据信号、状态信号和控制信号。接口中有多个端口，每个端口传送一类数据。从数据传送的方式看，接口可分为串行接口（简称串口）和并行接口（简称并口）两大类。串行接口中，接口和外设之间的数据按位进行传送，而接口和主机之间则是以字节或字为单位进行多位并行传送，串行接口能够完成"串→并"和"并→串"之间的转换。微机上的 RS-232C 接口是一种常用的串口。在并行接口中，接口和外设之间的信息交换都是按字节或字进行传送，其特点是多个数据位同时传送，具有较高的数据传送速度。微机上连接打印机的 LPT 接口就是一种并口。

主板上配置的接口有 IDE 硬盘和光驱接口、SATA 串行硬盘接口、COM 串行接口、LPT 并行打印机接口、PS/2 键盘接口、PS/2 鼠标接口、音箱接口 Line Out、话筒接口 MIC、RJ-45 网络接口、1394 火线接口等。

2.4.5 输入/输出设备

一、键盘

键盘是向计算机输入数据的主要设备，由按键、键盘架、编码器、键盘接口及相应控制程序等部分组成，如图 2-15 所示。微机使用的标准键盘通常为 107 键，每个键相当于一个开关。

二、鼠标

鼠标也是一个输入设备，广泛用于图形用户界面环境。鼠标通过 PS/2 串口与主机连接。鼠标的工作原理是当移动鼠标时，它把移动距离及方向的信息转换成脉冲信号送入计算机，计算机再将脉冲信号转变为光标的坐标数据，从而达到指示

图 2-15　键盘及鼠标

位置的目的。目前常用鼠标为光电式鼠标，上面一般有 2～3 个按键。对鼠标的操作有移动、单击、双击、拖曳等。

三、扫描仪

扫描仪是一种光机电一体化的输入设备，它可以将图形和文字转换成可由计算机处理的数字数据。目前使用的是 CCD（电荷耦合）阵列组成的电子扫描仪，其主要技术指标有分辨率、扫描幅面、扫描速度。

四、显示器

显示器用于显示输入的程序、数据或程序的运行结果，能以数字、字符、图形和图像等形式显示运行结果或信息的编辑状态。

在微机系统中，主要有两种类型的显示器，一种是传统的 CRT（阴极射线管）显示器，如图 2-16（a）所示，尺寸主要为 10～21 英寸（显示器对角线长度），目前大部分用户配置 17 英寸的显示器，17 英寸显示器有效显示区域只有 16 英寸左右。一些显示器采用单键调节方式，当按下屏幕调节键时，将显示屏幕调节菜单，旋转调节键可以调整屏幕的亮度及变形。CRT 显示器采用模拟显示方式，因此显示效果好，色彩比较亮丽。CRT显示器采用 VGA 显示接口，显示器电源开关一般在显示器下部或后部。CRT 显示器价格低，使用寿命长，但是它外观尺寸较大，不便于移动办公，它主要用于台式微机。

另外一种显示器是 LCD（液晶显示器），如图 2-16（b）所示。显示器尺寸主要为10～24 英寸，台式微机大部分采用 15～24 英寸产品，而笔记本微机大多则采用 10～15 英寸。LCD 采用数字显示方式，显示效果比 CRT 稍差。LCD 采用 DVI（数字视频接口）显示接口，也有些 LCD 采用 VGA 显示接口，在 LCD 内部进行数模转换。LCD外观尺寸较小，适应于移动办公，它主要用于笔记本微机、平板微机等，它是今后微机显示器的发展方向。

(a) CRT 显示器

(b) LCD 显示器

图 2-16　CRT 显示器与 LCD 显示器

显示器的主要技术参数如下所示。

(1) 屏幕尺寸，指显示器屏幕对角线的长度，以英寸为单位，表示显示屏幕的大小，主要有 10～24 英寸几种规格。

(2) 点距，是屏幕上荧光点间的距离，它决定像素的大小，以及屏幕能达到的最高显示分辨率，点距越小越好，现有的点距规格有 0.20、0.25、0.26、0.28（mm）等规格。

(3) 显示分辨率，指屏幕像素的点阵。通常写成（水平像素点）×（垂直像素点）的形式。常用的有 640×480、800×600、1024×768、1024×1024、1600×1200 等，目前 1024×768 较普及，更高的分辨率多用于大屏幕图像显示。

(4) 刷新频率，每分钟内屏幕画面更新的次数称为刷新频率。刷新频率越高，画面闪烁越小，一般为 60～140Hz。

五、打印机

图 2-17　打印机外观图

打印机是将输出结果打印在纸张上的一种输出设备，如图 2-17 所示。从打印机原理上来说，市场上常见的打印机大致分为喷墨打印机、激光打印机和针式打印机。按打印颜色来分，打印机有单色打印机和彩色打印机。按工作方式分为击打式打印机和非击打式打印机。击打式打印机常为针式打印机，这种打印机正在从商务办公领域淡出；非击打式打印机常为喷墨打印机和激光打印机。

1. 激光打印机类型

激光打印机可以分为黑白激光打印机和彩色激光打印机两大类。尽管黑白激光打印机的价格相对喷墨打印机要高，可是从单页打印成本以及打印速度等方面来看，它具有绝对的优势，仍然是商务办公领域的首选产品。彩色激光打印机整机和耗材价格不菲，这是很多用户舍激光而求喷墨的主要原因。随着彩色激光打印机技术的发展和价格的下降，会有更多的企业用户选择彩色激光打印机。

2.主要技术指标

(1) 打印速度。打印速度是指打印机每分钟打印输出的纸张页数,通常用 ppm (页/分钟)表示。ppm 标准可分为两种类型,一种类型是指打印机可以达到的最高打印速度;另外一种类型就是打印机在持续工作时的平均输出速度。需要注意的是,若只打印一页,还需要加上首页预热时间。目前激光打印机市场上,打印速度可以达到10~35ppm。对于黑白激光打印机来说,打印速度与打印内容的覆盖率没有关系,而且标称打印速度也是基于标准质量模式,在标称速度下的打印质量完全可以满足用户需求。对于彩色激光打印机来说,打印图像和文本时的打印速度有很大不同,所以厂商在标注产品的技术指标时会用黑白和彩色两种打印速度进行标注。

(2) 打印分辨率。打印机分辨率是指在打印输出时横向和纵向两个方向上每英寸最多能够打印的点数,通常以 dpi(点/英寸)表示。目前一般激光打印机的分辨率均在 600dpi×600dpi 以上。打印分辨率决定了打印机的输出质量,分辨率越高,其反映出来可显示的像素个数也就越多,可呈现出更多的信息和更好更清晰的图像。对于文本打印而言,600dpi 已经达到相当出色的线条质量;对于照片打印而言,经常需要1200dpi 以上的分辨率才可以达到较好的效果。

(3) 硒鼓寿命。硒鼓是激光打印机最关键的部件,也称为感光鼓。硒鼓寿命是指打印机硒鼓可以打印纸张的数量,它一般为 2000~20000 页左右。硒鼓不仅决定了打印质量的好坏,还决定了用户使用成本。硒鼓有整体式和分离式两种。整体式硒鼓在设计上把碳粉暗盒及感光鼓等装在同一装置上,当碳粉被用尽或感光鼓被损坏时整个硒鼓就得报废。这种设计加大了用户的打印成本,且对环境污染的危害很大,却给生产商带来了丰厚的利润。分离式硒鼓碳粉和感光鼓等各自在不同的装置上,其感光鼓寿命一般都很长,一般能达到打印 20000 张的寿命。当碳粉用尽时,只需换上新的碳粉,这样用户的打印成本就降低了。更换硒鼓时有三种选择:原装硒鼓、通用硒鼓(或称为兼容硒鼓)、重灌装的硒鼓。

(4) 最大打印尺寸。一般为 A4(21cm×29cm)和 A3(29cm×42cm)两种规格。

点阵式打印机打印速度慢,噪声大,主要耗材为色带,价格便宜;激光打印机打印速度快,噪声小,主要耗材为硒鼓,价格贵但耐用;喷墨打印机噪声小,打印速度次于激光打印机,主要耗材为墨盒。

第3章 计算机中的数据与编码

计算机最基本的功能是对数据进行计算和加工处理，这些数据包括数值、字符、图形、图像、声音等。在计算机系统中，这些数据都要转换成 0 和 1 的二进制形式存储，也就是进行二进制编码。本章主要介绍常用数制及其相互转换、数据在计算机中的表示等内容。

3.1 数字化信息编码的概念

使用电子计算机进行信息处理，首先必须使计算机能够识别信息。信息的表示有两种形态：一是人类可识别、理解的信息形态；二是电子计算机能够识别和理解的信息形态。电子计算机只能识别机器代码，即用 0 和 1 表示的二进制数据。用计算机进行信息处理时，必须将信息进行数字化编码后，才能方便地进行存储、传送和处理等操作。

所谓编码，是采用有限的基本符号，通过某个确定的原则，对这些基本符号加以组合，用来描述大量的、复杂多变的信息。信息编码的两大要素是基本符号的种类及符号组合的规则。日常生活中常遇到类似编码的实例，如用 10 个阿拉伯数码表示数字，用 26 个英文字母表示词汇等。

冯·诺依曼计算机采用二进制编码形式，即用 0 和 1 两个基本符号的组合表示各种类型的信息。虽然计算机的内部采用二进制编码，但是计算机与外部的信息交流还是采用大家熟悉和习惯的形式。

3.2 数的进制与字符编码

数制（Number System），即表示数值的方法，有非进位数制和进位数制两种。表示数值的数码与它在数中的位置无关的数制称为非进位数制，如罗马数字就是典型的非进位数制。按进位的原则进行计数的数制称为进位数制，简称"进制"。对于任何进位计数制，它有以下基本特点。

一、数制的基数确定了所采用的进位计数制

表示一个数时所用的数字符号的个数称为基数（Radix），如十进制数的基数为 10、二进制数的基数为 2。对于 N 进位数制，有 N 个数字符号。如十进制数有 10 个数字符号，分别是 0～9；二进制有 2 个符号，分别是 0 和 1；八进制有 8 个符号，分别是 0～7；十六进制共有 16 个符号，分别为 0～9、A～F。

二、逢 N 进 1

十进制采用逢 10 进 1，二进制采用逢 2 进 1，八进制采用逢 8 进 1，十六进制采用逢 16 进 1，如表 3-1 所示。

表 3-1 0～15 之间整数的 4 种常用进制表示

十进制	二进制	八进制	十六进制	十进制	二进制	八进制	十六进制
0	0	0	0	8	1000	10	8
1	1	1	1	9	1001	11	9
2	10	2	2	10	1010	12	A
3	11	3	3	11	1011	13	B
4	100	4	4	12	1100	14	C
5	101	5	5	13	1101	15	D
6	110	6	6	14	1110	16	E
7	111	7	7	15	1111	17	F

三、采用位权表示法

处在不同位置上的相同数字所代表的值不同，一个数字在某个固定位置上所代表的值是确定的，这个固定的位置称为位权或权（Weight）。各种进位制中位权的值恰好是基数的整数次幂。小数点左边的第一位的位权为基数的 0 次幂，第二位的位权为基数的 1 次幂，依次类推；小数点右边第一位的位权为基数的 1 次幂，第二位位权为基数的 2 次幂，依次类推。根据这一特点，任何一种进位计数制表示的数都可以写成按位权展开的多项式之和。

位权和基数是进位计数制中的两个要素。在计算机中常用的进位计数制是二进制、八进制和十六进制。表 3-2 给出了不同进制中的数按位权展开式的例子。

表 3-2 不同进制中的数按位权展开式

进 制	原 始 数	按位权展开	对应十进制数
十进制	923.56	$9 \times 10^2 + 2 \times 10^1 + 3 \times 10^0 + 5 \times 10^{-1} + 6 \times 10^{-2}$	923.56
二进制	1101.1	$1 \times 2^3 + 1 \times 2^2 + 0 \times 2^1 + 1 \times 2^0 + 1 \times 2^{-1}$	13.5
八进制	472.4	$4 \times 8^2 + 7 \times 8^1 + 2 \times 8^0 + 4 \times 8^{-1}$	314.5
十六进制	3B2.4	$3 \times 16^2 + 11 \times 16^1 + 2 \times 16^0 + 4 \times 16^{-1}$	946.25

3.2.1 不同进制之间的转换

一、r 进制数转换成十进制数

将 r 进制数转换为十进制数值，其转换公式为

$$N = \pm \sum_{i=-m}^{n-1} K_i \cdot r^i$$

公式本身就提供了将 r 进制数转换为十进制数的方法。例如，将二进制数转换为相应的十进制数，只要将二进制数中出现 1 的位权相加即可。

$(1101)_2$ 可表示为：$(1101) = 1 \times 2^3 + 1 \times 2^2 + 0 \times 2^1 + 1 \times 2^0 = (13)_{10}$

【例 3-1】 $(10011.101)_2$ 可表示为：

$(10011.101)_2 = 1 \times 2^4 + 0 \times 2^3 + 0 \times 2^2 + 1 \times 2^1 + 1 \times 2^0 + 1 \times 2^{-1} + 0 \times 2^{-2} + 1 \times 2^{-3}$
$= (19.625)_{10}$

【例 3-2】 $(125.3)_8$ 可表示为：

$(125.3)_8 = 1 \times 8^2 + 2 \times 8^1 + 5 \times 8^0 + 3 \times 8^{-1} = (85.375)_{10}$

【例 3-3】 $(1CF.A)_{16}$ 可表示为：

$(1CF.A)_{16} = 1 \times 16^2 + 12 \times 16^1 + 15 \times 16^0 + 10 \times 16^{-1} = (463.625)_{10}$

二、十进制数转换成 r 进制数

将十进制数转换成 r 进制数时，可将此数分成整数与小数两部分分别转换，然后再拼接起来。下面分别加以介绍。

整数部分的转换：把十进制整数转换成 r 进制整数采用除 r 取余法，即将十进制整数不断除以 r 取余数，直到商为 0，将余数从右到左排列，首次取得的余数放在最右一位。

【例 3-4】 将 57 转换为二进制数。

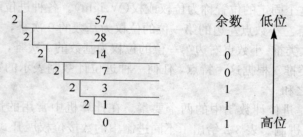

所以，$(57)_{10} = (111001)_2$。

小数部分的转换。小数部分转换成 r 进制小数采用乘 r 取整法，即将十进制小数不断乘以 r 取整数，直到小数部分为 0 或达到所求的精度为止（小数部分可能永不为 0）。所得的整数从小数点自左往右排列，取有效精度，首次取得的整数放在最左边。

【例 3-5】 将十进制数 0.3125 转换成二进制数。

	整数	高低
$0.3125 \times 2 = 0.625$	0	
$0.625 \times 2 = 1.25$	1	
$0.25 \times 2 = 0.5$	0	
$0.5 \times 2 = 1.0$	1	低位

所以，$(0.3125)_{10} = (0.0101)_2$。

注意：十进制小数常常不能准确地换算为等值的二进制小数（或其他进制数），有换算误差存在。

若将十进制数 57.3125 转换成二进制数，可分别进行整数部分和小数部分的转换，然后再拼在一起，结果为 $(57.3125)_{10} = (111001.0101)_2$。

三、二进制、八进制、十六进制数间的转换

由例 3-5 看到，十进制数转换成二进制数转换过程的书写比较长，为了转换方便，人们常把十进制数转换八进制数或十六进制数，再转换成二进制数。二进制数、八进制数和十六进制数之间存在特殊关系：$8^1 = 2^3$，$16^1 = 2^4$，即 1 位八进制数相当于 3 位二进制数；1 位十六进制数相当于 4 位二进制数，因此转换方法就变得比较容易，如表 3-3 所示。

表 3-3　二进制、八进制和十六进制之间的关系

二　进　制	八　进　制	二　进　制	十六进制	二　进　制	十六进制
000	0	0000	0	1000	8
001	1	0001	1	1001	9
010	2	0010	2	1010	A
011	3	0011	3	1011	B
100	4	0100	4	1100	C
101	5	0101	5	1101	D
110	6	0110	6	1110	E
111	7	0111	7	1111	F

根据这种对应关系，二进制数转换成八进制数时，以小数点为中心向左右两边分组，每 3 位为一组，两头不足 3 位补 0 即可，然后根据表 3-3 即可完成转换。

同样，二进制数转换成十六进制数时，只要将二进制数以 4 位为一组即可。

将八（十六）进制数转换为二进制数时，只要 1 位化 3（4）位即可。

【例 3-6】　将二进制数 1101101110.110101 转换成八进制数和十六进制数。

$(001\ \ 101\ \ 101\ \ 110.\ \ 110\ \ 101)_2 = (1556.65)_8$

$\quad 1\quad\quad 5\quad\quad 5\quad\quad 6\ .\ \ 6\quad\quad 5$

$(0011\ \ 0110\ \ 1110.1101\ \ 0100)_2 = (36E.D4)_{16}$

$\quad 3\quad\quad 6\quad\quad E\ .\ D\quad\quad 4$

【例 3-7】　将八（十六）进制数转换为二进制数。

$(2C1D.A1)_{16} = (0010\ \ 1100\ \ 0001\ \ 1101.\ \ 1010\ \ 0001)_2$

$\quad\quad\quad\quad\quad 2\quad\quad C\quad\quad 1\quad\quad D\ .\ A\quad\quad 1$

$(7123.14)_8 = (111\ \ 001\ \ 010\ \ 011.\ \ 001\ \ 100)_2$

$\quad\quad\quad\quad 7\quad\quad 1\quad\quad 2\quad\quad 3\ .\ 1\quad\quad 4$

3.2.2 数据存储单位

在计算机中，数据存储的最小单位为位(bit)，1 位为 1 个二进制位(也称为比特)。

由于 1 位太小，无法用来表示数据的信息含义，所以又引入了"字节"(Byte，B)作为数据存储的基本单位。在计算机中规定，1 字节为 8 个二进制位。除字节外，还有千字节(KB)、兆字节(MB)、吉字节(GB)、太字节(TB)等单位。它们的换算关系是：

$1KB = 1024B = 2^{10}B$

$1MB = 1024KB = 1024 \times 1024B = 2^{20}B$

$1GB = 1024MB = 1024 \times 1024KB = 1024 \times 1024 \times 1024B = 2^{30}B$

$1TB = 1024GB = 2^{40}B$

在谈到计算机的存储容量或某些信息的大小时，常常使用上述的数据存储单位，如目前个人计算机的内存容量一般约为 512MB～2GB，硬盘容量一般为 20～200GB。

3.2.3 英文字符编码

计算机除进行数值计算外，大多还是进行各种数据的处理。其中字符处理占有相当大的比重。由于计算机是以二进制的形式存储和处理的，因此字符也必须按特定的规则进行二进制编码才能进入计算机。字符编码的方法很简单：首先，确定需要编码的字符总数，然后，将每个字符按照顺序确定顺序编号，编号值的大小无意义，仅作为识别与使用这些字符的依据。字符形式的多少涉及编码的位数。这如同必须有一个学号来唯一地表示某个学生，学校的招生规模决定了学号的位数。对西文与中文字符，由于形式不同，使用的编码也不同。

在计算机中，最常用的英文字符编码为 ASCII 码(American Standard Code for Information Interchange，美国信息交换标准码)，如表 3-4 所示，它原为美国的国家标准，1976 年确定为国际标准。

表 3-4　7 位 ASCII 代码表

$d_3 d_2 d_1 d_0$	$d_6 d_5 d_4$							
	000	001	010	011	100	101	110	111
0000	NUL	DLE	SP	0	@	P	`	p
0001	SOH	DC1	!	1	A	Q	a	q
0010	STX	DC2	"	2	B	R	b	r
0011	ETX	DC3	#	3	C	S	c	s
0100	EOT	DC4	$	4	D	T	d	t
0101	ENQ	NAK	%	5	E	U	e	u
0110	ACK	SYN	&	6	F	V	f	v

$d_3d_2d_1d_0$	$d_6d_5d_4$							
	000	001	010	011	100	101	110	111
0111	BEL	ETB	'	7	G	W	g	w
1000	BS	CAN	(	8	H	X	h	x
1001	HT	EM	)	9	I	Y	i	y
1010	LF	SUB	*	:	J	Z	j	z
1011	VT	ESC	+	;	K	[	k	{
1100	FF	PS	,	>	L	\	l	|
1101	CR	GS	—	=	M	]	m	}
1110	SO	RS	.	<	N	^	n	~
1111	SI	US	/	?	O	_	o	DEL

在 ASCII 码中，用 7 个二进制位表示 1 个字符，排列次序为 $d_6d_5d_4d_3d_2d_1d_0$，d_6 为高位，d_0 为低位。而一个字符在计算机内实际是用 8 位表示。正常情况下，最高位 d_7 为"0"，在需要奇偶校验时，这一位可用于存储奇偶校验的值，此时称这一位为校验位。

ASCII 码是 128 个字符组成的字符集，其中 94 个为可打印或可显示的字符，其他为不可打印或不可显示的字符。在 ASCII 码的应用中，也经常用十进制或十六进制表示。在这些字符中，"0"～"9"、"A"～"Z"、"a"～"z"都是顺序排列的，且小写比大写字母码值大 32，即位值 d_5 为 0 或 1，这有利于大、小写字母之间的编码转换。

有些特殊的字符编码请记住，例如：

"a"字母字符的编码为 1100001，对应的十进制数为 97，十六进制数为 61H；

"A"字母字符的编码为 1000001，对应的十进制数为 65，十六进制数为 41H；

"0"数字字符的编码为 0110000，对应的十进制数为 48，十六进制数为 30H；

"SP"空格字符的编码为 0100000，对应的十进制数为 32，十六进制数为 20H；

"LF（换行）"控制符的编码为 0001010，对应的十进制数为 10，十六进制数为 0AH；

"CR（回车）"控制符的编码为 0001101，对应的十进制数为 13，十六进制数为 0DH。

3.2.4　汉字编码

用计算机处理汉字时，必须先将汉字代码化，即对汉字进行编码。汉字是象形文字，种类繁多，编码比较困难，而且在一个汉字处理系统中，输入、内部存储和处理、输出等各部分对汉字代码的要求不尽相同，使用的代码也不尽相同。因此，在处理汉字时，需要进行一系列的汉字代码转换。

计算机对汉字的输入、保存和输出过程如下：在输入汉字时，操作者在键盘上输入输入码，通过输入码找到汉字的国际区位码，再计算出汉字的机内码后保存内码。而当显示或打印汉字时，则首先从指定地址取出汉字的内码，根据内码从字模库中取出汉字的字形码，再通过一定的软件转换，将字形输出到屏幕或打印机上，如图 3-1 所示。

图 3-1　汉字信息处理系统模型

一、输入码

为了能直接使用英文键盘进行汉字输入，必须为汉字设计相应的编码。汉字编码主要分为三类，即数字编码、拼音编码和字形编码。

（1）数字编码：用一串数字表示一个汉字，如区位码。区位码将国家标准局公布的 6763 个两级汉字分成 94 个区，每个区分 94 位，实际上是把汉字表示成二维数组，区码和位码各两位十进制数字。因此，输入一个汉字需要按键 4 次。数字码缺乏规律，难于记忆，通常很少用。

（2）拼音编码：以汉语拼音为基础的输入方法，如全拼、搜狗输入法等。拼音法的优点是学习速度快，学过拼音就可以掌握，但重码率高，打字速度慢。

（3）字形编码：按汉字的形状进行编码，如五笔字型、郑码等。字形码的优点是平均触键次数少，重码率低，缺点是需要背字根，不易掌握。

二、国际区位码

为了解决汉字的编码问题，1980 年我国公布了 GB 2312—1980 国家标准。在此标准中，含有 6763 个简化汉字，其中一级汉字 3755 个，属常用字，按汉语拼音顺序排列；二级汉字 3008 个，属非常用字，按部首排列。在该标准的汉字编码表中，汉字和符号按区位排列，共分成 94 个区，每个区有 94 位。一个汉字的编码由它所在的区号和位号组成，称为区位码。

三、机内码

机内码是字符在设备或信息处理内部最基本的表达形式，是在设备和信息处理系统内部存储、处理、传输字符用的代码。在西文计算机中，没有交换码和机内码之分。目前，世界各大计算机公司一般均以 ASCII 码为机内码来设计计算机系统。由于汉字数量多，用 1 个字节无法区分，一般用 2 个字节来存放汉字的内码。2 个字节共 16 位，可以表示 2^{16}（65536）个可区别的码；如果 2 个字节各用 7 位，则可表示 2^{14}（16384）个可区别的码。一般来说，这已经够用了。现在我国的汉字信息系统一般采用这种与 ASCII 码相容的 8 位编码方案，用两个 8 位码字符构成一个汉字内部码。另外，汉字字符必须与英文字符能相互区别开，以免造成混淆。英文字符的机内码是 7 位 ASCII 码，最高位为"0"，汉字机内码中 2 个字节的最高位均为"1"。

为了统一地表示世界各国的文字，1993 年，国际标准化组织公布了"通用多八位编码字符集"的国际标准 ISO/IEC 10646，简称 UCS(Universal Code Set)。UCS 包含了中、日、韩等国的文字，这一标准为包括汉字在内的各种正在使用的文字规定了统一的编码方案。我国相应的国家标准为《GB 13000.1—1993 信息技术 通用多八位编码字符集(UCS)第 1 部分：体系结构与基本多文种平面》。

四、字形码

汉字字形码又称为汉字字模，用于在显示屏或打印机输出汉字。汉字字形码通常的表示方式有点阵和矢量两种。

用点阵表示字形时，汉字字形码指的就是这个汉字字形点阵的代码。根据输出汉字的要求不同，点阵的多少也不同。简易型汉字为 16×16 点阵，提高型汉字为 24×24 点阵、32×32 点阵、48×48 点阵等。点阵规模越大，字形越清晰美观，所占存储空间也越大。

矢量表示方式存储的是描述汉字字形的轮廓特征，当要输出汉字时，通过计算机的计算，由汉字字形描述生成所需大小和形状的汉字点阵。矢量化字形描述与最终文字显示的大小、分辨率无关，因此可产生高质量的汉字输出。

点阵方式的编码、存储方式简单，无须转换直接输出，但字形放大后产生的效果差，而且同一种字体不同的点阵需要不同的字库。矢量方式正好与前者相反。

第 4 章　操作系统基础

操作系统是最重要的计算机系统软件，计算机发展到今天，从微型机到高性能计算机，无一例外都配置了一种或多种操作系统，操作系统已经成为现代计算机系统不可分割的重要组成部分。

本章主要介绍操作系统的基本原理和主要功能。

4.1　操作系统概述

计算机系统由硬件和软件两部分组成，操作系统（Operating System，OS）是配置在计算机硬件上的第一层软件，是对硬件系统的首次扩充。操作系统在计算机系统中占据了特别重要的地位，而其他的诸如汇编程序、编译程序、数据库管理系统等系统软件，以及大量的应用软件，都将依赖于操作系统的支持，取得它的服务。操作系统已成为现代计算机系统（大、中、小及微型机）中必须配置的软件。

4.1.1　操作系统的基本概念

一、操作系统的定义

现代通用的计算机系统是由硬件和软件组成的，硬件是可以看得见摸得着的物理设备和器件的总称，如 CPU、存储器（内存与外存）、输入/输出设备等。硬件就其逻辑功能而言，是用来完成信息变换、信息存储、信息传输和信息处理的，是计算机系统实现各种操作的物质基础。软件是计算机程序及相关文档的总称，如在系统中运行的程序、数据等。软件就其逻辑功能而言，主要是描述实现数据处理的规则和流程。软件又分为系统软件和应用软件两大类，而系统软件就包含了操作系统、语言编译系统以及其他系统工具软件。

没有安装软件的计算机被称为"裸机"，而裸机是无法进行任何工作的，不能从键盘、鼠标接收信息和操作命令，也不能在显示器屏幕上显示信息，更不能运行可以实现各种操作的应用程序。

操作系统是一组控制和管理计算机软硬件资源，为用户提供便捷使用计算机的程序的集合。操作系统在整个计算机系统中具有极其重要的特殊地位，它不仅是硬件与其他软件系统的接口，也是用户和计算机之间进行"交流"的窗口。

二、操作系统的作用

操作系统的作用是调度、分配和管理所有的硬件设备和软件系统，使其统一协调地运行，以满足用户实际操作的需求。操作系统的主要作用体现在两个方面。

1. 有效地管理计算机资源

操作系统要合理地组织计算机的工作流程，使软件和硬件之间、用户和计算机之间、系统软件和应用软件之间的信息传输和处理流程准确畅通；操作系统要有效地管理和分配计算机系统的硬件和软件资源，使得有限的系统资源能够发挥更大的作用。

2. 方便用户使用计算机

操作系统通过内部极其复杂的综合处理，为用户提供友好、便捷的操作界面，以便用户无需了解计算机硬件或系统软件的有关细节就能方便地使用计算机。

三、操作系统分类

对操作系统进行严格的分类是困难的。早期的操作系统，按用户使用的操作环境和功能特征的不同，可分为三种基本类型：批处理系统、分时系统和实时系统。随着计算机体系结构的发展，又出现了嵌入式操作系统、分布式操作系统和网络操作系统。

1. 批处理系统

批处理系统(Batch Processing System)的突出特征是"批量"处理，它把提高系统处理能力作为主要设计目标。它的主要特点是用户脱机使用计算机，操作方便；成批处理，提高了 CPU 利用率。它的缺点是无交互性，即用户一旦将程序提交给系统后就失去了对它的控制能力，使用户感到不方便。例如，VAX/VMS 是一种多用户、实时、分时和批处理的多道程序操作系统。

2. 分时系统

分时系统(Time Sharing System)是指多用户通过终端共享一台主机 CPU 的工作方式。为使一个 CPU 为多道程序服务，将 CPU 划分为很小的时间片，采用循环轮转方式将这些 CPU 时间片分配给排队队列中等待处理的每个程序。由于时间片划分得很短，循环执行得很快，使得每个程序都能得到了 CPU 的响应，好像在独享 CPU。分时操作系统的主要特点是允许多个用户同时运行多个程序，每个程序都是独立操作、独立运行、互不干涉。现代通用操作系统中都采用了分时处理技术，UNIX 就是一个典型的分时操作系统。

3. 实时操作系统

实时操作系统(Real Time Operating System)通常是具有特殊用途的专用系统，它是实时控制系统和实时处理系统的统称。所谓实时就是要求系统及时响应外部条件的要求，在规定的时间内完成处理，并控制所有实时设备和实时任务协调一致地运行。

实时控制系统实质上是过程控制系统。例如，通过计算机对飞行器、导弹发射过程的自动控制，计算机应及时将测量系统测得的数据进行加工，并输出结果，对目标进行跟踪或者向操作人员显示运行情况。实时处理系统主要指对信息进行及时的处理。例如，利用计算机预订飞机票、火车票或轮船票等。

4. 嵌入式操作系统

嵌入式操作系统(Embedded Operating System)是指运行在嵌入式系统环境中，对整个嵌入式系统以及它所操作、控制的各种部件装置等资源进行统一协调、调度、指挥和控制的操作系统。嵌入式操作系统具有通用操作系统的基本特点，能够有效管理复杂的系统资源。与通用操作系统相比较，嵌入式操作系统在系统实时高效性、硬件的相关依赖性、软件固态化以及应用的专用性等方面具有更为突出的特点。在制造工业、过程控制、通信、仪器、仪表、汽车、船舶、航空、航天、军事装备、消费类产品等方面均是嵌入式操作系统的应用领域。例如，家用电气产品中的智能功能，就是嵌入式系统的应用。

5. 网络操作系统

网络操作系统(Network Operating System)是基于计算机网络的操作系统，它的功能包括网络管理、通信、安全、资源共享和各种网络应用。网络操作系统的目标是用户可以突破地理条件的限制，方便地使用远程计算机资源，实现网络环境下计算机之间的通信和资源共享。例如 Windows NT/XP、UNIX 和 Linux 就是网络操作系统。

6. 分布式操作系统

分布式操作系统(Distributed Operating System)是指通过网络将大量计算机连接在一起，以获取极高的运算能力、广泛的数据共享以及实现分散资源管理等功能为目的的一种操作系统。它的优点主要表现在以下两方面。

(1) 分布性。它集各分散结点计算机资源为一体，以较低的成本获取较高的运算性能。

(2) 可靠性。由于在整个系统中有多个 CPU 系统，因此当某一个 CPU 系统发生故障时，整个系统仍旧能够工作。

显然，在对可靠性有特殊要求的应用场合可选用分布式操作系统。

四、操作系统的特征

现代操作系统的功能之所以越来越强大，这与操作系统的基本特征分不开。操作系统的基本特征表现在以下方面。

(1) 并发性。在计算机(具有多道程序环境)中可以同时执行多个程序。

(2) 共享性。多个并发执行的程序(同时执行)可以共同使用系统的资源。由于资源的属性不同，程序对资源共享的方式也不同。

① 互斥共享方式。限于具有"独享"属性的设备资源(如打印机、显示器)，只能以互斥方式使用。

② 同时访问方式。适用于具有"共享"属性的设备资源(如磁盘、服务器)，允许在一段时间内由多个程序同时使用。

(3) 虚拟性。虚拟是把逻辑部件和物理实体有机结合为一体的处理技术。虚拟技术可以使一个物理实体对应于多个逻辑对应物，物理实体是实的(实际存在)，而逻辑对应物是虚的(实际不存在)。通过虚拟技术，可以实现虚拟处理器、虚拟存储器、虚拟设备等。

（4）不确定性。在多道程序系统中，由于系统共享资源有限（如只有一台打印机），并发程序的执行受到一定的制约和影响。因此，程序运行顺序、完成时间以及运行结果都是不确定的。

4.1.2 进程管理

在早期的计算机系统中，一旦某个程序开始运行，它就占用了整个系统的所有资源，直到该程序运行结束，这就是所谓的单道程序系统。在单道程序系统中，任一时刻只允许一个程序在系统中执行，正在执行的程序控制了整个系统的资源，一个程序执行结束后才能执行下一个程序。因此，系统的资源利用率不高，大量的资源在许多时间内处于闲置状态。例如，如图4-1所示是单道程序系统中CPU依次运行三个程序的情况：首先程序A被加载到系统内执行，执行结束后再加载程序B执行，最后加载程序C执行，这三个程序不能交替运行。

图4-1 单道程序系统中程序的执行

为了提高系统资源的利用率，后来的操作系统都允许同时有多个程序被加载到内存中执行，这样的操作系统被称为多道程序系统。在多道程序系统中，从宏观上看，系统中多道程序同时在执行，但从微观上看，任一时刻仅能执行一道程序，系统中各程序是交替执行的。由于系统中同时有多道程序在运行，它们共享系统资源，提高了系统资源的利用率，但是操作系统必须承担资源管理的任务，要求能够对包括处理机在内的系统资源进行管理。如图4-2所示为多道程序系统中三个程序在CPU中交替运行的情况，程序A没有结束就放弃了CPU，让程序B和程序C执行，程序C没有结束又让程序A抢占了CPU，这三个程序交替运行。

图4-2 多道程序系统中程序的执行

一、进程的概念

进程是现代操作系统中一个最基本的概念，进程是一个具有独立功能的程序对数据集的一次执行。一个程序和执行一个程序的活动之间存在差别，前者仅仅是一系列静态的指令，然而后者是一个动态活动，这种活动的属性随着时间而变化，这种活动被称为进程（process）。一个进程包含了活动的当前状态，这被称为进程状态（process state），这个状态包括了被执行的程序当前所在的位置（程序计数器的值）和在其他CPU寄存器以及相关存储单元中的值。大概地讲，进程状态是在这一时刻机器的一个快照，在一个程序执行的不同时间（进程中的不同时间）可以观察到不同的快照（也就是不同的进程状态）。

一个单独的程序能够同时与多个进程有关联。例如，在一个多用户的分时系统中，两个用户可以希望同时编辑不同的文档。两个活动可以用相同的编辑程序，但是每一个活动可以是拥有其自己的一系列数据和进程速度的分开的进程。在这种情况中，操作系统能够只在主存储器中保存编辑程序的一个拷贝，并且允许各个进程在其时间片中使用这个拷贝。

在一个典型的分时计算机设备中，各个进程通常在时间片断中竞争，这些进程包括应用和实用程序以及部分操作系统程序的运行。操作系统需要协调这些进程，协调工作包括确保每一个进程拥有其需要的资源（外部设备、主存储器空间、数据访问和CPU 的访问），独立的进程不能互相影响，并且需要交互数据的进程也要确保其如此。

二、进程的特征

进程和程序是两个不同的概念，进程有下面四个基本特征，这些特征是进程与程序的区别所在。

1. 动态性

进程是程序的一次执行过程，是一个动态的概念；而程序是计算机的指令的集合，是一个静态的概念。进程的动态性还表现在它由创建而产生，由调度而执行，因得不到资源而暂停执行，以及由撤销而消亡，可见进程有一定的生命期。

2. 并发性

并发性是指系统中可以同时有几个进程在活动，也就是说，同时存在几个程序的执行过程。并发性是进程的重要特征之一，也是操作系统的重要特征。引入进程就是为了描述操作系统的并发特征，并发性提高了计算机系统资源的利用率。

3. 独立性

进程是一个能够独立运行的基本单位，也是系统资源分配和调度的基本单位。进程获得资源后执行，失去资源后暂停执行。

4. 异步性

进程按各自独立的、不可预知的速度前进，也就是说，进程是按异步方式运行的。内存中的一个进程什么时候被拿到 CPU 上执行、执行多少时间都是不可知，因此操作系统需要负责各个进程之间的协调运行。

三、进程的状态和转换

进程的执行是间歇的、不确定的，在它的整个生命周期中有三个基本状态：就绪、运行和等待。

1. 就绪状态

进程已经获得了除 CPU 之外的所有资源，做好了运行的准备，一旦得到了 CPU 便立即执行，即转换到执行状态。

2. 运行状态

进程已获得 CPU，其程序正在执行。在单 CPU 系统中，只能有一个进程处于执行状态，而在多 CPU 系统中，则可能有多个进程同时处于执行状态。

3. 阻塞状态

进程因等待某个事件而暂停执行时的状态，也称为阻塞状态或等待状态。在运行期间，进程不断地从一个状态转换到另一个状态。处于执行状态的进程，因时间片用完就转换为就绪状态，因为需要访问某个资源，而该资源被别的进程占用，则由执行状态转换为阻塞状态；处于阻塞状态的进程因发生了某个事件后（需要的资源满足了）就转换为就绪状态；处于就绪状态的进程被分配了 CPU 后就转换为执行状态，进程的状态转换过程如图 4-3 所示。

四、进程协调

与进程协调相关的任务由操作系统核心程序中的调度程序和控制程序处理。调度程序在主存储器中保存了一个进程表，用于记录进程的相关信息。当给机器分配一个新的任务时，调度程序通过在进程表中加入一条新的记录为该任务创建一个进

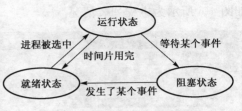

图 4-3　进程的状态和转换

程，这条记录包括分配给进程的存储区域（从存储管理器得到的）、进程的优先级、进程是否就绪或者阻塞之类的信息。

操作系统中的控制程序用来确保被调度进程的执行。在分时系统中，这个任务通过把时间分成短的片断来实现，每一个片断被称为时间片（通常不超过 50ms），然后在进程中间改变 CPU 的注意力，在一个时间段内执行进程，如图 4-4 所示。这个从一个进程改变到另外一个进程的过程称作进程转换或者上下文转换。

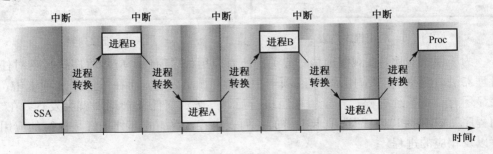

图 4-4　分时系统的进程转换

每次一个进程开始它的时间片的时候，控制程序初始化一个计时电路，用它来计量时间。在时间片的最后，时间电路产生一个中断信号，CPU 立刻对这个信号加以反应，就好像人对任务的中断反应一样。首先停止正在做的事情，记录下现在所处的位置，同时关注请求中断的实体。当 CPU 接收一个中断信号的时候，它完成当前的机器周期后，保存当前进程的位置，并且开始处理一个叫做中断处理程序的程序。

在分时系统中，最重要的就是停止然后重新启动一个进程的能力。就像你在读书的时候被打断，你继续读书的能力依赖于你记忆所读到的段落和在该断点积累的信

息，为了从被打断的地方继续阅读，必须重新创造被中断以前的环境。在进程的情况中必须记录程序计数器的值以及寄存器和永久存储单元的内容，分时系统在 CPU 对中断信号的反应中包含了保存这些信息的任务，当该进程重新获得时间片运行时这些信息被用来恢复上次中断时的环境。

五、观察 Windows 操作系统中进程的运行状态

在 Windows 环境下，打开任务管理器就可以观察到进程的运行情况。如图 4-5 所示显示了 Word、Excel、计算器三个应用程序，然后观察任务管理器中应用程序列表，如图 4-6 所示为进程列表情况。

图 4-5　应用程序列表

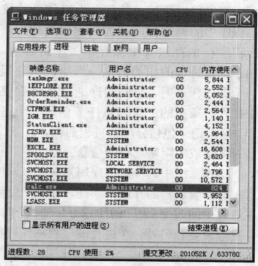

图 4-6　进程列表

为了便于对比，在观察前最好先关闭所有应用程序窗口。应用程序执行前对任务管理器进行观察，在"应用程序"选项卡中，没有显示内容，而在"进程"选项卡中，列表显示有一批系统进程。各应用程序执行后，再次观察任务管理器就会发现，在"应用程序"选项卡和"进程"选项卡中增加了列表内容，增加的部分正好是执行的应用程序以及相应的进程。

六、线程

随着硬件和软件技术的发展，为了更好地实现并发处理和共享资源，提高 CPU 的利用率，目前许多操作系统把进程再细分成线程(Threads)。线程又被称为轻量级(Lightweight Process，LWP)进程，描述进程内的执行，是操作系统分配 CPU 时间的基本单位。一个进程可以有多个线程，线程之间共享地址空间和资源。

1.进程的基本属性

(1)进程是可以独立拥有资源的单位，需要为进程分配(虚拟)地址空间及 I/O 资源。

（2）进程是可以独立调度的基本单位。

由于进程是资源的拥有者，因此在创建、撤销和进程切换过程中，系统必须付出较大的时空开销，从而限制了并发程度的进一步提高。

2. 线程的属性

（1）线程不拥有资源。

（2）线程是进程内一个相对独立的执行单元。

（3）可并发执行。

（4）共享进程资源。

线程与进程的区别如图 4-7 所示。

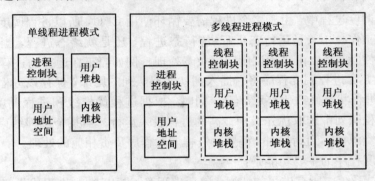

图 4-7　线程与进程的区别

线程可以分为核心级线程（Kernel Threads）和用户级线程（User Threads）。核心级线程由操作系统支持，直接由操作系统产生，在核心空间运行；用户级线程由用户创建。一般来说，核心级线程比用户级线程具有更高的优先级，能优先获得 CPU 时间。

目前，在 UNIX 中，进程仍然是 CPU 的分配单位，而在 Windows 中，线程是 CPU 的分配单位。把线程作为 CPU 的分配单位的好处是充分共享资源，减少内存开销，提高并发性，加快切换速度。目前大部分的应用程序都是多线程的结构。

4.2　操作系统的功能

操作系统的主要任务是有效管理系统资源、提供友好便捷的用户接口。为实现其主要任务，操作系统具有以下五大功能：处理机管理、存储器管理、设备管理、文件系统管理和接口管理。

4.2.1　处理机管理

在传统的多道程序系统中，处理机的分配和运行都以进程为基本单位，对处理机的管理可归结为对进程的管理，在引入了线程的操作系统中也包含对线程的管理。处理机管理的主要功能包括创建和撤销进程(线程)、对进程(线程)的运行进行协调、实现进程(线程)之间的信息交换以及进程(线程)调度。

在多道程序系统中,由于存在多个程序共享系统资源的事实,就必然会引发对CPU的争夺。如何有效地利用处理机资源,如何在多个请求处理机的进程中选择取舍,这就是进程调度要解决的问题。处理机是计算机中宝贵的资源,能否提高处理机的利用率,改善系统性能,在很大程度上取决于调度算法的好坏。因此,进程调度成为操作系统的核心,在操作系统中负责进程调度的程序被称为进程调度程序。

一、进程调度程序的功能

在进程调度过程中,由于多个进程需要循环使用CPU,所以进程调度是操作系统中最频繁的工作。不管是运行态进程、等待态进程,还是就绪态进程,当它们面临状态改变的条件时,都要由进程调度程序负责处理。例如当正在运行的进程执行完一个CPU时间片后,进程调度程序将它插入到就绪态队列的尾部,保存该进程的中断现场信息,将其进程状态修改为"就绪态",同时,根据进程优先级和进程调度既定算法,从就绪态进程队列中选取优先级别最高的进程投入运行。当某个进程结束时,或者某进程因所需资源得不到满足时,都要由进程调度程序负责相应的处理。

进程调度程序的主要功能是:

(1)记录系统中所有进程的情况,包括进程名、进程状态、进程优先级和进程资源需求等信息;

(2)根据既定的调度算法,确定将CPU分配给就绪队列中的某个进程;

(3)回收和分配CPU,当前进程转入适当的状态后,系统回收CPU,并将CPU分配给就绪队列中调度算法选取的下一个进程。

二、进程调度方式

进程调度方式分为非剥夺式(不可抢占式)和剥夺式(抢占式)两种。非剥夺式调度是让正在执行的进程继续执行,直到该进程完成或发生其他事件,才移交CPU控制权。剥夺式调度是当"重要"的或"系统"的进程出现时,便立即暂停正在执行的进程,将CPU控制权分配给"重要"的或"系统"的进程。剥夺式调度反映了进程优先级的特征及处理紧急事件的能力。

三、进程调度算法选择

进程调度算法的选择与系统的设计目标和工作效率是密切相关的。进程调度算法的优劣直接关系到进程调度的效率,不同操作系统通常是采用不同的进程调度算法。选择进程调度算法时要考虑的因素包括以下方面。

(1)尽量提高资源利用率,减少CPU空闲时间。

(2)对一般程序采用较合理的平均响应时间。

(3)应避免有的程序长期得不到响应的情况发生。

进程调度算法的种类很多，常见的进程调度算法有先到先服务(FCFS)算法、短进程优先算法、优先级高优先算法和时间片轮转法。

4.2.2 存储器管理

存储器(内存)管理的主要工作是为每个用户程序分配内存，以保证系统及各用户程序的存储区互不冲突；内存中有多个程序运行时，要保证这些程序的运行不会有意或无意地破坏别的程序的运行；当某个用户程序的运行导致系统提供的内存不足时，如何把内存与外存结合起来使用管理，给用户提供一个比实际内存大得多的虚拟内存，从而使用户程序能顺利地执行，这便是内存扩充要完成的任务。因此，存储器管理应具有内存分配、地址转换、内存保护和扩充的功能。

一、内存分配

内存分配的主要任务是为每道程序分配内存空间，提高存储器的利用率，以减少不可用的内存空间；允许正在运行的程序申请附加的内存空间，以适应程序和数据动态增长的需要。

二、地址转换

在编制程序的时候，程序设计人员无法知道程序将要放在内存空间的哪一个地址运行，因此无法写出真实的物理地址，使用的是逻辑地址(从 0 开始)。当程序被调入内存时，操作系统将程序中的逻辑地址变换成存储空间中真实的物理地址。

三、内存的保护

由于内存中有多个进程，为了防止一个进程的存储空间被其他的进程破坏，操作系统要采取软件和硬件结合的保护措施。不管用什么方式进行存储分配和地址转换，在操作数地址被计算出来后，先要检查它是否在该程序分配到的存储空间之内，如果是的话，就允许访问这个地址，否则就拒绝访问，并把出错信息通知用户和系统。

四、虚拟内存

在计算机系统中，操作系统使用硬盘空间模拟内存，为用户提供了一个比实际内存大得多的内存空间。在计算机的运行过程中，当前使用的部分保留在内存中，其他暂时不用的存放在外存中，操作系统根据需要负责进行内外存的交换。

虚拟内存的最大容量与 CPU 的寻址能力有关。如果 CPU 的地址线是 20 位的，则虚拟内存最多为 1MB；Pentium 芯片的地址线是 32 位的，所以虚拟内存可以达到 4GB。

虚拟内存在 Windows 中又称为页面文件。在 Windows 安装时就创建了虚拟内存页面文件(pagefile. sys)，一般设置为大于计算机上 DRAM(Dynamic Random Access Memory，动态随机存储器)的 1.5 倍。如图 4-8 所示为某台计算机 Windows XP 系统中虚拟内存的情况(在"我的电脑"快捷菜单中选择"属性"命令，然后选择"高级"选项卡，在"性能"区域单击"设置"按钮，选择"高级"选项卡，单击"更改"按钮)，它把 C 盘的一部分硬盘空间模拟成内存，初始大小为 384MB，最大可以到 768MB。

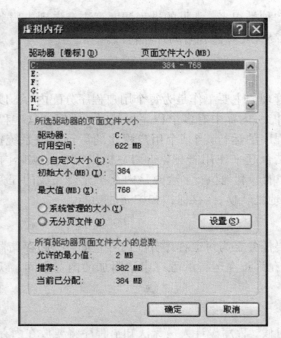

图 4-8　某台计算机 Windows XP 系统中虚拟内存的情况

4.2.3　文件系统管理

　　文件是具有文件名的一组相关信息的集合。在计算机系统中，所有的程序和数据都以文件的形式存放在计算机的外存储器（如磁盘等）上。例如一个 C/C++ 或 VB 源程序、一个 Word 文档、各种可执行程序都是一个文件。

　　在操作系统中，负责管理和存取文件信息的部分称为文件系统或信息管理系统。在文件系统的管理下，用户可以按照文件名访问文件，而不必考虑各种外存储器的差异，不必了解文件在外存储器上的具体物理位置以及存放方式。文件系统为用户提供了一个简单、统一的访问文件的方法。

　　一、文件的基本概念

　　（1）文件名。在计算机中，任何一个文件都有文件名，文件名是存取文件的依据，即按名存取。一般情况下，文件名分为文件主名和扩展名两个部分。

　　一般来说，文件主名应该用有意义的词汇或是数字命名，即可顾名思义，以便用户识别。例如，Windows 中的 Internet 浏览器的文件名为 iexplore. exe。

　　不同的操作系统其文件命名规则有所不同。有些操作系统是不区分大小写的，如 Windows；而有的是区分大小写的，如 UNIX。

　　（2）文件类型。在绝大多数的操作系统中，文件的扩展名表示文件的类型，不同类型文件的处理是不同的。在不同的操作系统中，表示文件类型的扩展名并不尽相同。Windows 中常见的文件扩展名及其表示的意义如表 4-1 所示。

表 4-1　Windows 常用文件扩展名及其意义

文件类型	扩展名	说明
可执行程序	.exe、.com	可执行程序文件
源程序文件	.c、.cpp、.bas、.asm	程序设计语言的源程序文件
目标文件	.obj	源程序文件经编译后产生的目标文件
批处理文件	.bat	将一批系统操作命令存储在一起，可供用户连续执行
MS Office 文档文件	.doc、.xls、.ppt	MS Office 中 Word、Excel、PowerPoint 创建的文档
图像文件	.bmp、.jpg、.gif	图像文件，不同的扩展名表示不同格式的图像文件
流媒体文件	.wmv、.rm、.qt	能通过 Internet 播放的流式媒体文件，不需下载整个文件就可播放
压缩文件	.zip、.rar	压缩文件
音频文件	.wav、.mp3、.mid	声音文件，不同的扩展名表示不同格式的音频文件
网页文件	.html、.asp	一般来说，前者是静态的，后者是动态的

（3）文件属性。文件除了文件名外，还有文件大小、占用空间、所有者信息等，这些信息称为文件属性。

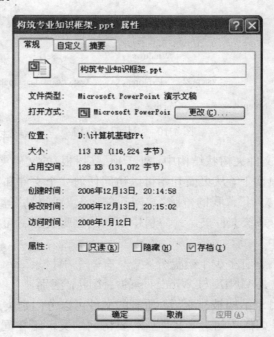

图 4-9　Windows 中文件的属性

Windows 中文件的属性，如图 4-9 所示，其重要的属性有：

① 只读:设置为只读属性的文件只能读，不能修改或删除，起保护作用；

② 隐藏:具有隐藏属性的文件在一般的情况下是不显示的。如果设置了显示隐藏文件，则隐藏的文件和文件夹是浅色的，以表明它们与普通文件不同；

③ 存档:任何一个新创建或修改的文件都有存档属性。当用"附件"下"系统工具"组中的"备份"程序备份后，存档属性消失。

（4）文件操作。一个文件中所存储的可能是数据，也可能是程序的代码，不同格式的文件通常都会有不同的应用和操作。文件的常用操作有建立文件、打开文件、写入文件、删除文件、属性更改等。

二、目录管理

一个磁盘上的文件成千上万，如果把所有的文件存放在根目录下会有许多不便。为了有效地管理和使用文件，大多数的文件系统允许用户在根目录下建立子目录，在子目录下再建立子目录，也就是将目录结构构建成树状结构，然后让用户将文件分门别类地存放在不同的目录中，如图4-10所示。这种目录结构像一棵倒置的树，树根为根目录，树中每一个分枝为子目录，树叶为文件。在树状结构中，用户可以将同一个项目有关的文件放在同一个子目录中，也可以按文件类型或用途将文件分类存放。同名文件可以存放在不同的目录中，也可以将访问权限相同的文件放在同一个目录，集中管理。

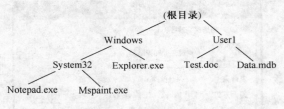

图4-10　树状目录结构

在Windows的文件夹树状结构中，处于顶层（树根）的文件夹是桌面，计算机上所有的资源都组织在桌面上，从桌面开始可以访问任何一个文件和文件夹，如图4-11所示。桌面上有"我的文档"、"我的电脑"、"网上邻居"、"回收站"等，这些系统专用的文件夹不能改名，称为系统文件夹。计算机中所有的磁盘及控制面板也以文件夹的形式组织在"我的电脑"中。

在UNIX中，不管有多少个磁盘分区，只有一个根目录root，而磁盘分区是它下面的一个子目录，这是UNIX与Windows的一个明显区别。

当一个磁盘的目录结构被建立后，所有的文件可以分门别类地存放在所属的目录中，接下来的问题是如何访问这些文件。若要访问的文件不在同一个目录中，就必须加上目录路径，以便文件系统可以查找到所需要的文件。

目录路径有两种:绝对路径和相对路径。

① 绝对路径。从根目录开始，依序到该文件之前的名称。

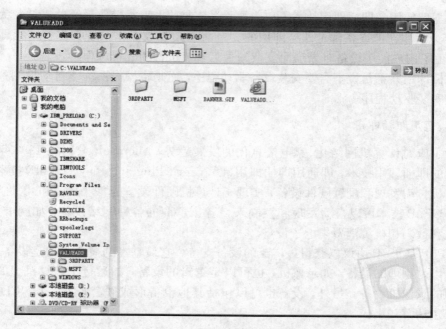

图 4-11　Windows 目录结构

② 相对路径。从当前目录开始到某个文件之前的名称。

在如图 4-10 所示的 Windows 系统目录结构中，Notepad. exe 和 Test. doc 文件的绝对路径分别为"C：\Windows\System32\Notepad. exe"和"C：\User1\Test. doc"。如果当前目录为"C：\Windows\System32"，则 Data. mdb 文件的相对路径为"\User1\Data. mdb"。

4.2.4　设备管理

每台计算机都配置了很多外部设备，它们的性能和操作方式都不一样，设备管理的主要任务是方便用户使用外部设备，提高设备的利用率。

一、设备驱动程序

设备驱动程序是操作系统管理和驱动设备的程序，用户使用设备之前，该设备必须安装驱动程序，否则无法使用。设备驱动程序与设备紧密相关，不同类型设备的驱动程序是不同的，不同厂家生产的同一类型设备也是不尽相同的。因此，操作系统提供一套设备驱动程序的标准框架，由硬件厂商根据标准编写设备驱动程序并随同设备一起提交给用户。事实上，在安装操作系统时，会自动检测设备并安装相关的设备驱动程序，以后用户如果需要添加新的设备，必须再安装相应的驱动程序。

二、即插即用

所谓即插即用(Plug and Play，PnP)就是指把设备连接到计算机后无需手动配置就可以立即使用。即插即用技术不仅需要设备支持，也需要操作系统的支持。大多数1995年以后生产的设备都是即插即用的。目前绝大多数操作系统都支持即插即用技术，避免了用户使用设备时繁琐而复杂的手工安装过程和配置过程。

即插即用并不是说不需要安装设备驱动程序，而是指操作系统能自动检测到设备并自动安装驱动程序。

三、通用即插即用

为了应对计算机网络化、家电信息化的发展趋势，Microsoft 公司在1999年推出了最新的即插即用技术，即通用即插即用（Universal Plug and Play，UPnP）技术。它让计算机自动发现和配置硬件设备，实现了计算机硬件设备的"零配置"和"隐性"联网过程。UPnP 技术可以自动发现和控制来自各家厂商的各种网络设备，如网卡、网络打印机和数码相机等消费类电子设备。

UPnP 基于 IP 协议以获得最广泛的设备支持。它最基本的概念模型是设备模型，设备可以是物理的设备，如录像机，也可以是逻辑的设备，如运行于计算机上的软件所模拟的录像机设备。另外，设备也可以包括其他设备形成嵌套，如一个 VCD/游戏机中又包括游戏机。

四、集中管理

各类外部设备在速度、工作方式、操作类型等方面都有很大的差别，面对这些差别，很难有一种统一的方法管理各种外部设备。但是，现代各种操作系统求同存异，尽可能集中管理设备，为用户设计了一个简洁、可靠、易于维护的设备管理系统。

图4-12　Windows 的设备管理器

在 Windows 中，通过设备管理器和控制面板对设备进行集中统一的管理。在"我的电脑"的快捷菜单中选择"属性"命令，或在"控制面板"中双击"系统"图标，然后选择"硬件"选项卡，再单击"设备管理器"按钮，出现如图4-12所示的"设备管理器"窗口。通过设备管理器，用户可以了解有关计算机上的硬件如何安装和配置的信息，以及硬件如何与计算机程序交互的信息，还可以检查硬件状态，并更新安装在计算机上的设备驱动程序。

用户通过应用程序使用外部设备，如果设备不同，用户界面也不同，那就会给用户带来很大的不便，也会增加系统的复杂性，所以操作系统都向用户提供统一而且独立于设备的界面。以文档打印为例，不管什么类型的打印机，用户打印文档时都要使用如图4-13所示的"打印"对话框进行打印设置。

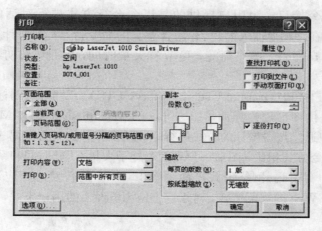

图 4-13 "打印"对话框

五、提高使用效率

提高外部设备的使用效率，除了合理分配使用各种外部设备之外，现代操作系统通过缓冲技术提高外部设备和 CPU 以及各种外设之间的工作的并行性。

（1）缓冲区。缓冲区是介于两个设备或设备与应用程序之间传递数据的内存区域，主要作用是提供给不同速度的设备之间传递数据。

（2）高速缓存。高速缓存是一种先将数据复制到速度较快的内存中再访问的做法，由于高速缓存的访问速度比一般内存快很多，所以访问高速缓存中的数据会比访问内存的数据更快。有些系统甚至提供更多层的高速缓存，其最高与最低速度差别更大。

高速缓存和缓冲虽然是两种不同类型的功能，但是为了提高磁盘 I/O 的性能，也可以将高速缓存当缓冲区来使用。

4.2.5 操作系统接口

为了方便用户使用操作系统，操作系统又向用户提供了用户与操作系统的接口。该接口通常以命令或系统调用的形式呈现在用户面前，前者提供给用户在键盘终端上使用，后者提供给用户在编程时使用。

一、用户接口

操作系统为计算机硬件和用户之间提供了交流的界面。用户通过操作系统告诉计算机执行什么操作，计算机系统为用户提供执行各种操作的服务，并按用户需要的形式返回操作结果。用户和计算机之间的这种交流构成完整的、人机一体的系统，将这个系统称为用户接口。

随着操作系统功能不断扩充和完善，用户接口更加人性化，呈现出更加友好的特性。用户接口可分为联机命令接口、图形用户接口以及网络用户接口。

（1）联机命令接口。为用户提供的是以命令行方式进行对话的界面，如 MS-DOS。用户通过在终端上输入简短、有隐含意义的命令行，实现对计算机的操作。这种方式对熟练用户而言，操作简捷，可节省大量时间，但是，对初学者来说，很难掌握。

（2）图形用户接口（Graphic User Interface，GUI）。以窗口、图标、菜单和对话框的方式为用户提供图形用户界面，如 Apple 的 Macintosh 系统和 Microsoft 的 Windows 系统，用户通过点击鼠标的方式进行相关的操作。这种方式易于理解、学习和使用。然而，与命令方式相比，图形用户界面消耗了大量 CPU 时间和系统存储空间。

（3）网络用户接口。网络形式界面是随 Internet 的普及应用应运而生的界面形式。它采用基于 Web 的规范格式，对于有上网浏览经历的用户来说，在这种方式下操作无需任何培训。

二、系统调用

用户使用操作系统功能的另一种形式是在程序中取得操作系统服务。这种在程序中实现的系统资源的使用方式被称为系统调用，或者称为应用编程接口 API。目前的操作系统都提供了功能丰富的系统调用功能。

不同操作系统所提供的系统调用功能有所不同。常见的系统调用分类有：

（1）文件管理，包括对文件的打开、读写、创建、复制、删除等操作；

（2）进程管理，包括进程的创建、执行、等待、调度、撤销等操作；

（3）设备管理，请求、启动、分配、运行、释放各种设备的操作；

（4）进程通信，在进程之间传递消息或信号等操作；

（5）存储管理，存储的分配、释放、存储空间的管理等操作。

第 5 章　网络基础及 Internet

从 20 世纪 80 年代起，计算机网络在全球范围内得到了飞速发展，给人们的日常生活和工作带来了极大的便利。在今天这样一个信息化的社会中，能够熟练地获取、交换和发布信息，并具备信息安全的基本知识，是信息社会中人应具备的基本素质。而不受地域限制地快速实现信息的获取、交换和发布的基础就是计算机网络。

本章从计算机网络基本知识入手，依次介绍计算机网络基础、Internet 的基本知识及常见的应用、网络安全等内容，通过本章的学习使读者对计算机网络有一个基本的了解。

5.1　计算机网络概述

计算机网络是计算机技术与通信技术紧密结合的产物，它出现的历史虽然不长，发展却非常迅速，目前已成为计算机应用的一个重要领域。计算机网络的出现推动了信息产业的发展，对当今社会经济的发展起着非常重要的作用。

5.1.1　计算机网络的定义

计算机网络利用通信设备和传输介质，将分布在不同地理位置上的具有独立功能的计算机相互连接，在网络协议控制下进行数据通信，实现资源共享。

计算机网络主要包含连接对象、连接介质、通信设备和控制机制等要素。计算机网络连接的对象包括各种类型的计算机（如大型计算机、工作站、微机等）和其他数据终端设备（如打印机、ATM 取款机、服务终端等）；计算机网络的连接介质是通信线路（如光缆、双绞线、同轴电缆、微波等）；通信设备主要有路由器、交换机、防火墙、服务器、网关、Modem 等；控制机制是网络协议和各类网络软件。所以计算机网络是利用通信线路和通信设备，把地理上分散的、并具有独立功能的多个计算机系统互相连接起来，按照网络协议进行数据通信，用功能完善的网络软件实现资源共享的计算机系统的集合。一个典型的计算机网络示意图如图 5-1 所示。

计算机网络的功能主要体现在资源共享、信息交流和分布式处理三方面。

一、资源共享

计算机资源主要指计算机硬件资源、软件资源和数据资源，计算机网络中的资源共享包括部分或全部地共享网络中的硬件、软件和数据资源，如共享网络中的大容量存储器、软件、数据库等资源。通过资源共享，可使网络中各单位的资源互通有无、分工协作，从而大大提高系统资源的利用率，如利用网络中的某台共享打印机进行文献打印等，如图 5-2 所示。

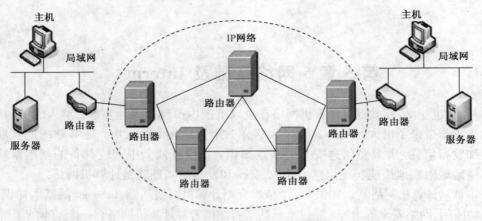

图 5-1　现代计算机网络示意图

二、信息交流

信息交流功能是计算机网络最基本的功能,计算机网络提供了最快捷、最方便与他人交流信息的方式。人们可以在网络上发送电子邮件,发布新闻消息,进行电子商务、远程教育、远程医疗等活动。

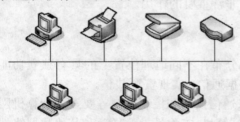

图 5-2　共享打印机、扫描仪等办公设备

三、分布式处理

利用网络技术可以将许多计算机连接成具有高性能的计算机系统,使其具有解决复杂问题的能力,这种协同工作、并行处理的方式,要比单独购置高性能大型计算机便宜得多。当某台计算机负载过重时,网络可将任务转交给空闲的计算机来完成,这样能均衡各计算机的负载,提高处理问题的能力。

总之,网络为人们提供了诸多的便利,使人们可以足不出户就能获取到许多知识;也使人们可以不必重复地去做一些资料收集和整理的工作。

5.1.2　计算机网络的形成与发展

计算机网络是计算机技术与通信技术紧密结合的产物,它经历了一个从简单到复杂、从低级到高级的发展过程。总体来说可以分成四个阶段。

一、面向终端的计算机通信网络

早期的计算机网络产生于 20 世纪 50 年代初,它将一台计算机经过通信线路与若干台终端直接相连,计算机处于主控地位,承担着数据处理和通信控制的工作,而终端一般只具备输入输出功能,处于从属地位。通常将这种具有通信功能的计算机系统称为第一代计算机网络——面向终端的计算机通信网络。

面向终端的计算机通信网络是一种主从式结构，这种网络与现在的计算机网络的概念不同，它是现代计算机网络的雏形。

二、分组交换网

现代计算机网络产生于 20 世纪 60 年代中期，它是利用传输介质将具有自主功能的计算机连接起来的系统，如图 5-3 所示。其标志是美国国防部高级研究计划局研制的 ARPANET(阿帕网)，该网络首次使用了分组交换技术，为现代计算机网络的发展奠定了基础。

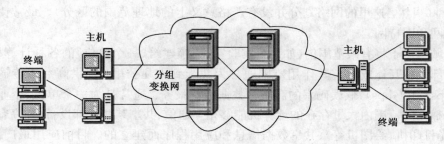

图 5-3　分组交换网

ARPANET 是 20 世纪 60 年代冷战时期的产物，美国军方要求该网络必须具有很强的生存性，而且能够适应现代战争的需要。根据这一要求，一批计算机通信专家提出了将分组交换技术应用于 ARPANET 中。

三、体系结构标准化的计算机网络

20 世纪 70 年代后期，各种各样的商业网络纷纷建立，并提出各自的网络体系结构。比较著名的有 IBM 公司于 1974 年公布的系统网络体系结构(SNA)和美国 DEC 公司于 1975 年公布的分布式网络体系结构(DNA)。这样，世界范围内不断出现了一些按照不同概念设计的网络，有力地推动了计算机网络的发展和广泛使用。对同一体系结构的网络产品互连变得非常容易，但对不同网络系统体系结构的产品却很难实现互连，为此，国际标准化组织(ISO)在 1984 年公布了开放式系统互连参考模型(OSI/RM)的国际标准化网络体系结构，从此，计算机网络走上了标准化的道路。

四、Internet 时代

目前，计算机网络的发展正处于第四阶段，该阶段计算机网络发展的特点是全球互连、高速传输、智能化应用。

1983 年，因特网工程小组(IETF)提出的 TCP/IP(传输控制协议和网际协议)被批准为美国军方的网络互连协议。同年，ARPANET 分化为 ARPANET 和 MILNET 两个网络。1984 年，美国国家科学基金会决定将教育科研网 NSFNET 与 ARPANET、MILNET 合并，运行 TCP/IP 协议，向世界范围扩展，并命名为 Internet(因特网)。Internet 的发展，对世界经济、社会、科学、文化等多个领域的发展产生了深刻的影响。

5.1.3 计算机网络的分类

计算机网络可按不同的标准分类，如按地理范围分类、按通信传播方式分类和按服务对象分类等。其中，最常用的是按网络地理范围进行分类。

一、按照地理范围分类

按照地理范围，网络可分为局域网（Local Area Network，LAN）、城域网（Metropolitan Area Network，MAN）、广域网（Wide Area Network，WAN）和因特网（Internet）四种（当然，这里的网络划分并没有严格意义上的地理范围的区分）。最常使用的是局域网和因特网。

局域网用于将有限范围内（如一个实验室、一幢建筑、一个单位）的各种计算机、终端与外部设备互连成网。其作用范围通常为几米到十几公里，提供高数据传输速率（10Mbps～10Gbps）、低误码率的高质量数据传输服务。通常是为一个单位、企业或一个相对独立的范围内大量存在的计算机能够相互通信、共享某些外部设备（如高容量硬盘、激光打印机、绘图机等）、共享数据信息和应用程序而建立的。目前应用最广泛、发展最成熟的局域网是以太网。

广域网的作用范围一般为几十到几千公里，跨省、跨国甚至跨洲。目前，大多数局域网在应用中并不是孤立的，除了与本部门的其他计算机系统互相通信外，还可以与广域网连接。网络互连形成了更大规模的互联网，可使不同网络上的用户能相互通信和交换信息，实现了局域资源共享与广域资源共享相结合。

城域网的作用范围介于 LAN 与 WAN 之间，相当于一种大型的 LAN，通常使用与局域网相似的技术。它可以覆盖一组邻近的公司或一个城市。城域网可以支持数据、语音、视频与图形等，并有可能涉及当地的有线电视网。

因特网又称国际互联网，是涉及范围最大的网络。事实上，它不是一种新的物理网络，而是由成千上万个不同类型、不同规模的计算机网络组成的开放式巨型计算机网络，任何遵守 Internet 互连协议的计算机都可以接入因特网。

二、按拓扑结构分类

网络拓扑结构是指网络中的节点与通信线路之间的几何关系所形成的网络结构，反映了网络中各实体间的结构关系。计算机网络拓扑结构一般分为总线形结构、星形结构、环形结构、树形结构、网形结构和蜂窝形六种，如图 5-4 所示。

（1）总线形结构。所有节点都与一条公共信息传输主干电缆（总线）相连。任意一段时间内只允许一个节点传送信息。总线形网络结构简单灵活，可扩充性好，成本低；但实时性较差，不适宜大规模网络。

（2）星形结构。主要特点是集中式控制，各节点通过点对点通信线路与中心节点连接，任何两个节点间的通信都要通过中心节点。优点是建网容易、控制相对简单；缺点是对中心节点依赖大、可靠性差。

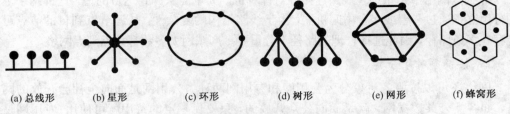

(a) 总线形　　(b) 星形　　　(c) 环形　　　(d) 树形　　　(e) 网形　　　(f) 蜂窝形

图 5-4　网络基本拓扑结构图

（3）环形结构。将各节点通过通信线路连接成一个闭合的环，信息在环上按一定方向一个节点接一个节点沿环路传输。该结构的优点是没有竞争现象，在负载较重时仍然能传送信息；缺点是网络上的响应时间会随着环上节点的增加而变慢，且当环上某一节点有故障时，整个网络都会受到影响。为克服这一缺陷，有些环形网采用双环结构。

（4）树形结构。节点按照层次进行连接，信息交换主要在上下节点间进行。其形状像一棵倒置的树，顶端为根，从根向下分支，每个分支又可以延伸出多个子分支，一直到树叶。这种结构易于扩展，但是一个非叶子节点发生故障很容易导致网络分割。

（5）网形结构。该结构的控制功能分散在网络的各个节点上，网上的每个节点都有几条路径与网络相连。即使一条线路出故障，通过迂回线路，网络仍能正常工作。这种结构可靠性高，但控制和路由选择比较复杂，一般用在广域网上。

（6）蜂窝形结构。该结构由圆形（为了表示方便，往往画成六边形）辐射区域组成，每个区域中心都有一个独立的节点。蜂窝拓扑结构把微波覆盖区域分为大量相连的小区域，每个小区域都使用自己的、低功率的无线发送和接收基站（BS）或无线接入点（AP）。在 BS 或 AP 周围就会形成一个近似于圆形的无线电频率区，这个区域称为蜂窝，蜂窝的大小与 BS 或 AP 的发射功率有关。

蜂窝形拓扑结构早期用于移动语音通信中，随着无线通信技术的普及，蜂窝形拓扑结构正在广泛用于数据通信网络中，如 WLAN（无线局域网）、GPRS（通用分组无线业务）、3G（第 3 代通信系统）、蓝牙等。蜂窝拓扑结构的优点是用户使用网络方便，网络建设时间短，网络易于扩展。蜂窝拓扑结构的缺点是信号在一个蜂窝内无处不在，所以信号很容易受到环境或人为造成的干扰；其次，由于地理和距离上的限制，使得有时信号接收非常困难；另外，蜂窝结构的传输速率较低，投资成本较高。

三、按通信传播方式分类

按照通信传播方式，网络可以分为广播式网络和点到点网络。广播式网络中，所有连网计算机共享一条公共通信信道，当一台计算机发送报文分组时，所有其他计算机都会收到这个分组。由于分组中的地址字段指明本分组该由哪台主机接收，因此一旦收到分组，各计算机都要检查地址字段，如果是发给它的，即处理该分组，否则就丢弃。局域网大多数都是广播式网络。

点到点网络中每条物理线路连接一对计算机。为了能从源到达目的地，这种网络上的分组必须通过一台或多台中间机器，由于线路结构的复杂性，从源节点到目的节点可能存在多条路径，因此选择合理的路径十分重要。广域网大多数都是点到点网络。

四、按服务对象分类

网络还可以按服务对象分为公用网和专用网两种。公用网是面向全社会开放的网络，如各类公共数据网，就是面向公众开放的，只要付一定的费用就可使用；专用网是某个部门因某种特殊需求而建立的网络，专供一定范围内的人员使用，不对外开放，如军队、银行等专用网。

5.1.4 网络协议和体系结构

一、网络协议

要使计算机网络做到有条不紊地交换数据，网络中的所有计算机就必须遵守一些事先约定好的规则，这些为进行网络中的数据交换而建立的规则、标准或约定称为网络协议。网络协议是网络通信的语言，是通信的规则和约定。协议规定了通信双方互相交换数据或控制信息的格式、所应给出的响应和所完成的动作及它们之间的时序关系。网络协议是所有通信硬件和软件的"黏合剂"，是计算机网络的核心组成部分。一个网络协议主要由三个要素组成。

(1) 语法：数据与控制信息的结构或格式（即"怎么讲"）；

(2) 语义：控制信息的含义，需要做出的动作及响应（即"讲什么"）；

(3) 时序：规定了操作的执行顺序。

二、网络体系结构

由于计算机网络涉及不同的计算机、软件、操作系统、传输介质等，要实现相互通信是非常复杂的。为了实现这样复杂的计算机网络，人们提出了网络层次的概念，这是一种"分而治之"的方法。通过分层可以将庞大而复杂的问题转化为若干简单的局部问题，以便于处理和解决。网络的每一层都具有相应的层间协议。计算机网络的各层定义和层间协议的集合称为网络体系结构。常见的计算机网络体系结构有 OSI/RM、TCP/IP 等。

为了进一步理解网络协议和体系结构，应理解以下相关的基本概念。

(1) 实体(Entity)。实体表示任何可以发送或接收信息的硬件和软件过程。位于不同系统中的同一层次的实体称为对等实体，对等实体间使用相同的协议进行交互。

(2) 服务(Service)。服务表示网络不同层次之间的关系，每一层都建立在下一层的基础上，利用下一层的服务来实现自身的功能，并向上一层提供服务。上层叫做服务的使用者，下层叫做服务的提供者。使用者通过服务访问点(Service Access Point, SAP)访问下层服务。SAP 是一个抽象的概念，它是同一系统中相邻两层的实体进行交互(信息交换)的接口。

（3）协议数据单元（Protocol Data Unit，PDU）。PDU 是对等实体之间通过协议传送的数据单元。

三、OSI/RM 网络体系结构

各计算机厂商都在研究和发展计算机网络体系，相继发表了本厂商的网络体系结构。为了把这些计算机网络互连起来，达到相互交换信息、资源共享、分布应用的目的，国际标准化组织（ISO）提出了 OSI/RM（开放式系统互连参考模型）。该参考模型将计算机网络体系结构划分为七个层次，标准草案建议于 1980 年提出，1982 年 4 月形成国际标准。

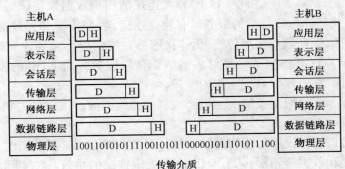

图 5-5　OSI/RM 网络体系结构模型

如图 5-5 所示，OSI/RM 参考模型定义的网络七个功能层分别为物理层、数据链路层、网络层、传输层、会话层、表示层和应用层，并规定了每层的功能以及不同层次之间如何协调。

OSI/RM 模型对人们研究网络起了重要的指导作用。但是，OSI/RM 模型本身不是网络体系结构的全部内容，这是因为它并未确切地描述用于各层的服务和协议，而仅仅告诉我们每一层应该做什么。OSI/RM 已经为各层制定了标准，它们是作为独立的国际标准公布的。

OSI/RM 模型从理论上来说，是一个试图达到理想标准的网络体系结构，因此一直到 20 世纪 90 年代初，整套标准才被制定完善。尽管 OSI/RM 模型具有层次清晰、便于论述等优点，得到了计算机网络理论界的推崇，但是符合该模型标准的网络却从来没有被实现过。因为网络应用界认为，OSI/RM 模型实施起来过于繁杂，运行效率太低；还有人认为 OSI/RM 模型中层次的划分不够精炼，许多功能在不同层中有所重复，并且，.OSI/RM 模型制定的周期过于漫长。而另一套很实用的 TCP/IP 网络体系结构很快地占领了计算机网络市场，成为了事实上的国际标准，并被沿用至今。

四、TCP/IP 参考模型

TCP/IP（Transmission Control Protocol/Internet Protocol）参考模型也称网络通信协议，是国际互联网的基础。它定义了电子设备（如计算机）如何连入因特网及数据如何在它们之间传输的标准。

TCP/IP 参考模型共分四层，如图 5-6 所示，各层定义如下。

图 5-6　TCP/IP 参考模型

（1）应用层。应用层为用户提供所需要的各种服务，包括很多面向应用的协议，如简单邮件传输协议（SMTP）、超文本传输协议（HTTP）、域名系统（DNS）、文件传输协议（FTP）等。

（2）传输层。传输层为应用层实体提供端到端的通信功能。该层定义了两个主要协议：面向连接的传输控制协议（TCP）和无连接的用户数据报协议（UDP）。面向连接的服务具有建立连接、数据传输和释放连接三个阶段，它可靠性高，可以保证数据按序传输；无连接服务在通信前不需要建立连接，灵活、迅速，但可靠性差。TCP 提供了一种可靠的数据传输服务。而 UDP 的服务则不可靠，但其协议开销小，在流媒体系统中使用得较多。

（3）网络层。网络层主要解决主机到主机的通信问题。该层最主要的协议就是无连接的互联网协议。

（4）网络接口层。该层传输物理脉冲信号及数据帧信号，因此有时也将该层分为两层，即物理层和数据链路层。TCP/IP 没有规定这层的协议，在实际应用中根据主机与网络拓扑结构的不同，由参与互连的各网络使用自己的协议。局域网主要采用 IEEE 802 系列协议，如 802.3 以太网协议、802.5 令牌环网协议；广域网常采用 HDLC、帧中继、X. 25、PPP 等协议。

五、网络通信的通俗描述

为了进一步理解网络的层次结构和协议，并理解网络中的信息交互，先来看一个生活中可能会遇到的实例。

【例 5-1】　在中国的中国某公司经理与在德国的德国某公司经理要进行商务会谈，双方经理均不理解对方语言，也无共同理解的语言，要求最终的会谈纪要用英文表述。描述该信息交互过程。

解：由于双方除专业知识外没有能够相互理解和交流的语言。因此，他们之间的谈判需要通过翻译人员进行；因表述的标准语言是英语，故还需要再次翻译；另外，双方不在同一地域，需要通过电子邮件联系。所以，整个会谈工作需要经历以下过程：

（1）中方经理用中文表达意见；

（2）翻译人员译成英文；

（3）秘书用电子邮件经物理网络将信息发送至德国；

（4）德方秘书接收电子邮件；

（5）德方翻译人员将英文内容译为德文；

（6）德方经理得知邮件内容。

该过程可以如图 5-7 所示。从图中可以看出，整个会谈过程可以分为四个层次，最上层为认知层，双方经理为这一层的实体，他们谈论的是共同感兴趣的话题，并对所谈内容非常熟悉。共同的相关知识就是他们间的通信协议。第二层为语言表达层，中方经理用汉语表述，德方经理则用德语表述，双方经理都只能将所讲的信息发送给各自的翻译。这就像应用层信息只能通过主机内部端口发送给传输层。第三层是双方翻译人员，他们分别将收到的信息翻译成英文，如果可以直接通话，则他们之间就可以用英语进行交流。因此，英语就是他们这一层的协议。双方秘书则将信息通过物理信道以电子邮件的形式发送和接收，因此这一层的协议就是网络接口层协议。由此，一个复杂的大问题就转换成了若干个小问题，使得相互间的信息交流成为可能。

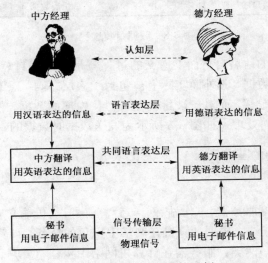

图 5-7　网络的分层结构示例

在这样一个系统中，同一层次的实体间（如双方翻译）可以用共同的协议进行交流，而不同层次间则无法进行交流（如中方经理和德方翻译）。

因此，可以总结出网络中实体间的通信原则，即：

（1）两个不同系统的对等实体之间可以进行信息交换；

（2）不同层次具有各自不同的通信协议，而协议就是对等层之间互相交流所使用的语言；

（3）实体是可以发送或接收信息的硬件/软件进程；

（4）系统内部实体间的信息交互要通过接口。

在实际的网络传输中，一台计算机要发送数据到另一台计算机，首先需要将数据打包，即在数据的前面加上特定的协议头部，如图 5-8 所示，就像寄信时需要将信装入信封一样，这个过程称为封装。相应地，接收方在收到数据后，需要将协议头部去掉（就像拆信封），这一过程称为解封装。

网络体系结构中每一层都要依靠下一层提供的服务。为了提供服务，下层把上层的协议数据单元（PDU）作为本层的数据封装，然后加入本层的头部（和尾部）。头部中含有完成数据传输所需的控制信息。这样，数据自上而下递交的过程实际上就是不断

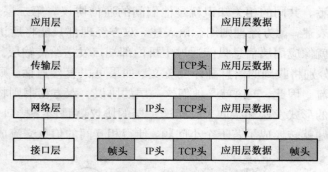

图 5-8　数据封装过程

封装的过程。到达目的地后自下而上递交的过程就是不断解封装的过程。由此可知，在物理线路上传输的数据，其外面实际上被包封了多层"信封"。但是，某一层只能识别由对等层封装的"信封"，而对于被封装在"信封"内部的数据，仅是拆封后将其提交给上层，本层不做任何处理。如图 5-8 所示为发送数据时数据的封装过程。

5.1.5　计算机网络中的基本元素

一、网络硬件

网络硬件一般包括服务器、工作站、网卡、计算机外设、传输介质、网络互连设备等。

（1）服务器和工作站。根据计算机在网络中担负的任务，计算机可分为服务器和工作站（又称为客户机）两类。服务器在计算机网络中担任重要角色，为网络中的其他计算机和用户提供服务；工作站是用户实际操作的计算机，网络中的用户可以通过工作站访问网络上的各种信息资源。

（2）计算机外设。计算机外设是指在网络中的一些共享设备，如打印机、扫描仪等。

（3）网卡。网卡又称为网络适配器或网络接口卡，是计算机与网络传输介质的物理接口，主要作用是接收和发送数据。网卡可以将计算机连接到网络中，实现网络中各计算机相互通信和资源共享的目的。

（4）传输介质。传输介质是指网络中数据传输的物理通路，根据传输介质的性质，可分为有线传输介质和无线传输介质。有线传输介质包括双绞线、同轴电缆和光纤等，无线传输介质包括无线电、微波、红外线和卫星等。

（5）网络互连设备。网络互连设备通过传输介质将网络中所有的计算机和服务器连接起来，从而实现这些设备之间的相互通信。常见的网络互连设备有中继器、集线器、交换机、路由器和网关等。

① 中继器（Repeater）是局域网环境下用来延长网络距离的最简单、最廉价的互连设备，工作在 OSI 参考模型的物理层，作用是对传输介质上传输的信号接收后，经过放大和整形，再发送到其传输介质上，经过中继器连接的两段电缆上的工作站就像是在一条加长的电缆上工作一样。

② 集线器(Hub)可以说是一种特殊的中继器，区别在于集线器能够提供多端口服务，每个端口连接一条传输介质，也称为多端口中继器。集线器上的端口彼此相互独立，不会因某一端口的故障影响其他用户。用户可以用双绞线，通过 RJ-45 接口连接到集线器上。

③ 交换机(Switch)发展迅猛，基本取代集线器和网桥，并增强了路由选择功能。交换和路由的主要区别在于交换发生在 OSI 参考模型的数据链路层，而路由发生在网络层。交换机的主要功能包括物理编址、错误校验、帧序列及流控制等，外观与集线器相似。从应用领域来分，交换机可分为局域网交换机和广域网交换机；从应用规模来分，交换机可分为企业级交换机、部门级交换机和工作组级交换机。

④ 路由器(Router)是在网络层提供多个独立的子网间连接服务的一种存储/转发设备，工作在 OSI 参考模型的网络层，用路由器连接的网络可以使用在数据链路层和物理层协议完全不同的网络中。路由器提供的服务比网桥更为完善。路由器可根据传输费用、转接时延、网络拥塞或终点间的距离来选择最佳路径。

⑤ 网关(Gateway)在互连网络中起到高层协议转换的作用，如 Internet 上用简单邮件传输协议(SMTP)进行传输电子邮件时，如果与微软的 Exchange 进行互通，需要电子邮件网关，Oracle 数据库的数据与 Sybase 数据进行交换时需要数据库实现。

二、网络软件

网络软件的主要功能是控制和分配网络资源、实现网络中各种设备之间的通信、管理网络设备和实现网络应用等，主要包括网络操作系统、网络协议、网络管理软件和网络应用软件等。

(1) 网络操作系统。网络操作系统是向网络计算机提供网络通信和网络资源共享功能的操作系统，运行在服务器上，因此有时被称为服务器操作系统。常用的网络操作系统有 UNIX、NetWare、Windows 2000/2003 Server 等。

(2) 网络协议。网络协议是指网络设备用于通信的一套规则、专门负责计算机之间的相互通信，并规定计算机信息交换中信息的格式和含义。常用的网络协议有 TCP/IP 协议、IPX/SPX(网间数据包传送/顺序数据包交换)协议、NetBEUI 协议等。

TCP/IP(Transmission Control Protocol/Internet Protocol)即传输控制协议/网际协议，是实现 Internet 连接的基本技术元素，是目前最完整、最被普遍接受的通信协议标准，可以让使用不同硬件结构、不同操作系统的计算机之间相互通信。Internet 中的计算机都使用 TCP/IP 协议，正是由于各个计算机使用相同的 TCP/IP 协议，因此不同的计算机才能互相通信，进行信息交流。

TCP/IP 是一种不属于任何国家和公司拥有和控制的协议标准，它有独立的标准化组织支持改进，以适应飞速发展的网络的需要。

IPX/SPX(网间数据包传送/顺序数据包交换)协议是 Novell 公司开发的通信协议集，是 Novell NetWare 网络使用的一种传输协议，使用该协议可以与 NetWare 服务器连接。IPX/SPX 协议在开始设计时就考虑了多网段的问题，具有强大的路由功能，在复杂环境下具有很强的适应性，适合大型网络的使用。

NetBEUI 协议是 Microsoft 网络的本地网络协议，常用于由 200 台计算机组成的局域网。NetBEUI 协议占用内存小、效率高、速度快，但是此协议是专门为几台到百余台计算机所组成的单网段部门级小型局域网而设计的，因此不具有跨网段工作的功能，即无路由功能。

（3）网络应用软件。网络应用软件是指为网络用户提供服务并为网络用户解决实际问题的软件。常用的网络应用软件有 IE 浏览器、NetMeeting 等。

（4）网络管理软件。网络管理软件是指对网络资源进行管理和对网络进行维护的软件，如 SUN NetManager、IBM Tivoli NetView 等。

5.2 Internet 及其应用

Internet 是当今世界上最大的计算机网络，由多个不同的网络通过标准协议和网络互连设备连接而成的、遍及世界各地的、特定的一个大网络。Internet 具有资源共享的特性，它使人们跨越时间和空间的限制，快速地获取各种信息。随着电子商业软件和工具软件的不断成熟，Internet 将成为世界贸易的公用平台。Internet 的发展将会对社会、经济、科技和文化带来巨大的推动和冲击，如产业结构的重组，社会组织模式的变革，生产、工作以及生活方式的改变，不同文化的碰撞等，其影响的广度和深度将是空前的。

5.2.1 Internet 基础

一、Internet 的工作方式

Internet 是由成千上万个不同类型和规模的网络（局域网、城域网和广域网）及一同工作、共享信息的计算机主机通过许多路由器等网络设备互连而成的世界范围的巨大网络，以信息交流和资源共享为目的，基于共同的 TCP/IP 通信协议。因特网连接示意，如图 5-9 所示。

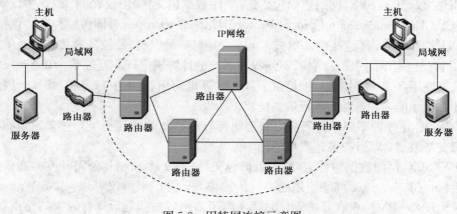

图 5-9　因特网连接示意图

TCP/IP 建立了称为分组交换（或包交换）的网络。当传送数据（如电子邮件）时，TCP 首先把整个要传输的信息分解为多个分组（packet，或称包），每个分组都封装上发送者和接收者的地址，然后由 IP 协议将 packet 通过 Internet 中连接各个子网的一系列路由器，从一个节点传送到另一个节点，最终送达目的地。这类似于日常生活中邮件的邮递过程，在其传递过程中需要通过若干邮局才最终到达目的地。

路由器（Router）是互联网的主要节点设备，它通过路由表决定数据的转发路径。转发策略（按最短路径或最快路径等）称为路由选择（routing）。当路由器接收到数据时，首先检查所接收分组的目的地址，然后根据目的地址传送到另一个路由器或目标主机。如果一个电子邮件被分成 10 个分组，每个分组可能会有完全不同的路由。分组到达目的地以后，IP 协议鉴别每个分组并且检查其是否完整，一旦接收到了所有的分组，IP 就会把它们组装成原来的形式，然后把数据交给 TCP 层进行处理。

分组交换的目的是使网络中数据传送的丢失情况达到最少而效率最高。路由器是连接不同网络、实现数据传输的枢纽，它工作于网络层，基于 IP 地址转发。路由器系统构成了基于 TCP/IP 的 Internet 的主体脉络。

二、IP 地址

无论是从使用 Internet 的角度还是从运行 Internet 的角度看，IP 地址和域名都是十分重要的概念。为了实现 Internet 上计算机之间的通信，每台计算机都必须有一个地址，就像每部电话要有一个电话号码一样，每个地址必须是唯一的。Internet 中有两种主要的地址识别系统，即 IP 地址和域名系统。

1. IP 地址的概念

Internet 中不同计算机的相互通信必须有相应的地址标识，这个地址标识称为 IP 地址。IP 地址是 IP 协议提供的一种统一格式的地址，为 Internet 上的每个网络和每台主机分配一个网络地址，以此来屏蔽物理地址的差异。每个 IP 地址在 Internet 上是唯一的，是运行 TCP/IP 协议的唯一标识。

2. IP 地址的结构

目前使用的 IP 版本是 IPv4（IP 第 4 版本），它规定了 IP 地址长度为 32 位。IP 地址是一个 32 位的二进制（4 字节）地址，通常用 4 个十进制来表示，十进制数之间用"."分开，这种标识方法叫做点分十进制。

【例 5-2】　11001010　01110010　11001110　11001010

　　　　　　　202　.　　114　.　　206　.　　202

IP 地址是 Internet 主机的一种数字型标识，它由两部分构成，一部分是网络标识（Netid），另一部分是主机标识（Hostid），如图 5-10 所示。

3. IP 地址的分类

通常 Internet 的 IP 地址可分为五种，即 A 类、B 类、C 类、D 类、E 类。前三类由各国互联网信息中心在全球范围内统一分配，后两类为特殊地址。每一类网络中 IP 地址的结构即网络标识长度和主机标识长度都有所不同。

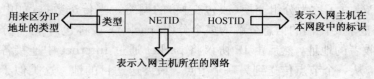

图 5-10　IP 地址一般格式

（1）A 类地址。网络标识占 1 字节，第 1 位为"0"，允许有 $126(2^7-2)$ 个 A 类网络，每个网络大约允许有 $1670(2^{24}-2)$ 万台主机。A 类地址通常分配给国家级网络和大型的拥有大量主机的网络，如一些大公司（如 IBM 公司等）和因特网主干网络。

A 类地址格式：| 0 | 网络地址（7 位） | 主机地址（24 位） |

（2）B 类地址。网络标识占 2 字节，前 2 位为"10"，前 2 字节表示网络类型和网络标识号，后 2 字节标识主机标识号，允许有 $16382(2^{14}-2)$ 个网络，每个网络大约允许有 $65534(2^{16}-2)$ 台主机。B 类地址适用于主机数量较大的中型网络，通常分配给结点比较多的网络，如区域网。

B 类地址格式：| 10 | 网络地址（14 位） | 主机地址（16 位） |

（3）C 类地址。网络标识占 3 字节，前 3 位为"110"，前 3 字节表示网络类型和网络标识号，最后 1 字节标识主机标识号，允许有 $200(2^{21}-2)$ 万个网络，每个网络大约允许有 $254(2^8-2)$ 台主机。C 类地址适用于小型网络，通常分配给结点比较少的网络，如公司、院校等。一些大的校园网可以拥有多个 C 类地址。

C 类地址格式为：| 110 | 网络地址（21 位） | 主机地址（8 位） |

（4）D 类地址（特殊的 IP 地址）。D 类地址为组播地址，前 4 位为"1110"，用于多址投递系统（组播）。目前使用的视频会议等应用系统都采用了组播技术进行传输。

（5）E 类地址（特殊的 IP 地址）。E 类地址为地址预留，前 4 位为"1111"，保留未用。

对上述五种类型的 IP 地址进行归纳，如表 5-1 所示。

表 5-1　IP 地址类型和应用

类型	第一字节 IP 范围	网络类型
A 类	1～126	大型网络
B 类	128～191	中型网络
C 类	192～223	小型网络
D 类	224～239	组播寻址保留
E 类	240～254	实验应用保留

其中，网络号 127 用来做循环测试用，不可用做其他用途。例如，发信息给 IP 地址 127.0.0.1，则此信息将传给本地机器，检验网卡是否连通。

三、域名系统

IP 地址用 4 个十进制数字来表示，不便于人们的记忆和使用，为此，Internet 引入了一种字符型的主机命名机制——域名系统，用来表示主机的地址。当用户访问网络中的某个主机时，只需按名访问，不需关心它的 IP 地址。

【例 5-3】 www.nun.edu.cn 是北方民族大学的 WWW 服务器主机名（对应的 IP 地址是 202.201.112.98），因特网用户只要使用 www.nun.edu.cn 就可访问到该服务器。

1. 域名地址的构成

一个完整的域名地址由若干部分组成，各部分之间由小数点隔开，每部分有一定的含义，且从右到左各部分之间大致上是上层与下层的包含关系，域名的级数通常不超过 5。其基本结构为：主机名.单位名.机构名.国家名。

【例 5-4】 域名地址 www.nun.edu.cn。其中，顶级域名 cn 代表中国，子域名 edu 代表教育科研网，sysu 代表单位名北方民族大学，www 代表 Web 服务器。www 代表该服务器所使用的字符组合，如企业名称、姓名汉语拼音或者英文名字等，最常用的服务器名称为 www。

为了表示主机所属的机构的性质，Internet 的管理机构 IAB 给出了 7 个顶级域名，美国之外的其他国家的互联网管理机构还使用 ISO 组织规定的国别代码作为域名后缀来表示主机所属的国家。标识机构性质的组织性域名的标准，如表 5-2 所示。

大多数美国以外的域名地址中都有国别代码，美国的机构直接使用 7 个顶级域名。

表 5-2 七个顶级域名

域名	含义	域名	含义
com	商业机构	mil	军事机构
edu	教育机构	net	网络服务提供者
gov	政府机构	org	非营利组织
int	国际机构（主要指北约组织）		

2. 域名系统（Domain Name System，DNS）

域名系统主要由域名空间的划分、域名管理和地址转换三部分组成。

在域名系统中，采用层次式的管理机制。如 cn 域代表中国，它由中国互联网信息中心（CNNIC）管理，其子域 edu.cn 由 CERNET 网络中心负责管理，edu.cn 的子域 sysu.edu.cn 由中山大学网络中心管理。域名系统采用层次结构的优点是每个组织可以在它们的域内再划分域，只要保证组织内的域名唯一，就不用担心与其他组织内的域名冲突。

对用户来说，有了域名地址就不必去记 IP 地址了。但对于计算机来说，数据分组中只能是 IP 地址而不是域名地址，这就需要把域名地址转化为 IP 地址。一般来说，

Internet 服务提供商(ISP)的网络中心中都会有一台专门完成域名地址到 IP 地址转化的计算机，这台计算机叫作域名服务器。域名服务器上运行着一个数据库系统，数据库中保存的是域名地址与 IP 地址的对应。用户的主机在需要把域名地址转化为 IP 地址时向域名服务器提出查询请求，域名服务器根据用户主机提出的请求进行查询并把结果返回给用户主机。

3. IP 地址与域名服务器之间的对应关系

Internet 上 IP 地址是唯一的，一个 IP 地址对应着唯一的一台主机。相应地，给定一个域名地址也能找到一个唯一对应的 IP 地址。这是域名地址与 IP 地址之间的一对一的关系。有些情况下，往往用一台计算机提供多个服务，如既作 WWW 服务器又作邮件服务器。这时计算机的 IP 地址仍然是唯一的，但可以根据计算机所提供的多个服务给予不同的多个域名，这时 IP 地址与域名间可能是一对多关系。

四、子网掩码

子网掩码也是一个 32 位的二进制数，若它的某位为 1，表示该位所对应 IP 地址中的一位是网络地址部分中的一位；若某位为 0，表示它对应 IP 地址中的一位是主机地址部分中的一位。通过子网掩码与 IP 地址的逻辑"与"运算，可分离出网络地址。如果一个网络没有划分子网，子网掩码是网络号各位全为 1，主机号各位全为 0，这样得到的子网掩码为默认子网掩码。A 类网络的默认子网掩码为 255.0.0.0；B 类网络的默认子网掩码为 255.255.0.0；C 类网络的默认子网掩码为 255.255.255.0。

五、IPv6

互联网面临的一个严峻问题是地址消耗，即没有足够地址来满足全球所需。由于 Internet 所用 IP 的当前版本是 IPv4，其地址是 32 位的，可用的地址号十分有限。IPv6 中的 IP 地址格式要求使用 128 位地址，这就大大增加了地址空间。要使现行因特网使用的 IPv4 很快过渡到 IPv6 是不现实的。事实上，IPv6 被设计成与 IPv4 是兼容的。在相当长的时间内，IPv6 将会与 IPv4 共存。

IPv6(Internet Protocol Version 6)，即"互联网协议第 6 版"。IPv6 是 IETF (Internet Engineering Task Force，互联网工程任务组)设计的用于替代现行版本 IP 协议(IPv4)的下一代 IP 协议。目前使用的 IPv4 的核心技术属于美国。该技术最大问题是网络地址资源有限，从理论上讲，编址 1600 万个网络、40 亿台主机。但采用 A、B、C 三类编址方式后，可用的网络地址和主机地址的数目大打折扣，以至目前的 IP 地址近乎枯竭。其中北美占 3/4，约 30 亿个，而人口最多的亚洲只有不到 4 亿个，中国只有 3000 多万个，只相当于美国麻省理工学院的数量。地址不足严重地制约了我国及其他国家互联网的应用和发展。

随着电子技术和网络技术的发展，计算机网络已经进入人们的日常生活，可能身边的每一样东西都需要接入全球互联网。在这样的环境下，IPv6 应运而生。单从数字上来说，IPv6 所拥有的地址容量是 IPv4 的约 8×10^{28} 倍，达到 $2^{128} - 1$ 个。这不但解决了网络地址资源数量的问题，同时也为除计算机以外的设备接入互联网在数量限制上扫清了障碍。如果说 IPv4 实现的是人机对话，那么 IPv6 则扩展到任意事物之间的对话，它不仅可以为人类服务，还将服务于众多硬件设备，如家用电器、传感器、远程照相机、汽车等，它将是无时不在，无处不在的深入社会每个角落的真正的宽带网，而且带来的经济效益将非常巨大。

5.2.2　Internet 的接入方式

Internet 接入方式是指把计算机连接到 Internet 上的方法，也就是日常生活中所说的"上网"。一般来说，上网的途径有两种：通过局域网或个人单机上网。目前常见的接入方式包括：拨号上网、ADSL 宽带上网、专线上网、无线上网、局域网接入等。

一、拨号上网

拨号上网是前几年比较普及的上网方式，是通过已有电话线路，通过安装在计算机上的 Modem（调制解调器）并拨号连接到网络供应服务商（ISP）的主机，从而可以享受互联网服务的一种上网接入方式。Modem 分为外置和内置的，其作用是在发送端将计算机处理的数字信号转换成能在公用电话网络传输的模拟信号，经传输后，再在接收端将模拟信号转换成数字信号送给计算机，最终利用公用电话网（PSTN）实现计算机之间的通信。这种上网方式的特点是安装和配置简单，投入较低，但上网传输速率较低，质量较差，上网时，电话线路被占用，不能拨打和接听电话。例如，下载一首 MP3 歌曲，往往需要十几分钟的时间，而且完全占用电话线，上网的时候无法接打电话。这种接入方式适合于家庭或办公室的个人用户上网。

二、ADSL 宽带上网

ADSL 宽带上网是目前使用较广的上网方式。ADSL 技术即非对称数字用户环路技术。是一种充分利用现有的电话铜质双绞线（即普通电话线）来开发宽带业务的非对称数字信号传送的因特网接入技术，为用户提供上、下行非对称的传输速率（带宽）。非对称主要体现在上行速率（最高 640 kbps）和下行速率（最高 8 Mbps）的非对称性上。上行（从用户到网络）为低速的传输，可达 640 kbps；下行（从网络到用户）为高速传输，可达 8 Mbps。有效传输距离在 3～5 km 范围以内。它最初主要是针对视频点播业务开发的，随着技术的发展，逐步成为了一种较方便的宽带接入技术，为电信部门所重视。这种接入方式的特点是：上网与打电话互不干扰；电话线虽然同时传递语音和数据，但其数据并不通过电话交换机，因此用户不用拨号一直在线，不需交纳拨号上网的电话费用；能为用户提供上、下行不对称的宽带传输。

三、专线上网

专线上网适用于拥有局域网的大型单位或业务量较大的个人。使用这种上网方式只需向 ISP 租用一条专线并申请 IP 地址和注册域名即可。其特点是速度快、上网不受限制、专线 24 小时开通。像 DDN、ISDN 和 ATM 等都统称为专线上网。

ISDN(Integrated Service Digital Network，窄带综合数字业务数字网，俗称"一线通")采用数字传输和数字交换技术，除了可以用来打电话，还可以提供诸如可视电话、数据通信、会议电视等多种业务，从而将电话、传真、数据、图像等多种业务综合在一个统一的数字网络中进行传输和处理。这种接入方式的特点是：综合的通信业务，利用一条用户线路，就可以在上网的同时拨打电话、收发传真，就像两条电话线一样；由于采用端到端的数字传输，传输质量明显提高；使用灵活方便，只需一个入网接口，使用一个统一的号码，就能从网络得到所需要使用的各种业务。用户在这个接口上可以连接多个不同种类的终端，而且有多个终端可以同时通信；上网速率可达 128 kbps。但它的速度相对于 ADSL 和 LAN 等接入方式来说，并不够快。

DDN(Digital Data Network，数字数据网)是利用光纤、数字微波、卫星等数字信道，以传输数据信号为主的数字通信网络。DDN 利用数字信道提供永久性连接电路，可以提供 2 Mbp 以内的全透明数据专线，并承载语音、传真、视频等多种业务。其特点是：传输速率高，在 DDN 网内的数字交叉连接复用设备能提供 2 Mbps 或 n × 64 kb-ps(2 Mbps)速率的数字传输信道；传输质量较高，数字中继大量采用光纤传输系统，用户之间专有固定连接，网络时延小；协议简单，采用交叉连接技术和时分复用技术，由智能化程度较高的用户端设备来完成协议灵活的连接方式，可以支持数据、语音、图像传输等多种业务，不仅可以与用户终端设备进行连接，也可以与用户网络连接，为用户提供灵活的组网环境。

四、无线上网

无线上网是指通过移动电话或无线网卡浏览 Internet 的功能，这种上网方式打破了时间和空间的限制，使用户能随时随地应用 Internet 服务。目前使用的无线上网服务主要是中国移动提供的 GPRS 和中国联通提供的 CDMA。

五、局域网接入

如果本地的计算机较多而且有很多人同时需要使用 Internet，可以考虑把这些计算机连成一个以太网(如常用的 Novell 网)，再把网络服务器连接到主机上。以太网技术是当前具有以太网布线的小区、小型企业、校园中用户实现因特网接入的首选技术。LAN 接入技术目前已比较成熟，这种方式是一种比较经济的多用户系统，而且局域网上的多个用户可以共享一个 IP 地址。当然，给局域网中的每个主机分配一个 IP 地址也是可能的，但这种接入方式的特点是传输距离短，投资成本较高。

5.2.3 Internet 应用

一、文件传输服务

文件传输协议(File Transfer Protocol，FTP)是一个用于简化 IP 网络上主机之间文件传送的协议，可使用户从 Internet 上的 FTP 服务器高效下载(download)大信息量的数据文件，既将远程主机上的文件复制到自己的计算机上，也可以将本机上的文件上传（upload）到远程主机上，达到资源共享的目的。FTP 是 Internet 上使用非常广泛的一种通信协议。

FTP 服务器包括匿名 FTP 服务器和非匿名 FTP 服务器两类。匿名 FTP 服务器是任何用户都可以自由访问的 FTP 服务器，当用户登录时，使用"anonymous"（匿名）用户名和一个任意的口令就可以访问了。对于非匿名 FTP 服务器，用户必须首先获得该服务器系统管理员分配的用户名和口令，才能登录和访问。

利用 FTP 进行文件传输的过程如下：

（1）FTP 客户程序主动与 FTP 服务器建立连接；

（2）FTP 客户程序向服务器发出各种命令，服务器接收并执行客户程序发过来的命令。实现文件的上传或下载，若数据连接是由服务器方发起的，则称 FTP 操作为主动模式，若数据连接是由客户端发起的，则称 FTP 操作为被动模式。

FTP 的主要功能包括：

（1）客户机与服务器之间交换一个或多个文件（注意文件是复制而不是移动）；

（2）能够传输不同类型的文件，包括 ASCII 文件和 Binary 文件（无须变换文件的原始格式）；

（3）提供对本地和远程系统的目录操作功能，如改变目录、建立目录等；

（4）具有对文件改名、显示内容、改变属性、删除的功能及其他一些操作。

二、电子邮件服务

电子邮件（E-mail）是 Internet 上最基本、最常用的服务，可以传送文字、声音、图像、数值数据等内容。电子邮件地址的格式为：用户名@用户邮箱所在主机的域名。

一个电子邮件系统主要由用户代理、邮件服务器和协议三部分组成。

用户代理（User Agent）是用户和电子邮件系统的接口，为用户提供一个友好的发送和接收邮件的界面。用户代理软件有很多，如 UNIX 平台上的 mail、Elem、Pine 等，Windows 平台上的 Outlook、Foxmail 等。

邮件服务器是电子邮件系统的核心构件，其功能是发送和接收邮件，同时还向发信人报告邮件传送的情况。邮件服务器最常使用如下两个协议。

（1）SMTP 协议（简单邮件传输协议），用于发送邮件，它是电子邮件系统中邮件传输的标准方法，借助 TCP/IP 协议进行信息传输处理。两台使用 SMTP 协议的计算机通过 Internet 实现了连接，它们之间便可以进行邮件交换。

（2）邮局协议 POP3（Post Office Protocol），用于接收邮件，主要用于处理电子邮件客户如何从邮件服务器中取回邮件。在电子邮件系统中，用于存储和投递 Internet 电子邮件的主机被称为 POP 服务器。

一封电子邮件发送和接收的过程，如图 5-11 所示。

（1）发信人使用用户代理编辑信件，然后用户代理向发信人的邮件服务器发起 TCP 连接请求；

（2）当 TCP 连接建立后，用户代理使用 SMTP 将邮件传送给发信人的邮件服务

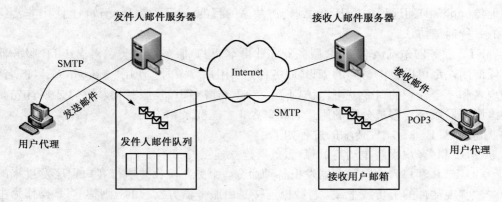

图 5-11　电子邮件的发送和接收过程

器，TCP 连接关闭；

（3）发信人的邮件服务器将邮件放入它的发送队列中，等待发送；

（4）当发信人邮件服务器中专门负责发送邮件的进程发现发送队列中有邮件时，就向接收者的邮件服务器发起 TCP 连接请求；

（5）当 TCP 连接建立后，发信人邮件服务器的发送邮件进程使用 SMTP 将邮件传送给接收者的邮件服务器，然后关闭 TCP 连接；

（6）接收者的邮件服务器将接收到的邮件放入接收者的用户邮箱中（实际是一个用户目录），等待接收者读取；

（7）接收者收信时，运行用户代理，用户代理向接收者的邮件服务器发起 TCP 连接请求；

（8）当 TCP 连接建立后，用户代理使用 POP3 协议将该用户的邮件从接收者的邮件服务器的用户邮箱中取回，然后关闭 TCP 连接。

三、即时通信服务

即时通信（Instant Messaging，IM）是指能够即时发送和接收互联网消息等的业务，不同于 E-mail 的是，它是即时的，是一种可以让使用者在网络上建立私人聊天室（chatroom）的实时通信服务。它自 1998 年面世以来就得到了迅速发展，已不再是诞生初期的单纯的聊天工具，逐渐集成了电子邮件、博客、音乐、电视、游戏和搜索等多种功能，成为集交流、资讯、娱乐、搜索、电子商务、办公协作和企业客户服务等为一体的综合化信息平台。大部分即时通信服务提供了状态信息的特性——显示联络人名单、联络人是否在线及能否与联络人交谈等。目前较受欢迎的即时通信软件包括 QQ、MSN Messenger（Windows Live Messenger）、ICQ、飞信、Skype 等。

即时通信软件通常具有当用户通话清单（类似电话簿）上的某友人登录到 IM 时发出信息通知使用者，使用者便可据此与此人通过互联网开始进行实时通信。除了文字外，大部分 IM 服务也提供视频通信的能力。实时传讯与电子邮件最大的不同在于不用等候，不需要每隔两分钟就按一次"传送与接收"，只要两个人都同时在线，就能像多媒体电话一样，传送文字、档案、声音、影像给对方。

5.3 网络信息的获取和发布

5.3.1 万维网

一、万维网概述

万维网(World Wide Web，WWW)也称 Web、3W 等。WWW 使用超文本(Hypertext)组织、查找和表示信息，利用链接从一个站点跳到另一个站点，这样就彻底摆脱了以前查询工具只能按特定路径一步步地查找信息的限制。另外，它还具有连接已有信息系统(Gopher、FTP、News)的能力。万维网的出现使 Internet 从仅有少数计算机专家使用变为普通人也能利用的信息资源，它是 Internet 发展中的一个非常重要的里程碑。

超文本文件由超文本标记语言(Hypertext Markup Language，HTML)写成，这种语言是欧洲粒子物理实验室(CERN)提出的 WWW 描述性语言。WWW 文本不仅含有文本和图像，还含有作为超链接的词、词组、句子、图像和图标等。这些超链接通过颜色和字体的改变与普通文本区别开来，它含有指向其他 Internet 信息的 URL 地址。将鼠标移到超链接上单击，Web 就根据超链接所指向的 URL 地址跳到不同的站点或文件。链接同样可以指向声音、电影等多媒体，超文本与多媒体一起构成了超媒体(Hypermedia)，因而万维网是一个分布式的超媒体系统。

WWW 由三部分组成：浏览器(Browser)、Web 服务器(Web Server)和超文本传送协议(HTTP)。浏览器向 Web 服务器发出请求，Web 服务器向浏览器返回其所要的万维网文档，然后浏览器解释该文档并按照一定的格式将其显示在屏幕上。浏览器与 Web 服务器使用 HTTP 进行通信。为了指定用户所要求的万维网文档，浏览器发出的请求采用 URL 形式描述。

二、统一资源定位符

统一资源定位符(Uniform Resource Locator，URL)用来在 WWW 中寻找资源地址。URL 的思想是为了使所有的信息资源都能得到有效利用，从而将分散的孤立信息点连接起来，实现资源的统一寻址。这里的"资源"是指在 Internet 可以被访问的任何对象，包括文件、文件目录、文档、图像、声音、视频等。URL 大致由三部分组成：协议、主机名和端口、文件路径。常用服务端口可以省略。其格式如下：

<协议>://<主机>:<端口>/<路径>

例如，北方民族大学主页的超文本协议的 URL 表示为：http://www. nun. edu. cn/index. html。

三、超文本传输协议（HTTP）

HTTP定义了浏览器如何向Web服务器发出请求及Web服务器如何将Web页面返回给浏览器，它基于下层的TCP传输层协议进行通信。当用户请求一个Web页面时，浏览器发送一个HTTP请求消息给Web服务器，该HTTP请求消息包含了所要的页面信息。Web服务器收到请求后，将请求的页面包含在一个HTTP响应消息中，并向浏览器返回该响应消息。如图5-12所示给出了HTTP请求和响应的过程示意，可描述如下：

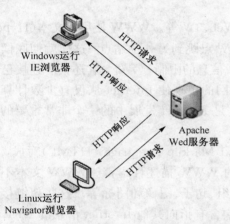

Windows运行
IE浏览器

Apache
Wed服务器

Linux运行
Navigator浏览器

图5-12　HTTP请求和响应的过程

（1）浏览器分析URL；

（2）浏览器向DNS请求解析主机域名（如www. nun. edu. cn）的IP地址；

（3）在得到主机的IP地址后，浏览器与Web服务器建立TCP连接，使用的是默认端口80；

（4）浏览器通过TCP连接向Web服务器发送HTTP请求消息，该请求消息中包含了路径名/index. html；

（5）Web服务器收到请求消息后，从本地读取/index. html并且将该对象封装到一个HTTP响应消息中，将HTTP响应消息通过TCP连接发送给浏览器；

（6）浏览器接收到响应消息后，释放TCP连接；

（7）浏览器从响应消息中解析出index. html文件，按规定的格式将内容显示在屏幕上。

HTTP是无状态的协议（Stateless Protocol），即Web服务器不存储任何发出请求的客户端的状态信息。例如，一个用户以1秒的间隔连续请求某个相同的超文本对象，Web服务器并不会告诉用户这个对象在1秒钟前已经被发送，而是重新发送这个对象。

四、网页和网站

万维网是由数以万计的网页（Web页）组成的。网页具体地说就是HTML文件，由超文本标记语言写成，可以包括文本、声音、图像、视频及超文本链接等。每个创建的HTML文件无论所含信息有多少，都是单一的网页，Web浏览器在接收服务请求时，每次处理一个网页。

网页的集合可以构成网站（Web Site）。网站建立在Web服务器上，利用超链接的方式将各网页联系在一起。一个网站上网页的多少没有明确的规定，即使只有一个网页也能被称为网站。

一个网站上超文本链接的首页称为主页（Home Page），它是访问 Web 服务器时看到的第一个页面。主页的文件名应与 Web 服务器系统配置文件中指定的 WWW 默认页的文件说明一致，以使外来的访问一连接到 Web 服务器就能直接看到主页。

要制作一个网站，首先需要单独编辑若干个 HTML 文件，然后通过"超链接"把它们连接在一起并存入 Web 服务器，这样一个属于自己的网站就制作出来了。

Web 服务器是一台连接到 Internet、执行传送 Web 网页和其他相关文件（如与网页链接的图像文件等）的计算机。一般能够同时处理来自因特网的多个连接请求。在访问 Web 服务器时，只需在地址栏中输入 Web 服务器主机的 IP 地址或域名，就可以访问相应的网站了。

5.3.2 信息检索

一、信息检索及过程

信息检索的全称是信息存储与检索（Information Storage and Retrieval），是指将杂乱无序的信息有序化，形成信息集合，并根据需要从信息集合中查找出特定信息的过程。信息的存储是检索的基础，是对一定范围内的信息进行筛选，描述其特征，加工使之有序化，形成信息集合，即建立数据库；信息检索则是指采用一定的方法与策略从数据库中查找出所需信息，是存储的反过程。信息检索的实质就是将用户的检索标识（如关键字）与信息集合中存储的信息标识进行比较与选择，称为匹配（Matching），当用户的检索标识与信息存储标识匹配时，信息就会被查找出来，否则就查不出来。匹配有多种形式，可以是完全匹配，也可以是部分匹配，这主要取决于用户的需要。

在通过网络进行信息检索时，首先需要打开 Web 浏览器（如 IE），在浏览器的地址栏中输入提供信息搜索服务的网站地址，如 http://www.baidu.com。系统通过统一资源定位地址找到信息搜索服务的网站服务器地址，将该网站的首页发送给客户端。然后就可以在信息搜索栏中输入要检索的关键字了。

目前较为常用的 Web 浏览器除了微软公司的 IE（Internet Explorer）外，还有网景公司（Netscape Communicator Corporation）的 Netscape Navigator、360 安全浏览器等。

二、搜索引擎

信息检索的方法就是利用各种搜索引擎进行信息的搜集。在 Internet 发展初期，网站相对较少，信息查找比较容易。随着互联网的飞速发展，网上信息越来越多，信息的查找也就越来越烦琐。为满足普通用户对信息检索的需要，各种专业搜索网站应运而生，其提供的搜索工具就称为引擎，如常用的 Baidu、Google 等。

目前，搜索引擎的功能已比诞生初期有了很明显的改善，在查询功能上除了简单的"与"、"或"、"非"等逻辑关系表达外，还支持相似查询、短语查询等高级搜索功能。

另外，搜索引擎的目标就是使自己成为网络使用者首选的 Internet 入口站点，而不仅是单纯的提供查询服务。因此，除提供最基本的检索功能外，还提供多样化的服务，以吸引更多的用户。

三、检索意愿的表达

在通过搜索引擎进行信息检索时，首先需要以合适的方式表达出自己的检索意愿，检索技术有多种，包括布尔检索、词位检索、截词检索和限制检索等，目前最常用的是布尔检索，即用布尔表达式表示检索意愿。布尔表达式中的逻辑运算符主要有三种：逻辑与（AND）、逻辑或（OR）和逻辑非（NOT）。三种逻辑关系如图 5-13 所示。

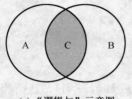
(a)"逻辑与"示意图

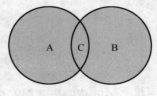
(b)"逻辑或"示意图

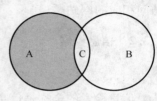
(c)"逻辑非"示意图

图 5-13　三种逻辑运算关系示意图

1. 逻辑与

逻辑与是一种具有概念交叉或概念限定关系的组配，用"＊"或"AND"算符表示。例如在图 5-13(a)中，A AND B 表示既包含 A 又包含 B 的部分（图中的 C）。例如，要检索"建筑设计规范"方面的有关信息，它包含了"建筑设计"和"规范"两个主要的独立概念。检索词"建筑设计"、"规范"可用"逻辑与"组配，即"建筑设计 AND 规范"表示这两个概念应同时包含在一条记录中。若设图 5-13(a)中的 A 圆代表只包含"建筑设计"的命中记录，B 圆只包含"规范"的命中记录，A、B 两圆相交部分 C 为"建筑设计"、"规范"同时包含在一条记录中的命中记录。由此可知，使用"逻辑与"组配技术，缩小了检索范围，增强了检索的专指性，可提高检索信息的查准率。

2. 逻辑或

逻辑或是一种具有概念并列关系的组配，用"＋"或"OR"算符表示。如图 5-13(b)所示，A OR B 表示或者包含 A 或者包含 B 及 A 和 B 共同的部分。例如，要检索"中央处理器"方面的信息，检索词"中央处理器"这个概念可用"CPU"和"中央处理器"两个同义词来表达，采用"逻辑或"组配，即"中央处理器 OR CPU"，表示这两个并列的同义概念分别在一条记录中出现或同时在一条记录中出现。若设图 5-13(b)中的 A 圆代表包含"中央处理器"的命中记录，B 圆代表包含"CPU"的命中记录，则"A OR B"表示覆盖"中央处理器"和 CPU 的所有部分均为检索命中记录。使用"逻辑或"检索技术，扩大了检索范围，能提高检索信息的查全率。

3. 逻辑非

逻辑非是一种具有概念排除关系的组配，用"－"或"NOT"算符表示。例如，检索

"不包括核能的能源"方面的信息,其检索词"能源"、"核"采用"逻辑非"组配,即"能源 NOT 核",表示从"能源"检索出的记录中排除含有"核能"的记录。若设图 5-13(c)中的 A 圆代表"能源"的命中记录,B 圆代表"核"的命中记录,A、B 两圆之差,即图 5-13(c)中 A 剔除 C 后剩余部分为命中记录。

使用"逻辑非"可排除不需要的概念,能提高检索信息的查准率,但也容易将相关的信息剔除,影响检索信息的查全率。因此,使用"逻辑非"检索技术时要慎重。

对于同一个布尔逻辑表达式,不同的运算次序可能会有不同的检索结果。布尔逻辑运算符的一般运算次序为:

(1) 若有括号,括号内的逻辑运算先执行;

(2) 若无括号,一般 NOT 最高,AND 次之,OR 最低。

也有的检索系统根据实际需要将逻辑算符的运算次序进行了调整,但这并不影响上述内容的一般性。

【例 5-5】 给出检索"唐宋诗歌"的布尔表达式。

解: 因为唐和宋是两个朝代,所以该检索意愿表示要检索唐诗或宋诗方面的文献,而"诗"本身又是个概念。因此,上述检索意愿可以表示为:

$$(唐+宋)AND\ 诗$$

或

$$唐\ AND\ 诗+宋\ AND\ 诗$$

若用"唐+宋 AND 诗"表达,则表示要查找的是含有"唐"的文献或同时含有"宋"和"诗"的文献,这样可能会把唐代、唐姓或其他与"唐"有关的文献都找出来了,如"唐三彩"就可能出现在满足条件的结果中。

5.3.3 信息发布

一、超文本标记语言

要使 Internet 上任何一台计算机都能显示任何一个 Web 服务器上的页面,就必须解决页面制作的标准化问题。超文本标记语言(Hyper Text Markup Language, HTML)就是一种制作万维网页面的标准语言。HTML 具有如下几个特点:

(1) 代码简单明了、功能强大、可以定义显示格式、标题、字型、表格、窗口等;

(2) 可以和万维网上任意信息资源建立超文本链接;

(3) 可以辅助应用程序连入图像、视频、音频等媒体信息。

当然,HTML 也存在一定的局限性,如只能选用 Web 资源的字体,排版功能较弱;忽略空格及自然格式,段落必须声明;在不同硬件环境下显示效果不同,等等。

HTML 的代码文件是一个纯文本文件(即 ASCII 码文件),通常以.html 或.htm 为文件后缀名。它由文本和标记两部分组成。文本指文件的内容,而标记用于指明文件内容的性质和格式等。标记用尖括号"< >"括起来,起始标记符<Something>和结束标记符</Something>必须成对出现(有个别例外)。在标记符中字符不区分大小写。

下面是一个简单的 HTML 文件：

```
<!DoctypeHTMLpublic"//W30//DTDW3HTML3.0//EN">
<HTML>                    ;HTML 文件的起始标记，表示下面的是 HTML 文件
<HEAD>                    ;文件头开始标记
<TITLE>                   ;标题开始标记
这是一个例子</TITLE>      ;文件的实际标题及标题结束标记
</HEAD>                   ;文件头结束标记
<BODY>                    ;主体开始标记
<H1>这是主题部分</H1>
<A HREF="http://www.nun.edu.cn">这是一个指向北方民族大学主页的超链接</A>
</BODY>                   ;主体结束标记
</HTML>                   ;HTML 文件结束标记
```

可以看出，HTML 文件中的每一部分都是由两个标记组成的，如以标记<HT-ML>表示文件的开始，以标记</HTML>表示文件的结束；在<TITLE>与</TI-TLE>之间的是标题；在<BODY>与</BODY>之间的是文件主体等。

网页设计方法很多，除了用 HTML 之外，还可以用各种网页制作软件（如 Front-page、Dreamweaver 等），当然，还可以用各种程序设计语言设计。

二、通过 WWW 发布信息

创建好一个 Web 网页之后，就可以用浏览器进行浏览了。启动浏览器，直接在 URL 地址栏内输入所创建的 Web 文件的地址，屏幕上就会显示出所设计的网页。

例如，在 Word 文本编辑器中输入一句欢迎词："Hello World!"，将其以网页文件（.html或.htm）格式保存在硬磁盘的 C:\根目录下，文件名设为 Testpage。之后，在浏览器地址栏中输入 C:\Testpage.htm，屏幕上就会显示出所设计的欢迎页面：Hello World!。

5.4　计算机与信息安全

5.4.1　信息安全的基本概念

一、信息系统安全

在信息时代，信息、计算机和网络是不可分割的整体。因此，信息系统安全也称为网络信息安全，包括信息的安全、计算机的安全和网络的安全。

绝对安全是不存在的，所以"安全"是个相对的概念，可以大致解释为客观上不存在威胁，主观上不存在恐惧。

（1）信息安全是指信息内容的安全。保护信息的真实性、保密性和完整性，避免攻击者利用系统的安全漏洞进行窃听、诈骗等危害合法用户利益的行为。涉及信息基础设施（各种通信设备、信道、终端和软件等）、信息资源和信息管理。

（2）计算机安全是指为数据处理系统建立和采取的技术和管理的安全保护，保护计算机硬件、软件和数据不因偶然和恶意的原因而遭到破坏、更改和泄密。涉及物理安全和逻辑安全两个方面的内容。物理安全指计算机系统设备及相关设备的安全，逻辑安全则指保障计算机信息系统的安全，即保障计算机中处理信息的完整性、保密性和可用性。

（3）网络安全从本质上讲是网络上的信息安全，主要指网络系统的硬件、软件及其系统中的数据受到保护，不因偶然或恶意的因素而遭到破坏、更改、泄露，系统连续、可靠、正常地运行，网络服务不中断。

虽然不同组织和结构对信息系统安全的要求有差异，但总的目标是一致的，主要包括保密性、完整性、可用性等。

（1）保密性（Confidentiality）是指信息在存储、使用和传输过程中不泄露给非授权用户、实体和过程或供其利用的特征。

（2）完整性（Integrity）是指数据未经授权不能进行改变。

（3）可用性（Availability）是指可被授权用户、实体和过程访问并按需使用的特征。

（4）可控性（Controllability）是指对信息的传播及内容具有控制能力的特征。

（5）真实性（Authenticity）（认证性、不可抵赖性）是指在信息交互过程中，确信参与者的真实同一性，所有参与者都不能否认和抵赖曾经完成的操作和承诺。

二、影响网络信息系统安全的因素

网络信息系统由硬件设备、系统软件、数据资源、服务功能和用户等基本元素组成。分析这些基本元素不难得出这样的结论：网络信息系统的安全风险来自四个方面，即自然灾害威胁、系统故障、操作失误和人为蓄意破坏。对前三种安全风险的防范可以通过加强管理、采用切实可行的应急措施和技术手段来解决。而对于人为蓄意破坏，则必须通过相应的安全机制加以解决。

影响网络信息系统安全的因素主要有以下方面。

1. 网络信息系统的脆弱性

信息不安全因素是由网络信息系统的脆弱性决定的，主要有三个方面的原因。

（1）网络的开放性。网络系统的协议、核心模块和实现技术是公开的，其中的设计缺陷很可能被熟悉它们的别有用心的人所利用；在网络环境中，可以不到现场就能实施对网络的攻击；基于网络的各成员之间的信任关系可能被假冒。

（2）软件系统的自身缺陷。

（3）黑客攻击。当今的黑客是指专门从事网络信息系统破坏活动的攻击者。由于网络技术的发展，在网上存在大量公开的黑客站点，使得获得黑客工具、掌握黑客技术越来越容易，从而导致网络信息系统所面临的威胁越来越大。

2. 对安全的攻击

对网络信息系统的攻击主要可分为以下五种类型。

（1）被动攻击。指在未经用户同意和认可的情况下将信息泄露给系统攻击者，但不对数据信息做任何修改。这种攻击方式一般不会干扰信息在网络中的正常传输，因而也不容易被检测出来。被动攻击通常包括监听未受保护的通信、流量分析、获得认证信息等。

被动攻击常用的手段有以下几种。

① 搭线监听。这是最常用的一种手段。只需将一根导线搭在无人值守的网络传输线路上就可以实现监听。只要所搭载的监听设备不影响网络负载平衡，就很难被觉察出来。

② 无线截获。通过高灵敏度的接收装置接收网络站点辐射的电磁波，再通过对电磁信号的分析，恢复原数据信号，从而获得信息数据。

③ 其他截获。通过在通信设备或主机中预留程序或释放病毒程序，这些程序会将有用的信息通过某种方式发送出来。

（2）主动攻击。主动攻击通常具有更大的破坏性。攻击者不仅要截获系统中的数据，还要对系统中的数据进行修改，或者制造虚假数据。

主动攻击方式包括以下几种。

① 中断。破坏系统资源或使其变得不能再利用，造成系统因资源短缺而中断。

② 假冒。以虚假身份获取合法用户的权限，进行非法的未授权操作。

③ 重放。指攻击者对截获的合法数据进行复制，并以非法目的重新发送。

④ 篡改消息。将一个合法消息进行篡改、部分删除或使消息延迟或改变顺序。

⑤ 拒绝服务（Denial of Server，DoS）。DoS指拒绝系统的合法用户、信息或功能对资源的访问和使用。

⑥ 对静态数据的攻击。这种攻击包括：口令猜测，通过穷举方式扫描口令空间，实施非法入侵；IP地址欺骗，通过伪装、盗用IP地址方式，冒名他人，窃取信息；指定非法路由，通过选择不设防路由（逃避安全检测），将信息发送到指定目的站点。

主动攻击的特点与被动攻击正好相反。被动攻击虽然难以检测，但是可采取措施有效地防止。要绝对防止主动进攻却是十分困难的，因为这需要随时随地对所有的通信设备和通信活动进行物理和逻辑保护，这在实际中是做不到的。因此，防止主动攻击的主要途径是检测，以及从攻击造成的破坏中及时地恢复。

（3）物理临近攻击。这种攻击是指非授权个人以更改、收集或拒绝访问为目的，物理接近网络、系统或设备实施攻击活动。这种接近可能是秘密进入或是公开接近，或是两种方式同时使用。

（4）内部人员攻击。这种攻击包括恶意攻击和非恶意攻击。恶意攻击是指内部人员有计划地窃听、偷窃或损坏信息，或拒绝其他授权用户的正常访问。有统计数据表明，80％的攻击和入侵来自组织内部。由于内部人员更了解系统的内部情况，所以这种攻击更难于检测和防范。非恶意攻击则通常是由于粗心、工作失职或无意间的误操作，对系统产生了破坏行为而造成的。

（5）软、硬件装配攻击。这种攻击是指采用非法手段在软、硬件的生产过程中将一些"病毒"植入到系统中，以便日后待机攻击，进行破坏。

3. 有害程序的威胁

有害程序指有恶意行为的程序，即病毒程序，是指能够通过某种途径潜伏在计算机存储介质（或程序）里，当达到某种条件时即被激活的具有对计算机资源进行破坏作用的一组程序或指令集合。主要内容将在 5.4.3 中简要介绍几种常见的计算机病毒。

5.4.2 信息安全技术

保障网络信息系统安全的方法很多，涉及许多信息安全技术，如访问控制、数据加密、身份验证、数字签名、数字证书、防火墙等。

一、访问控制技术

为保障网络信息系统的安全，限制对网络信息系统的访问和接触是重要措施。网络信息系统的安全也可采用安全机制和访问控制技术来保障。

1. 建立安全管理制度和措施

从管理角度加强安全防范。通过建立、健全安全管理制度和防范措施，约束对网络信息系统的访问者。例如，规定重要网络设备使用的审批、登记制度，网上言论的道德、行为规范，违规、违法的处罚条例等。规章、制度虽然不能防止数据丢失或操作失误，但可以避免、减少一些错误，特别是养成了良好习惯的用户可以大大减少犯错误的机会。

2. 限制对网络系统的物理接触

防止人为破坏的最好办法是限制对网络系统的物理接触，但是物理限制并不能制止偷窃数据。限制物理接触可能会制止故意的破坏行为，但是并不能防止意外事件。

3. 限制对信息的在线访问

如何禁止人们对信息的访问从而防止信息被盗窃或篡改？提出这个问题是要说明，并非所有人都有权访问银行或商业公司网站上的信息数据。但是，从通信的基本构造和技术上来讲，每个连接在网上的用户都可以对网上的任何站点进行访问。由此带来的问题是：如何辨认是否为合法用户，尤其是从远程站点进行登录访问的用户。

通常，限制对网络系统访问的方法是使用用户标识和口令。通过对用户标识和口令的认证进行信息数据的安全保护，其安全性取决于口令的秘密性和破译口令的难度。如表 5-3 所示给出了口令的组合与非法用户访问成功的概率的关系。显然，选择适当的组合方式及长度，就能使黑客破译口令的成功率大大降低。

表 5-3 口令长度及组合方式影响非法用户访问成功的概率表

口令组合策略	举例	破译需要的尝试次数	破译需要的平均时间
任何长度的姓名	Ed. Christine	2000（一个姓氏字典）	5 小时
任何长度的单词	It, electrocardiagram	6000	7 天
两个单词的组合	Whiteknight	3 600 000 000	1140 年
数字字母的任意组合	JP2C2TP307	3 700 000 000 000 000	1 200 000 000 年
一首诗的第一行	onceuponamidnightdreary	10 000 000 000 000 000 000 000 000	3 000 000 000 000 000 000 000 年

4.设置用户权限

如果黑客突破了安全屏蔽怎么办？

通过在系统中设置用户权限可以减小系统非法进入造成的破坏。用户权限是指限制用户对文件和目录的操控权力。当用户申请一个计算机系统的账号时，系统管理员会根据该用户的实际需要和身份分配给一定的权限，允许其访问指定的目录及文件。用户权限是设置在网络信息系统中的信息安全的第二道防线。

通过配置用户权限，即使黑客得到了某个用户的口令，也只能行使该用户被系统授权的操作，不会对系统造成太大的损害。

二、数据加密技术

1.数据加密的概念

首先给出数据加密技术中的几个术语。

(1) 明文：原本的数据。

(2) 密文：伪装后的数据。

(3) 密钥：由数字、字母或特殊符号组成的字符串，用它控制加密、解密过程。

(4) 加密：把明文转换为密文的过程。

(5) 加密算法：加密所采用的变换方法。

(6) 解密：对密文实施与加密相逆的变换，从而获得明文的过程。

数据加密就是通过将明文信息进行伪装，形成密文，使非法用户即使得到这些数据，也无法直接读懂，而合法用户通过解密处理，可将这些数据还原为有用的信息。

加密是一种防止信息泄露的技术。密码学是研究密码系统或通信安全的一门学科，它又分为密码编码学(加密)和密码分析学(解密，或密码破译学)。任何一个加密系统(密码系统)都是由明文、密文、算法和密钥组成的，如图5-14所示。

发送方通过加密设备或加密算法，用加密密钥将数据加密后发送出去，接收方在收到密文后，用解密密钥将密文解密，恢复为明文。在传输过程中，即使密文被非法分子偷窃获取，得到的也只是无法识别的密文，从而起到数据保密的作用。加密和解密示意图如图5-15所示。

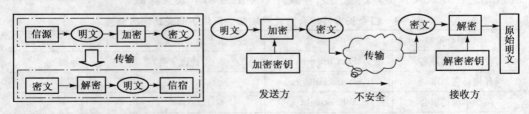

图 5-14　加密和解密通信模型示意图　　　　图 5-15　加密和解密示意图

2.加密技术分类

加密技术一般有两种类型："对称式"加密法和"非对称式"加密法。

(1) 对称式加密法。这种方法很简单，就是加密和解密使用同一密钥。这种加密技术目前被广泛采用，它的优点是安全性高、加密速度快；缺点是密钥的管理的难题，在网络上传输加密文件时，很难做到在绝对保密的安全通道上传输密钥，无法解决消息确认和自动检测密钥泄密的问题。

最有影响的对称密钥密码体制是 1977 年美国国家标准局颁布的 DES（Data Encryption Standard，数据加密标准），它采用了著名的 DES 分组密码算法，其密钥长度为 64 比特。1997 年由一个美国民间组织利用 Internet 的力量将 DES 成功破译。

（2）非对称式加密法也称为公钥密码加密法。它的加密密钥和解密密钥是两个不同的密钥，一个称为"公开密钥"，另一个称为"私有密钥"。两个密钥必须配对使用才有效，否则不能打开加密的文件。公开密钥是公开的；而私有密钥是保密的，只属于合法持有者本人所有。在网络上传输数据之前，发送者先用公钥将数据加密，接收者则使用自己的私钥进行解密，用这种方式来保证信息秘密不外泄，很好地解决了密钥传输的安全性问题。

具有代表性的典型公钥密码体制是 1978 年由美国人 R. Rivest、A. Shamir 和 L. Adleman 三人提出并由他们的名字缩写字命名的 RSA（Rivest-Shamir-Adleman 加密算法）密码体制。目前 RSA 也已得到了广泛的应用，在计算机平台、金融和工业部门中应用最广。

在实际应用中，网络信息传输的加密通常采用对称密钥和公钥密钥密码相结合的混合加密体制；加密、解密采用对称密钥密码，密钥传递则采用公钥密钥密码，这样既解决了密钥管理的困难，又解决了加密和解密速度慢的问题。

例如，1994 年 4 月，600 多位专家利用 Internet，使用 1600 多台计算机联合协作将 RSA 破译。由此可见，以个体方式活动的黑客要想破译 RSA 密码是有很大难度的。

3. 加密技术的应用

加密的基本功能是提供保密性，使入侵者无法知道数据的真实内容。加密技术的应用领域很多，如电子商务活动中的用户身份认证、金融信用核实、选购物品、结账付款等，都必须借助数据加密技术，以提供相应的安全保障。

（1）恺撒（Kaesar）密码加密。恺撒密码又称移位代换密码，其加密方法是：将英文 26 个字母 a、b、c、d、e、…、w、x、y、z 分别用 D、E、F、G、H、…、Z、A、B、C 代换，换句话说，将英文 26 个字母中的每个字母都用其后第 3 个字母进行循环替换。假设明文为 university，则对应的密文为 XQLYHUVLWB。密文转换为明文是加密的逆过程，很容易进行。注意，此时的密钥为 3，显然恺撒密码仅有 26 个可能的密钥，密钥为 1 时很容易被破译。事实上，恺撒密码非常不安全，应该增加密钥的复杂度。如果允许字母表中的字母用任意字母进行替换，也就是说密文能够用 26 个字母的任意排列去替换，则有 26! 种可能的密钥。这样一来，密钥较难破译。

（2）维吉尼亚（Vigenère）密码加密

Vigenère 密码是由法国的密码学者在 16 世纪提出的，它属于多表代换密码中的一种。该方法是把英文字母表循环移位 0，1，2，…，25 后得到的密文字母表作为 Vigenère 方阵，如表 5-4 所示。

【例 5-6】 设明文字符串 m＝THEY WILL ARRIVE TOMORROW，密钥 k＝MONDAY。利用多表换字法（Vigenère 加密）将明文进行加密处理。

表 5-4 英文字母与模 26 剩余之间的对应关系表

A	B	C	D	E	F	G	H	I	J	K	L	M	N	O	P	Q	R	S	T	U	V	W	X	Y	Z
0	1	2	3	4	5	6	7	8	9	10	11	12	13	14	15	16	17	18	19	20	21	22	23	24	25

加密的过程如下所述。

第一步：将密钥与明文转化为数字串。根据表 5-4 所示将密钥与明文转化为以下数字串：

$$k = (12, 14, 13, 3, 0, 24)$$
$$m = (19,7,4,24,22,8,11,11,0,17,17,8,21,4,19,14,12,14,17,17,14,22)$$

第二步：对转化得到的数字串进行相应的处理。将转化得到的明文数字串根据密钥长度分段，并逐一与密钥数字串相加，对每对相加结果求模取余（模 26），得到以下密文数字串：

```
     19   7    4   24  22   8          11  11   0   17  17   8
 ＋） 12  14   13   3   0  24      ＋） 12  14  13    3   0  24
 ─────────────────────────────      ─────────────────────────────
      5  21   17    1  22   6          23  25  13   20  17   6

     21   4   19   14  12  14          17   7  14  22
 ＋） 12  14   13    3   0  24      ＋） 12  14  13   3
 ─────────────────────────────      ─────────────────────────────
      7  18    6   17  12  12           3   3   1  25
```

$$C=(5,21,17,1,22,6,23,25,13,20,17,6,7,18,6,17,12,12,3,5,1,25)$$

第三步：将密文数字串转化成密文字符串。根据表 5-4，经转换得到以下密文字符串：

$$C= FVRBWG\ XZNURG\ HSGRMM\ DFBZ$$

解密过程与加密过程类似，不同的是采用模 26 减法运算。

三、数字签名技术

数字签名模拟了现实生活中的笔迹签名，主要解决如何有效地防止通信双方的欺骗和抵赖行为。与加密不同，数字签名的目的是保证信息的完整性和真实性。为使数字签名能代替传统的签名，必须保证能够实现以下功能：

（1）接收者能够核实发送者对消息的签名；

（2）签名具有不可否认性；

（3）接收者无法伪造对消息的签名。

假设 A 和 B 分别代表一个股民和他的股票经纪人。A 委托 B 代为炒股，并指令当他所持的股票达到某个价位时，立即全部抛出。B首先必须认证该指令确实是由A发出的，而不是其他人伪造的指令，这就需要第一个功能。假定股票刚一卖出，股价立即猛升，A后悔不已。如果A是不诚实的，他可能会控告B，宣称他从未发出过任何卖出股票的指令。这时B可以拿出有A自己签名的委托书作为最有力的证据，这又需要第二个功能。另一种可能是B玩忽职守，当股票价位合适时没有立即抛出，不料此后股价一路下跌，客户损失惨重。为了推卸责任，B可能试图修改委托书中关于股票临界价位为某一个实际上不可能达到的值。为了保障客户的权益，需要第三个功能。

数字签名机制提供了不可否认性，使用户无法对其网络行为进行抵赖，同时，它也具有防止信息伪造和篡改的功能。目前通常采用的签名标准是DSS(数字签名标准)。

在保密数字签名问题中提到谁来证明公开密钥的持有者是合法的。目前通行的做法是采用数字证书来证实。在网络上进行通信或进行电子商务活动时，使用数字证书可以防止信息被第三方窃取，也能在交易出现争执时防止抵赖的情况发生。

数字证书是指为保证公开密钥持有者的合法性，由认证机构(Certification Authority，CA)为公开密钥签发一个公开密钥证书，该公开密钥证明书称为数字证书。

四、数字证书

数字证书是互联网通信中标志通信各方身份信息的一系列数据，是一个经证书授权中心数字签名的包含公开密钥拥有者信息及公开密钥的文件。最简单的证书包含一个公开密钥、名称及证书授权中心的数字签名。

数字证书提供了一种在Internet上验证身份的方式，其作用类似于司机的驾驶执照或日常生活中的身份证。它是进行安全通信的必备工具，保证信息传输的保密性、数据完整性、不可否认性及交易者身份的确定性。

数字证书由权威、公正的认证机构颁发和管理。在国际电信联盟ITU制定的X.509标准中，规定了数字证书包含的内容，主要有：

（1）证书所有人的名称；

（2）证书所有人的公开密钥；

（3）证书发行者对证书的签名；

（4）证书的序列号，每个证书都有一个唯一的证书序列号；

（5）证书公开密钥的有效日期等。

5.4.3　常见计算机病毒及防治

几乎所有上网用户都享受过在网上"冲浪"的喜悦和欢快，但同时也经受过"病毒"袭扰的痛苦和烦恼。刚才还好端端的机器突然"瘫痪"了；好不容易用几个小时输入的文稿顷刻之间没有了；程序运行在关键时刻系统却莫名其妙地重新启动。所有这些意想不到的恶作剧中谁是罪魁祸首？

计算机系统中经常发生的这些现象，罪魁祸首就是计算机病毒。

一、计算机病毒的特性

计算机病毒是一种软件，是人为制造出来的、专门破坏计算机系统安全的程序。

计算机病毒的特点很多，概括地讲，可大致归纳为以下特征。

(1) 感染性：病毒为了继续生存，唯一的方法就是不断地、传递性地感染其他文件。病毒程序一旦侵入计算机系统，就伺机搜索可以感染的对象（程序或磁盘），然后通过自我复制迅速传播。特别是在互联网环境下，病毒可以在极短的时间内通过互联网传遍全球。

(2) 破坏性：无论何种病毒程序，一旦侵入都会对系统造成不同程度的影响。破坏程度的大小主要取决于病毒制造者的目的；有的病毒以彻底破坏系统运行为目的，有的病毒以蚕食系统资源（如争夺 CPU、大量占用存储空间）为目的，还有的病毒删除文件、破坏数据、格式化磁盘、甚至破坏主板。总之，无论何种病毒，都对计算机系统安全构成了威胁。

(3) 隐蔽性：隐蔽是病毒的本能特性，为了逃避被清除，病毒制造者总是想方设法使用各种隐藏术。病毒一般都是些短小精悍的程序，通常依附在其他可执行程序体或磁盘中较隐蔽的地方，因此用户很难发现它们。

(4) 潜伏性：为了达到更大的破坏目的，病毒在未发作之前往往是隐藏起来的。有的病毒可以几周或几个月在系统中进行繁殖而不被人们发现。病毒的潜伏性越好，其在系统内存在的时间就越长，传染范围也就越广，危害就越大。

(5) 可触发性：指病毒在潜伏期内是隐蔽地活动（繁殖）的，当病毒的触发机制或条件满足时，就会以各自的方式对系统发起攻击。病毒触发机制的条件五花八门，如指定日期或时间、文件类型或指定文件名、用户安全等级、一个文件的使用次数等。例如，"黑色星期五"病毒就每逢 13 日的星期五发作。

(6) 攻击的主动性：病毒对系统的攻击是主动的，是不以人的意志为转移的。也就是说，从一定的程度上讲，计算机系统无论采取多么严密的保护措施都不可能彻底地排除病毒对系统的攻击，而保护措施只是一种预防的手段而已。

(7) 病毒的不可预见性：从对病毒的检测来看，病毒还有不可预见性。病毒对反病毒软件永远是超前的。新一代计算机病毒甚至连一些基本的特征都隐藏了，有时病毒利用文件中的空隙来存放自身代码，有的新病毒则采用变形来逃避检查，这也成为新一代计算机病毒的基本特征。

二、计算机病毒的传播途径

计算机病毒的传播途径分为被动传播途径和主动传播途径两种。

1. 被动传播途径

(1) 引进的计算机系统和软件中带有病毒。

(2) 下载或执行染有病毒的游戏软件或其他应用程序。

(3) 非法复制导致的中毒。

(4) 计算机生产、经营单位销售的机器和软件染有病毒。

（5）维修部门交叉感染。

（6）通过网络、电子邮件传入。

2. 主动传播途径

主动传播途径是指攻击者针对确定目标的、有目的的攻击。

（1）无线射入。通过无线电波把病毒发射注入到被攻击对象的电子系统中。

（2）有线注入。目前，计算机大多是通过有线线路连网的，只要在网络节点注入病毒，就可以使病毒向网络内的所有计算机扩散和传播。

（3）接口输入。通过网络中计算机接口输入的病毒由点到面、从局部向全网迅速扩散蔓延，最终侵入网络中心和要害终端，使整个网络系统瘫痪。

（4）炮弹击入。电子信息战中采用的攻击方式。向敌方区域内发射电磁脉冲炮弹，这种炮弹可以在瞬间产生大范围、宽波束、高频率的电磁脉冲，破坏各种电子设备。

（5）先期植入。这是采用"病毒芯片"实施攻击的方式。将病毒固化在集成电路中，一旦需要，便可遥控激活。

三、常见计算机病毒

病毒的种类很多，下面简单介绍一下常见的几种计算机病毒。

1. 特洛伊木马

木马病毒的前缀是：Trojan，这是目前比较流行的病毒文件。"木马"这种称谓借用了古希腊传说中的著名计策"木马计"。它是冒充正常程序的有害程序，将自身程序代码隐藏在正常程序中，在预定时间或特定事件中被激活，起破坏作用。

木马程序与一般的病毒不同，它不会自我繁殖，也并不"刻意"地去感染其他文件，它通过将自身伪装吸引用户下载执行，向施种木马者提供打开被种者计算机的门户，使施种者可以任意毁坏、窃取被种者的文件，甚至远程操控被种者的计算机。例如，美国人类学博士鲍伯曾编写了一个有关艾滋病研究的数据库程序，当用户启动该程序90次时，它突然将磁盘格式化。这一非用户授权的破坏行为是典型的特洛伊木马程序。

2. 系统病毒

系统病毒的前缀为 Win32、PE、Win95、W32、W95 等。这些病毒一般共有的特性是可以感染 Windows 操作系统的 ∗.exe 和 ∗.dll 文件，并通过这些文件进行传播。

3. 蠕虫病毒

蠕虫病毒的前缀是 Worm。这种病毒的共有特性是通过网络或系统漏洞进行传播，很大部分的蠕虫病毒都有向外发送带毒邮件、阻塞网络的特性。

蠕虫病毒最典型的案例是莫里斯蠕虫病毒。由于美国在1986年制定了计算机安全法，所以莫里斯成为美国当局起诉的第一个计算机犯罪者，他制造的这一蠕虫程序从此被人们称为莫里斯病毒。

4. 脚本病毒

脚本病毒的前缀是 Script。脚本病毒是使用脚本语言编写的、通过网页进行传播的病毒。

5. 后门病毒

后门病毒的前缀是 Backdoor。后门是指信息系统中未公开的通道。系统设计者或其他用户可以通过这些通道出入系统而不被用户发觉。例如，监测或窃听用户的敏感信息，控制系统的运行状态等。

后门病毒的共有特性是通过网络传播给系统开后门，给用户计算机带来安全隐患。

6. 破坏性程序病毒

破坏性程序病毒的前缀是 Harm。这类病毒的共有特性是本身具有好看的图标来诱惑用户点击，当用户点击这类病毒的图标时，病毒便会直接对用户计算机产生破坏。

7. 玩笑病毒

玩笑病毒的前缀是 Joke，也称恶作剧病毒。这类病毒的共有特性是本身具有好看的图标来诱惑用户点击，当用户点击这类病毒的图标时，病毒会做出各种破坏操作来吓唬用户，其实病毒并没有对用户计算机进行任何破坏。

四、病毒的预防、检测和清除

1. 计算机病毒的预防

病毒在计算机之间传播的途径主要有两种：一种是通过存储媒体载入计算机，如硬盘、软盘、盗版光盘、网络等；另一种是在网络通信过程中，通过不同计算机之间的信息交换，造成病毒传播。随着 Internet 的快速发展，Internet 已经成了计算机病毒传播的主要渠道。

对计算机用户而言，预防病毒较好的方法是借助主流的防病毒卡或软件。国内外不少公司和组织研制出了许多防病毒卡和防病毒软件，对抑制计算机病毒的蔓延起到很大的作用。在对计算机病毒的防治、检测和清除三个步骤中，预防是重点，检测是预防的重要补充，而清除是亡羊补牢。

2. 计算机病毒的检测

阻塞计算机病毒的传播比较困难，我们应经常检查病毒，及早发现，及早根治。要想正确消除计算机病毒，必须对计算机病毒进行检测。一般说来，计算机病毒的发现和检测是一个比较复杂的过程，许多计算机病毒隐藏的很巧妙。不过，病毒侵入计算机系统后，系统常常会有以下主要表现：

（1）系统无法启动，启动时间延长，重复启动或突然重启。

（2）出现蓝屏，无故死机或系统内存被耗尽。

（3）屏幕上出现一些乱码。

（4）出现陌生的文件，陌生的进程。

（5）文件时间被修改，文件大小变化。

（6）磁盘文件被删除，磁盘被格式化等。

（7）无法正常上网或上网速度很慢。

（8）某些应用软件无法使用或出现奇怪的提示。

（9）磁盘可利用的空间突然减少。

以上这些现象，可以作为计算机感染病毒的判断依据。

3. 计算机病毒的清除

清除计算机病毒一般有两种方法：人工清除和软件清除。

人工清除法：一般只有专业人员才能进行。它是利用实用工具软件对系统进行检测，清除计算机病毒。

软件清除法：利用专门的防治病毒软件，对计算机病毒进行检测和清除。常见的计算机病毒清除软件有金山毒霸、瑞星杀毒软件、卡巴斯基杀毒软件、Norton Antivirus、360 安全卫士等。

第6章　计算机等级考试二级公共基础知识

计算机科学与技术的大部分研究工作都是围绕程序设计进行的，无论是理论研究还是应用软件开发都离不开程序设计。曾经发明 Pascal 语言的计算机科学家 N. Wirth 教授提出了关于程序的著名公式：程序＝数据结构＋算法。这一公式说明数据结构与算法（研究数据的组织形式及其数据运算）是程序设计过程中密切相关的两个重要方面。对初学者而言，选用何种计算机语言进行程序设计并不重要，重要的是掌握程序设计的基本方法和技术。

本章是为参加全国计算机等级考试二级的同学编写的。主要内容包括：程序设计基础、算法与数据结构、软件工程基础、数据库技术基础。这里的每一部分都是计算机专业的一门专业课程，软件开发能力的提高需要进一步学习相关课程，限于篇幅，只简要介绍有关的基础知识。

6.1　程序设计基础

指令是能被计算机直接识别与执行的指示计算机进行某种操作的命令，CPU 每执行一条指令，就完成一个基本运算。指令的序列即为让计算机解决某一问题而写出的一系列指令就称为程序（Program），编写程序的过程称为程序设计（Programming），用于描述计算机所执行的操作的语言称为程序设计语言（Program Language）。从第一台电子计算机问世以来的 60 多年中，硬件技术获得了飞速发展，与此相适应，作为软件开发工具的程序设计语言经历了机器语言、汇编语言、高级语言等多个阶段。程序设计方法也经历了早期手工作坊式的程序设计、结构化程序设计到面向对象程序设计等发展阶段。

6.1.1　程序设计语言发展

从 1946 年第一台电子计算机投入运行至今不过几十年的时间，程序设计语言从低级发展到高级。从语言演绎的角度，程序设计语言经历了第 1 代（机器语言）、第 2 代（汇编语言）、第 3 代（高级语言）和第 4 代语言（超高级语言）等发展阶段。特别是第 4 代语言的发展，已经逐步改变了程序设计的面貌，是一个重要的发展趋势。

一、机器语言

采用计算机指令格式并以二进制编码表达各种操作的语言称为机器语言。计算机能够直接理解和执行机器语言程序。例如，计算 A＝5＋11 的机器语言程序如下：

10110000　00000101　　　　/把 5 放入累加器 A 中

```
00101100  00001011        /11 与累加器 A 中的值相加，结果仍放入 A 中
11110100                  /结束，停机
```

机器语言的特点是：无二义性、编程质量高、执行速度快、占存储空间小，但难读、难记、编程难度大、调试修改麻烦，而且，不同型号的计算机具有不同的机器指令和系统。

二、汇编语言

汇编语言是一种符号语言，它用助记符来表达指令功能。汇编语言比机器语言容易理解，而且书写和检查也方便得多。但汇编语言仍不能独立于计算机，没有通用性，而且必须翻译成机器语言程序，才能由机器执行。

例如，计算 A＝5＋11 的汇编语言程序如下：

```
MOV   A,5            /把 5 放入累加器 A 中
ADD   A,11           /11 与累加器 A 中的值相加，结果仍放入 A 中
HLT                  /结束，停机
```

汇编语言程序较机器语言程序好读好写，并保持了机器语言编程质量高、执行速度快、占存储空间小的优点。但汇编语言的语句功能比较简单，程序的编写仍然比较复杂，而且程序难以移植，因为汇编语言是面向机器的语言，为特定的计算机系统而设计。

三、高级语言

高级语言是面向问题的语言，独立于具体的机器（即它不依赖于机器的具体指令形式），比较接近于人类的语言习惯和数学表达形式。因为高级语言是与计算机结构无关的程序设计语言，它具有更强的表达能力。因此，可以方便地表示数据的运算和程序控制结构，能更有效地描述各种算法，使用户容易掌握。

例如，计算 A＝5＋11 的 Basic 语言程序如下：

```
A＝5＋11            /5 与 11 相加的结果放入存储单元 A 中
PRINT A            /输出存储单元 A 中的值
END                /程序结束
```

高级语言方便、通用，程序便于推广。高级语言可分为面向过程的语言（如 Fortran、Basic、Pascal、C 等）和面向对象的语言（如 C++ 、Java、Visual Basic 等）。

四、第 4 代语言 4GL

第 4 代语言 4GL(The 4th Generation Language)是非过程化语言，如数据库查询语言 SQL 等。这类语言的一条语句一般被编译成 30～50 条机器代码指令，提高了编码效率。其特点是适用于管理信息系统编程，编写的程序更容易理解、更容易维护。

从高级语言到 4GL 的发展，反映了人们对程序设计的认识由浅及深的过程。高级语言的程序设计要详细描述问题的求解过程，告诉计算机每一步应该"怎样做"。而对于 4GL 的程序设计，是直接面向实现各类应用系统，只需说明"做什么"。

不同层次的程序设计语言构成了计算机不同的概念模型。有了汇编语言后，使得汇编程序员看到的计算机是一个能理解汇编语言的机器，相当于硬件的基础上建立了一个虚拟的机器。高级语言相当于在计算机上又建立了一个新的层次，高级语言的用户看到的计算机是一个可理解高级语言的机器，这个虚拟的机器与具体机器的结构无关。

6.1.2　程序设计方法与风格

程序设计方法和技术主要经过结构化程序设计和面向对象的程序设计两个阶段。除了好的程序设计方法和技术之外，程序设计风格也非常重要，它极大地影响着软件的质量和可维护性，良好的程序设计风格可以使程序结构清晰合理，使程序代码便于维护。

通常，程序设计风格是指编写本身必须是可以理解的。"清晰第一，效率第二"的观点已经成为当今主导的程序设计风格。

形成良好的程序设计风格，一般要注重以下几点。

（1）源程序文档与使用的符号名应具有一定的含义，以便对程序功能的理解；对源程序适当地进行注解，以便读者阅读理解程序；在程序中利用空格、空行、缩进等技巧使程序层次清楚。

（2）对程序中的数据进行适当说明。例如，按字母顺序说明变量，使用注解来说明复杂数据的结构等。

（3）程序中的语句结构应该简单直接，语句不复杂化。例如，在一行内只写一条语句，避免使用临时变量使程序的可读性下降，避免不必要的转移，避免使用复杂的条件语句，尽量减少使用"否定"条件的语句，利用信息隐蔽确保每一个模块的独立性，程序模块功能尽可能单一化，重新编写而不是修补不好的程序。

（4）要对程序的所有输入数据检验其合法性，检查输入项的各种重要组合的合理性，输入格式要简单，输入允许默认值，输入一批数据后最好使用结束标志，在交互式输入/输出中使用屏幕提示信息格式。

6.1.3　结构化程序设计

结构化程序设计的概念最早由 Dijkstra 提出。1965 年他在一次会议上指出"高级语言中可以取消 GOTO 语句，程序的质量与程序中所包含的 GOTO 语句的数量成反比"。他强调从程序结构上来研究与改变传统的设计方法。

一、结构化程序设计的原则

什么是结构化程序设计呢？目前还没有一个为所有人普遍接受的定义，一种比较流行的定义是：结构化程序设计是一种设计程序的技术，它采用自顶向下逐步求精的方法和单入口单出口的控制结构。

具体来说，在总体设计阶段，采用自顶向下逐步求精的方法，可以把一个复杂问题的解法细化成一个由许多模块组成的层次结构的软件系统。在详细设计或编码阶段采用自顶向下逐步求精的方法，可以把一个模块的功能逐步分解细化为一系列具体的处理步骤，每个处理步骤可以使用单入口的控制结构即顺序、选择和循环来描述。

结构化程序设计的主要原则是：自顶向下，逐步求精，模块化，限制使用 GOTO 语句。

二、结构化程序设计的基本结构与特点

1966 年，Bohm 和 Jacopini 证明了只用三种基本的控制结构就能实现任何单入口单出口的程序。这三种基本的控制结构是顺序、选择、循环。

（1）顺序结构。按照程序语句行的自然顺序，一条语句一条语句地往后执行程序。其流程图如图 6-1 所示。

（2）选择结构。又称为分支结构，它根据设定的条件，判断应该选择哪一条分支来执行相应的语句序列。其流程图如图 6-2 所示。

（3）循环结构。又称重复结构，它根据给定的条件，判断是否需要重复执行某一相同的或类似的程序段。其流程图如图 6-3 所示。

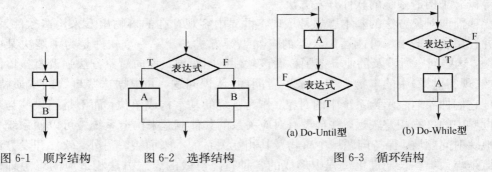

图 6-1 顺序结构   图 6-2 选择结构   图 6-3 循环结构

使用结构化程序设计的优点是：

（1）自顶向下逐步求精的方法符合人类解决复杂问题的普遍规律，可以显著提高软件开发的成功率和生产率；

（2）先全局后局部、先整体后细节、先抽象后具体的逐步求精过程开发出的程序有清晰的层次结构，使程序容易阅读和理解；

（3）使用单入口单出口控制结构而不使用 GOTO 语句，使得程序的静态结构和它的动态执行情况比较一致。因此，程序容易阅读和理解，开发时也比较容易保证程序的正确性，即使出现错误也比较容易诊断和纠正；

（4）控制结构有确定的逻辑模式，编写程序代码只限于使用很少的几种直截了当的方式，因此，源程序清晰流畅，易读易懂而且容易测试；

（5）程序清晰和模块化使得在修改和重新设计一个软件时可以重用的代码量最大；

（6）程序的逻辑结构清晰，有利于程序正确性证明。

6.1.4　面向对象的程序设计

传统的结构化设计方法曾经给计算机软件业带来巨大进步，部分地缓解了软件危机，使用结构化设计方法开发的许多中、小规模软件项目都取得了极大成功。但是，20 世纪 80 年代末期以来，人们注意到，把结构化设计方法应用于大型软件产品的开发时似乎很少取得成功。

面向对象的软件开发方法在 20 世纪 60 年代后期首次提出，经过将近 20 年这种技术才逐渐得到广泛应用。到了 20 世纪 90 年代前半期，面向对象的设计方法已经成为人们开发软件时首选的技术。今天看来，面向对象技术似乎是最好的软件开发技术。

一、关于面向对象方法

面向对象不仅是一些具体的软件开发技术与策略，而且是一整套关于如何看待软件系统与现实世界的关系，以什么观点来研究问题并进行求解，以及如何进行系统构造的软件方法学。而面向对象方法是一种运用对象、类、封装、聚合、消息传送、多态性等概念来构造系统的软件开发方法。

面向对象方法的基本思想是从现实世界中客观存在的事物出发来构造软件系统，并在系统构造中尽可能运用人类的自然思维方式。开发一个软件是为了解决某些问题，这些问题所涉及的业务范围称做该软件的问题域。面向对象方法强调直接以问题域（现实世界）中的事物为中心来思考问题、认识问题，并根据这些事物的本质特征，把它们抽象地表示为系统中的对象，作为系统的基本构成单位，而不是用一些与现实世界中的事物相差较远，并且没有对应关系的其他概念来构造系统。可以使系统直接地映射问题域，保持问题域中事物及其相互关系的本来面貌。另外，软件开发方法应该是与人类在长期进化过程中形成的各种行之有效的思想方法相适应的思想理论体系。但是，在某些历史阶段出现的软件开发方法没有从人类的思想宝库中吸取较多的营养，只是建立在自身独有的概念、符号、规则、策略的基础之上，这说明当时的软件技术尚处于比较幼稚的时期。

结构化方法采用了许多符合人类思维习惯的原则与策略（如自顶向下、逐步求精）。面向对象方法更加强调运用人类在日常的逻辑思维中经常采用的思想方法与原则，如抽象、分类、继承、聚合、封装等。这就使得软件开发者能更有效地思考问题，并以其他人也能看得懂的方式把自己的认识表达出来。

面向对象方法有如下一些主要特点。

（1）从问题域中客观存在的事物出发来构造软件系统，用对象作为对这些事物的抽象表示，并以此作为系统的基本构成单位。

（2）事物的静态特征（即可以用一些数据来表达的特征）用对象的属性表示，事物的动态特征（即事物的行为）用对象的服务（或操作）表示。

（3）对象的属性与服务结合为一个独立的实体，对外屏蔽其内部细节，称做封装。

（4）把具有相同属性和相同服务的对象归为一类，类是这些对象的抽象描述，每个对象是它的类的一个实例。

（5）通过在不同程度上运用抽象的原则，可以得到较一般的类和较特殊的类。特殊类继承一般类的属性与服务，面向对象方法支持对这种继承关系的描述与实现，从而简化系统的构造过程及其文档。

（6）复杂的对象可以用简单的对象作为其构成部分，称做聚合。

（7）对象之间通过消息进行通信，以实现对象之间的动态联系。

（8）通过关联表达对象之间的静态关系。

总结以上几点可以看出，在用面向对象方法开发的系统中，以类的形式进行描述并通过对类的引用而创建的对象是系统的基本构成单位。这些对象对应着问题域中的各个事物，它们的属性与服务刻画了事物的静态特征和动态特征。对象类之间的继承关系、聚合关系、消息和关联如实地表达了问题域中事物之间实际存在的各种关系。因此，无论是系统的构成成分，还是通过这些成分之间的关系而体现的系统结构，都可直接地映射成问题域。

二、面向对象方法的基本概念

Simula 语言的设计者 Kristen Nygaard 曾经说过："编写程序就是理解客观事物，一种新的语言提供了描述与理解客观事物的一个新的视角。"面向对象方法正是在描述与理解客观事物方面与以往的系统分析方法截然不同的一种新方法。

客观世界的问题都是由客观世界中的实体及其相互关系构成的，我们将客观世界中的实体抽象为问题空间中的对象（Object）。由于研究的问题不同，面向的对象也就不同，因此对象是不固定的，一个人、一把椅子、一本书都可以是一个对象。下面就以椅子为例，对这一对象进行考察。

椅子具有一些属性（Attributes），如价格、尺寸、重量、位置和颜色等，这些属性的值代表这把椅子的状态，如价格为 120 元，颜色为白色等。对这把椅子我们可以用许多方式来操作，可以买、卖，进行物理变更（如把这把椅子漆成红色），或从一个地方挪到另一个地方。每一种操作（Operation）或服务（Service）或方法（Method）会改变对象的一个或更多个属性的值。例如，若属性位置定义为一个组合项：

$$位置＝所处建筑＋层＋房间$$

那么一个名为"移动"的操作就会改变组成属性"位置"的数据项（所处建筑、层、房间）中的一个或多个数据项的值。

要完整、准确地描述一把椅子（Chair），就必须定义这些属性及属性之上的操作。椅子状态的改变只能通过这些操作来进行。换个角度说，对象椅子封装了数据（定义椅子的属性值）和操作（可用来改变椅子属性的动作），如图 6-4 所示。

上面的例子可以帮助我们理解对象的概念，对象是一个封装了数据和操作的实体。对象的结构特征由属性表示，数据描述了对象的状态，操作可操纵私有数据（之所以把数据称为"私有"，是因为我们认为数据是封装在对象内部，是属于对象的。）改变对象的状态。

对象不会无缘无故地执行某个操作，只有在接受别的对象的请求时，才会进行某一操作。这种请求对象执行某一操作或回答某些信息的要求称为消息（Message），对象之间通过消息的传递来实现相互作用。

下面介绍面向对象方法中的另一个重要概念：类（Class）。还是以椅子为例。我们发现椅子、桌子、沙发等对象都具有一些相同的特征，由于这些相同的特征它们可归类为家具。当你听别人说起一种不熟悉的东西时，如果别人告诉你它是一种家具，你一定就会对这样东西有一个大致的概念，即它是陈设在家中的一种用具。下一步你可能会要求别人描述一下这种家具的形状、尺寸、颜色、功能等等。因为你知道只要是一种家具，就应该具有这些属性。如果别人向你介绍的是一种饮料，你多半不会想了解这种饮料的尺寸，这时你想问的就是味道、包装、价格等跟饮料相关的特性了。

家具与椅子之间的关系便是类与类的成员对象之间的关系。类是具有共同的属性、共同的操作对象的集合。而单个对象则是对应类的一个成员，或称为实例（Instance）。在描述一个类时定义了一组属性和操作，而这些属性和操作可被该类的成员所继承，如图 6-5 所示。也就是说对象自动拥有它所属的类的属性和操作。正因为这一点，你才会在知道一种物品是家具时，主动去询问它的形状、颜色、尺寸、功能等等属性。继承性（Inheritance）是现代软件工程中的一个重要概念，软件的可重用性、程序成分的可重用性都是通过继承类中的属性和操作而实现的。因为重用就意味着利用已有的定义、设计和实现，如果缺少这种继承的手段是无法做到的。利用继承性，在定义一个新的对象时，我们只需指明它具有类的定义以外的哪些新特性，即说明其个性，而不必定义新对象的全部特性。这就大大减少了重复定义，充分利用了前人的劳动成果，同时也使定义的系统结构更加清晰、易于理解和维护。

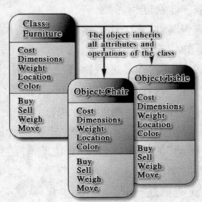

图 6-4 对象   图 6-5 由类到对象的继承

类可以构成层次结构，相对上层的是超类（Superclass），相对下层的是子类（Subclass），例如，桌子可看作家具的子类，因为桌子中包含了书桌、餐桌、牌桌等成员。子类在继承超类的属性和操作的同时可以拥有自己的特有的属性和操作。

从上面的例子还可看出客观世界中的一个实体的角色不是一成不变的，是类、子类，还是类的成员完全取决于分析者分析客观世界的层次。

继承性是面向对象方法的一个主要特征，另一个主要特征是封装性（Encapsulation）。我们把对象定义为封装了数据和操作的实体，含义是将对象的各种独立的外部特征与内部细节分开，亦即对象的具体数据结构和各种操作实现的细节对于对象外的一切是隐藏的，当我们想知道一把椅子的重量时，只需向这个对象发一条得知重量的请求，然后获知其重量，这便是我们对对象外部所需做的一切，完全不必了解给椅子称重的具体细节。对象将其实现细节隐藏在其内部，因此无论是对象功能的完善扩充，还是对象实现的修改，影响仅限于该对象内部，而不会对外界产生影响，这就保证了面向对象软件的可构造性和易维护性。

通过对椅子对象的上述考察，我们已经对面向对象方法的若干重要概念有了一定程度的理解，下面再进一步做一些分析和总结。

1. 面向对象（Object-Oriented）

什么是面向对象？Coad 和 Yourdon 为此下了一个定义：面向对象＝对象＋类＋继承＋通信。如果一个软件系统是使用这样 4 个概念设计和实现的，则认为这个软件系统是面向对象的。一个面向对象的程序的每一组成部分都是对象，计算是通过建立新的对象和对象之间的通信来执行的。

2. 对象（Object）

从一般意义上讲，对象是现实世界中一个实际存在的事物，它可以是有形的（比如一辆汽车），也可以是无形的（比如一项计划）。对象是构成世界的一个独立单位，它具有自己的静态特征和动态特征。静态特征指可以用某种数据来描述的特征，动态特征指对象所表现的行为或对象所具有的功能。

对象的定义是：对象是系统中用来描述客观事物的一个实体，它是构成系统的一个基本单位。一个对象由一组属性和对这组属性进行操作的一组方法构成。属性和方法是构成对象的两个主要因素，其定义如下：属性是用来描述对象静态特征的一个数据项。方法是用来描述对象动态特征（行为）的一个操作序列。

一个对象可以有多项属性和多项方法。一个对象的属性和方法被结合成一个整体，对象的属性值只能由这个对象的方法存取。

3. 消息和方法（Message and Method）

一个系统由若干个对象组成，各个对象之间相互联系、相互作用。计算机系统中，消息就是对象之间联系的纽带，是用来通知、命令或请求对象执行某个处理或回答某些信息。消息可以是数据流，也可以是控制流。一条消息可以发送给不同的对象，而消息的解释则完全由接收对象完成。不同的对象对相同形式的消息可以有不同的解释。

对象之间的消息发送必须遵循一定的规矩，采用一定的格式。消息的形式用消息模式（Message Pattern）来刻画。一个消息模式定义了一类消息，它可以对应内容不同的消息。

例如，定义"＋an integer"为加一个整数的消息模式，那么，"＋5"，"＋20"都是属于该消息模式的消息。

对同一消息模式下的不同消息，同一个对象所做的解释和处理都是相同的，但是处理的结果可能不同。对象的状态是由其属性的值来决定和表示的，属性值的改变则是通过作用于对象上的各种操作进行的。允许作用于对象上的各种操作就是"方法"。消息传递因方法而存在，方法与消息——对应。有一条消息，就必有一个方法实现，方法是实现每条消息具体功能的手段。所以，对象定义了一组消息模式和相应的操作方法。对象对这些消息模式的处理能力即为方法。消息是定义对象接口的唯一信息，因此对象具有极强的"黑盒"性。

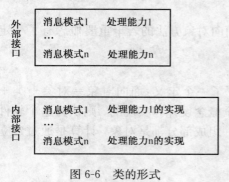

图 6-6　类的形式

4. 类和实例（Class and Instance）

将具有相同结构、操作，并遵守相同约束规则的对象聚合成一组，该组对象集合就称为对象类，简称类。对象类包括外部接口和内部实现两个方面。类的形式如图 6-6 所示。

类通过描述消息模式及其相应的处理能力来定义对象的外部接口，通过描述内部状态的表现形式及固有的处理能力的实现来定义对象的内部处理。

在面向对象的编程语言中，类是一个独立的程序单位，它应该有一个类名并包括属性说明和服务说明两个主要部分。类的作用是定义对象。比如，程序中给出一个类的说明，然后以静态声明或动态创建等方式定义它的对象实例。

类与对象的关系如同一个模具与用这个模具铸造出来的铸件之间的关系。类给出了属于该类的全部对象的抽象定义，而对象则是符合这种定义的一个实体。所以，一个对象又称做类的一个实例（Instance），而有的文献又把类称做对象的模板（Template）。

事物（对象）既具有共同性，也具有特殊性。运用抽象的原则舍弃对象的特殊性，抽取其共同性，则得到一个适应一批对象的类。如果在这个类的范围内考虑定义这个类时舍弃的某些特殊性，则在这个类中只有一部分对象具有这些特殊性，而这些对象彼此是共同的，于是得到一个新的类。它是前一个类的子集，称做前一个类的特殊类（或称子类），而前一个类称做这个新类的一般类（或称超类）。

5. 继承性（Inheritance）

继承是面向对象方法中一个十分重要的概念，并且是面向对象技术可提高软件开发效率的重要原因之一，其定义是特殊类的对象拥有其一般类的全部属性与方法，称做特殊类对一般类的继承。

继承意味着"自动地拥有"，或者说"隐含地复制"。就是说，特殊类中不必重新定义已在它的一般类中定义过的属性和方法，而它却自动地、隐含地拥有其一般类的所有属性与方法。面向对象方法的这种特性称做对象的继承性。

　　一个特殊类既有自己新定义的属性和方法，又有从它的一般类中继承而来的属性与方法。继承来的属性和方法，尽管是隐式的（不用书写出来），但是无论在概念上还是在实际效果上都确确实实地是这个类的属性和方法。当这个特殊类又被它更下层的特殊类继承时，它继承来的以及自己定义的属性和方法又都一起被更下层的类继承下去。也就是说，继承关系是传递的。

　　继承对于软件重用是很有益的。在开发一个系统时，使特殊类继承一般类，这本身就是软件重用，然而其重用意义不仅如此。如果把用面向对象方法开发的类作为可重用构件提交到构件库，那么在开发新系统时不仅可以直接地重用这个类，还可以把它作为一般类，通过继承而实现重用，从而大大扩展了重用范围。

　　6. 封装性（Encapsulation）

　　封装是面向对象方法的一个重要原则。它有两个含义：第一个含义是把对象的全部属性和全部方法结合在一起，形成一个不可分割的独立单位（即对象）；第二个含义也称做"信息隐蔽"，即尽可能隐蔽对象的内部细节，对外形成一个边界（或者说形成一道屏障），只保留有限的对外接口使之与外部发生联系。这主要是指对象的外部不能直接地存取对象的属性，只能通过几个允许外部使用的方法与对象发生联系。

　　用比较简练的语言给出封装的定义就是封装就是把对象的属性和方法结合成一个独立的系统单位，并尽可能隐蔽对象的内部细节。

　　例如，我们用"售报亭"对象描述现实中的一个售报亭，它的属性是亭内的各种报刊（其名称、定价）和钱箱（总金额），它有报刊零售和款货清点两个方法。

　　封装意味着这些属性和方法结合成一个不可分的整体——售报亭对象。它对外有一道边界，即亭子的隔板并留一个接口，即售报窗口，在这里提供报刊零售方法。顾客只能从这个窗口要求提供服务，而不能自己伸手到亭内拿报纸和找零钱。款货清点是一个内部方法，不向顾客开放。

　　7. 多态性（Polymorphism）

　　对象的多态性是指在一般类中定义的属性或方法被特殊类继承之后，可以具有不同的数据类型或表现出不同的行为，这使得同一个属性或方法名在一般类及其各个特殊类中具有不同的语义。

　　如果一个面向对象语言能支持对象的多态性，则可为开发者带来不少方便。例如，在一般类"几何图形"中定义了一个方法"绘图"，但并不确定执行时到底画一个什么图形。特殊类"椭圆"和"多边形"都继承了几何图形类的绘图方法，但其功能却不同：一个是画出一个椭圆，一个是画出一个多边形。进而，在多边形类更下一层的一般类"矩形"中，绘图方法又可以采用一个比画一般的多边形更高效的算法来画一个矩形。这样，当系统的其余部分请求画出任何一种几何图形时，消息中给出的方法名同样都是"绘图"（因而消息的书写方式可以统一），而椭圆、多边形、矩形等类的对象接收到这个消息时却各自执行不同的绘图算法。

6.2 数据结构与算法

计算机科学各领域及有关的应用软件都要用到各种数据结构。语言编译要使用栈、散列表及语法树，操作系统中要使用队列、存储管理表及目录树等，数据库系统运用散列表、多链表及索引树等进行数据管理，而在人工智能领域，依求解问题性质的差异将涉及各种不同的数据结构，如广义表、集合、搜索树及各种有向图等。本节将介绍数据结构和算法的基本概念以及一些最常用的数据结构，阐明数据结构内在的逻辑关系，讨论它们在计算机中的存储表示，介绍对它们进行各种运算的算法。这些内容既是学习其他软件知识的基础，又能对提高软件开发和程序设计水平提供极大的帮助。

6.2.1 算法

算法是对特定问题求解步骤的一种描述。或者说，算法是为求解某问题而设计的步骤序列。求解同样的问题，不同的人写出的算法可能是不同的（一题多解）。算法的执行效率与数据结构的优劣有很大的关系。

一、算法的基本特征

（1）有穷性。一个算法必须在执行有限个操作步骤后终止。

（2）确定性。算法中每一步的含义必须是确切的，不可出现任何二义性。

（3）有效性。算法中的每一步操作都应该能有效执行，一个不可执行的操作是无效的。例如，一个数被 0 除的操作就是无效的，应当避免这种操作。

（4）输入。一个算法有零个或多个的输入，这些输入取自于某些特定的对象的集合。

（5）输出。一个算法有一个或多个的输出。这些输出是同输入有着某些特定关系的量。

算法可以用自然语言、计算机语言、流程图或专门为描述算法而设计的语言描述，在计算机上运行的算法，当然要用计算机语言描述。

【例 6-1】　有黑和蓝两个墨水瓶，但却错把黑墨水装在了蓝墨水瓶里，而蓝墨水错装在了黑墨水瓶里，要求将其互换。

算法分析：这是一个非数值运算问题。因为两个瓶子的墨水不能直接交换，所以，解决这一问题的关键是需要引入第三个墨水瓶。设第三个墨水瓶为白色，其交换步骤如下：

（1）将黑瓶中的蓝墨水装入白瓶中；

（2）将蓝瓶中的黑墨水装入黑瓶中；

（3）将白瓶中的蓝墨水装入蓝瓶中；

（4）交换结束。

【例 6-2】 计算函数 $M(x)$ 的值。函数 $M(x)$ 为：

$$M(x) = \begin{cases} bx + a^2, & x \leqslant a \\ a(c - x) + c^2, & x > a \end{cases}$$

其中，a、b、c 为常数。

算法分析：本题是一个数值运算问题。其中 M 代表要计算的函数值，有两个不同的表达式，根据 x 的取值决定采用哪一个算式。根据计算机具有逻辑判断的基本功能，用计算机解题的算法如下：

（1）将 a、b、c 和 x 的值输入到计算机中；

（2）判断 $x \leqslant a$？如果条件成立，执行第（3）步，否则执行第（4）步；

（3）按表达式 $bx + a^2$ 计算出结果存放到 M 中，然后执行第（5）步；

（4）按表达式 $a(c - x) + c^2$ 计算出结果存放到 M 中，然后执行第（5）步；

（5）输出 M 的值；

（6）算法结束。

由上述两个简单的例子可以看出，一个算法由若干操作步骤构成，并且，任何简单或复杂的算法都是由基本功能操作和控制结构这两个要素组成。算法的控制结构决定了算法的执行顺序。算法的基本控制结构通常包括顺序结构、分支结构和循环结构。不论是简单的还是复杂的算法，都是由这三种基本控制结构组合而成的。

二、算法复杂度

评价一个算法优劣的主要标准是算法的执行效率与存储需求。算法的效率指的是时间复杂度（Time Complexity），存储需求指的是空间复杂度（Space Complexity）。

一般情况下，算法中基本操作重复执行的次数是问题规模 n 的某个函数 f(n)，算法的时间复杂度记作

$$T(n) = O(f(n))$$

它表示随问题规模 n 的增大，算法执行时间的增长率和 f(n) 的增长率相同，称作算法的渐进时间复杂度（Asymptotic Time Complexity），简称时间复杂度。

显然，被称作问题的基本操作的原操作应是其重复执行次数和算法的执行时间成正比的原操作，多数情况下它是最深层循环内的语句中的原操作，它的执行次数和包含它的语句的频度相同。语句的频度（Frequency Count）指的是该语句重复执行的次数。

例如，对于下例三个简单的程序段：

（1）x＝x＋1

（2）for(i=1;i<=n;i++)

    x=x+1

(3) for(i=1;i<=n;i++)

      for(j=1;j<=n;j++)

         x=x+1

含基本操作"x=x+1"的语句的频度分别为 1，n，n^2，则这 3 个程序段的时间复杂度分别为 $O(1)$，$O(n)$ 和 $O(n^2)$，分别称作常数阶、线性阶和平方阶。

常用的时间复杂度，按数量级递增排列，依次为：常数阶 $O(1)$，对数阶 $O(\log_2 n)$，线性阶 $O(n)$，线性对数阶 $O(n\log_2 n)$，平方阶 $O(n^2)$，立方阶 $O(n^3)$，…，k 次方阶 $O(n^k)$，指数阶 $O(2^n)$。

类似于时间复杂度的讨论，一个算法的空间复杂度作为算法所需存储空间的量度，记作

$$S(n)=O(f(n)),$$

其中 n 为问题的规模(或大小)，空间复杂度也是问题规模 n 的函数。

6.2.2 数据结构的基本概念及术语

数据结构(Data Structure)是指数据以及数据之间的关系。数据结构包括三个方面：数据的逻辑结构、数据的存储结构以及对数据的操作(运算)。

一、数据与数据结构

数据是描述客观事物的数、字符以及所有能输入到计算机中并被计算机程序加工处理的符号的集合，如整数、实数、字符、文字、逻辑值、图形、图像、声音等都是数据。数据是信息的载体，是对客观事物的描述。

数据元素是数据的基本单位，即数据集合中的个体。有时一个数据元素由若干个数据项组成，在这种情况下，称数据元素为记录。

数据项是具有独立意义的最小数据单位。而由记录所组成的线性表为文件。例如，一个班的学生登记表构成一个文件如表 6-1 所示，表中每个学生的情况就是一个数据元素(记录)，而其中的每一项(如姓名、性别等)为数据项。

表 6-1　学生登记表

姓名	性别	学号	政治面貌
CHANG	男	808201	团员
LI	女	808202	团员
WANG	男	808203	党员
ZHAO	男	808204	团员
…	…	…	…

数据对象是具有相同特性的数据元素的集合，是数据的子集。例如，整数的数据对象是集合{0，±1，±2，…}，字母符号的数据对象是集合{A，B，…，Z}。

结构被计算机加工的数据元素不是孤立无关的，它们彼此间存在着某些关系。

通常将数据元素间的这种关系称为结构。数据结构是带有结构特性的数据元素的集合。

二、数据的逻辑结构

只抽象地反映数据元素的结构，而不管其存储方式的数据结构称为数据的逻辑结构。根据数据元素之间的关系的不同特性，通常有下列四类基本结构。

（1）集合。结构中的数据元素之间除了"同属于一个集合"的关系外，别无其他关系。

（2）线性结构。结构中的数据元素之间存在一个对一个的关系。

（3）树形结构。结构中的数据元素之间存在一个对多个的关系。

（4）图状或网状结构。结构中的数据元素之间存在多个对多个的关系。

如图 6-7 所示为上述四种基本数据结构图。

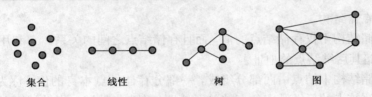

集合　　　　线性　　　　　树　　　　　　图

图 6-7　四种基本数据结构图

一般地，把树形结构和图状结构称为非线性结构。

三、数据的存储结构

数据元素之间的关系在计算机中有两种不同的表示方法，即顺序映象和非顺序映象，并由此得到两种不同的存储结构——顺序存储结构和链式存储结构。顺序映象的特点是借助元素在存储器中的相对位置来表示数据元素之间的逻辑关系；非顺序映象的特点是借助指示元素存储地址的指针（Pointer）表示数据元素之间的逻辑关系。

1. 顺序存储结构

这种存储方式主要用于线性的数据结构，它把逻辑上相邻的数据元素存储在物理上相邻的存储单元里，顺序存储结构只存储结点的值，不存储结点之间的关系，结点之间的关系由存储单元的邻接关系来体现。

例如，表 6-1 给出了学生登记表的逻辑结构，逻辑上每个学生的信息后面紧跟着另一个学生的信息。用顺序存储方式可以这样实现该逻辑结构，分配一片连续的存储空间给这个结构，例如从地址 200 开始的一片空间，将第一个学生的信息放在从地址200 开始的存储单元里，将第二个学生的信息放在紧跟其后的存储单元里……假设每个学生的信息占用 10 个存储单元，则学生登记表的顺序存储表示如表 6-2 所示。

顺序存储结构的主要特点是：

（1）结点中只有自身信息域，没有连接信息域，因此存储密度大，存储空间利用率高；

（2）可以通过计算直接确定数据结构中第 i 个结点的存储地址 Li，计算公式为"L0+(i-1)m"，其中 L0 为第一个结点的存储地址，m 为每个结点所占用的存储单元个数；

（3）插入、删除运算不便，会引起大量结点的移动，这一点在下面还会具体讲到。

表 6-2 学生登记表的顺序存储表示

	姓名	性别	学号	政治面貌
200	CHANG	男	808201	团员
210	LI	女	808202	团员
220	WANG	男	808203	党员
230	ZHAO	男	808204	团员
	…	…	…	…

2.链式存储结构

链式存储结构不仅存储结点的值，而且存储结点之间的关系。它利用结点附加的指针域，存储其后继结点的地址。

链式存储结构中结点由两部分组成，一部分存储结点本身的值，称为数据域，另一部分存储该结点的后继结点的存储单元地址，称为指针域。指针域可以包含一个或多个指针，这由结点之间关系的复杂程度决定。有时，为了运算方便，指针域也用于指向前驱结点的存储单元地址。

例如，假设线性结构的结点集合 D={82,73,91,85,69}，以结点值降序为关系 R={<91,85>，<85,82>，<82,73>，<73,69>}，其链式存储结构如图 6-8 所示。

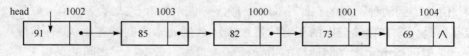

图 6-8 线性结构的链式存储结构

链式存储结构的主要特点是：

（1）结点中除自身信息之外，还有表示连接信息的指针域，因此比顺序存储结构的存储密度小，存储空间利用率低；

（2）逻辑上相邻的结点物理上不必邻接，可用线性表、树、图等多种逻辑结构的存储表示；

（3）插入、删除操作灵活方便，不必移动结点，只要改变结点中的指针值即可，这一点在下一节还会具体讲到。

四、数据的运算

为处理数据需在数据上进行各种运算。数据的运算是定义在数据的逻辑结构上的，但运算的具体实现要在存储结构上进行。数据的各种逻辑结构有相应的各种运算，每种逻辑结构都有一个运算的集合。下面列举几种常用的运算。

（1）检索。在数据结构里查找满足一定条件的结点。

（2）插入。往数据结构里增加新的结点。

（3）删除。把指定的结点从数据结构里去掉。

（4）更新。改变指定结点的一个或多个域的值。

（5）排序。保持线性结构结点序列里的结点数不变，把结点按某种指定的顺序重新排列。例如，按结点中某个域的值由小到大对结点进行排列。

数据的运算是数据结构的一个重要方面，讨论任何一种数据结构时都离不开对该结构上的数据运算及其实现算法的讨论。

6.2.3 线性表

线性表是最简单、最常用的一种数据结构。线性表的逻辑结构是 n 个数据元素的有限序列（a_1，a_2，…，a_n）。

用顺序存储结构存储的线性表称作顺序表，用链式存储结构存储的线性表称作链表。

对线性表的插入、删除运算可以发生的位置加以限制，则是两种特殊的线性表——栈和队列。

一、顺序表和一维数组

各种高级语言里的一维数组就是用顺序方式存储的线性表，因此我们也常用一维数组来称呼顺序表。

前面已经介绍了顺序表的存储方式和第 i 个结点的地址计算公式等，下面主要讨论顺序表的插入和删除运算。

往顺序表中插入一个新结点时，由于需要保持运算的结果仍然是顺序存储，即结点之间的关系仍然由存储单元的邻接关系来体现，所以可能要移动一系列结点。一般情况下，在第 $i(1 \leqslant i \leqslant n)$ 个元素之前插入一个元素时，需将第 n 至第 i（共 n−i+1) 个元素依次向后移动一个位置，空出位置 i，将待插入元素插入到第 i 号位置。

例如，在如表 6-2 所示的顺序表中学生 CHANG 之后插入一个新的学生 GUO 的信息，则需要将 CHANG 之后的每个学生的信息都向后移一个结点位置，以腾出紧跟在 CHANG 之后的存储单元来存放 GUO 的信息。插入后如表 6-3 所示。若顺序表中结点个数为 n，在往每个位置插入的概率相等的情况下，插入一个结点平均需要移动的结点个数为 n/2，算法的时间复杂度是 O(n)。

表 6-3　插入后的顺序表

	姓名	性别	学号	政治面貌
200	CHANG	男	808201	团员
210	GUO	女	808300	团员
220	L1	女	808202	团员

	姓名	性别	学号	政治面貌
230	WANG	男	808203	党员
240	ZHAO	男	808204	团员
…	…	…	…	…

类似地，从顺序表中删除一个结点可能需要移动一系列结点。一般情况下，删除第 i(1≤i≤n)个元素时，需将从第 i+1 至第 n(共 n−i)个元素依次向前移动一个位置。在等概率的情况下，删除一个结点平均需移动结点个数为(n−1)/2，算法的时间复杂度也是 O(n)。

二、链表

1. 线性链表(单链表)

所谓线性链表就是链式存储的线性表，其结点中只含有一个指针域，用来指出其后继结点的存储位置。线性链表的最后一个结点无后继结点，它的指针域为空(记为 NIL 或 ∧)。另外还要设置表头指针 head，指向线性链表的第一个结点。如图 6-8 所示的就是一个线性链表。

链表的一个重要特征是插入、删除运算灵活方便，不需移动结点，只要改变结点中指针域的值即可。

如图 6-9 所示显示了在单链表中指针 P 所指结点后插入一个新结点的指针变化情况，虚线所示的是变化后的指针。

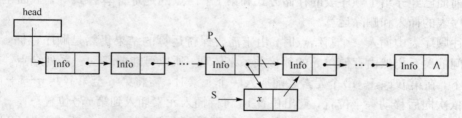

图 6-9　单链表的插入

为插入数据元素 x，首先要生成一个数据域为 x 的结点 S，然后插入到单链表中，根据插入操作的逻辑定义，还需修改结点 P 的指针值，令其指向结点 S，而结点 S 中的指针值指向 P 的后继结点，从而实现三个元素之间逻辑关系的变化。单链表插入算法的时间复杂度为 O(n)，其主要执行时间是搜索插入位置。

如图 6-10 所示显示了从单链表中删除指针 P 所指结点的下一个结点的指针变化情况，虚线所示的是变化后的指针。

单链表删除算法的时间复杂度为 O(n)，其主要执行时间是搜索删除位置。

注意:做删除运算时改变的是被删结点的前一个结点中指针域的值。因此，若要查找且删除某一结点，则应在查找被删结点的同时记下它前一个结点的位置。

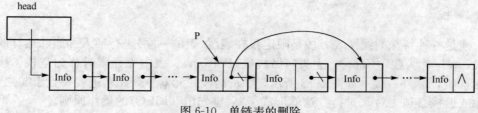

图 6-10 单链表的删除

在线性链表中，往第一个结点前面插入新结点和删除第一个结点会引起表头指针 head 值的变化。通常可以在线性链表的第一个结点之前附设一个结点，称为头结点。头结点的数据域可以不存储任何信息，也可以存储诸如线性表的长度等类的附加信息，头结点的指针域存储指向第一个结点的指针，如图 6-11 所示。这样，往第一个结点前面插入新结点和删除第一个结点就不影响表头指针 head 的值，而只改变头结点的指针域的值，就可以和其他位置的插入、删除同样处理了。

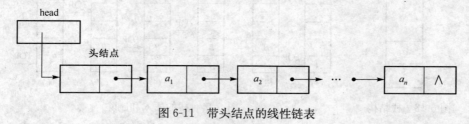

图 6-11 带头结点的线性链表

2. 循环链表

所谓循环链表是指链表的最后一个结点的指针值指向第一个结点，整个链表形成一个环。如图 6-12 所示。

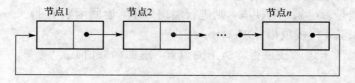

图 6-12 循环链表

显然对于循环链表而言，只要给定表中任何一个结点的地址，通过它就可以访问表中所有的其他结点。因此对于循环链表，并不需要像前面所讲的一般链表那样一定要指出指向第一个结点的指针 head。显然对循环链表来说不需明确指出哪个结点是第一个，哪个是最后一个。但为了控制执行某类操作(如搜索)的终止，可以指定循环链表中任一结点，从该结点开始，依次对每个结点执行某类操作，当回到这个结点时，就停止执行这种操作。

6.2.4　栈

栈是一种特殊的线性表。栈是限定仅在表尾(表的一端)进行插入和删除运算的线性表,表尾称为栈顶(Top),表头叫做栈底(Bottom)。表中无元素时称为空栈。栈中有元素 a_1, a_2, $\cdots$, a_n,如图6-13所示,称 a_1 是栈底元素。新元素进栈要置于 a_n 之上,删除或退栈必须先对 a_n 进行。这就形成了"后进先出"(LIFO)的操作原则。

栈的物理存储可以用顺序存储结构,也可用链式存储结构。如图6-14所示,给出了一个顺序存储结构中栈元素的插入和删除的变化情况。

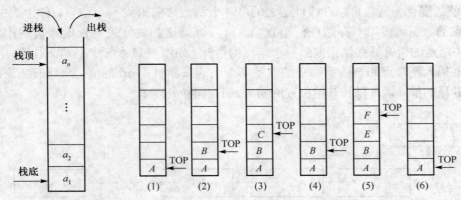

图 6-13　栈结构　　　　　　　图 6-14　栈的插入和删除

栈的运算除去插入和删除外,还有取栈顶元素,检查栈是否为空,清除(置空栈)等。

一、进栈

进栈运算是指在栈的栈顶位置插入一个新元素 x,其算法步骤:
① 判断栈是否已满,若栈满,则进行溢出处理,返回函数值1;
② 若栈未满,将栈顶指针加1(top 加1);
③ 将新元素 x 送入栈顶指针所指的位置,返回函数值0。

二、出栈

出栈运算是指退出栈顶元素,赋给某一指定的变量,其算法步骤:
① 判断栈是否为空,若栈空,则进行下溢处理,返回函数值1;
② 栈若不空,将栈顶元素赋给变量(栈顶元素若不需保留,可省略此步);
③ 将栈顶指针退1(top 减1),返回函数值0。

栈是使用最为广泛的数据结构之一,表达式求值、递归过程实现都是栈应用的典型例子。

6.2.5　队列

队列是一种特殊的线性表。队列是限定所有的插入都在表的一端进行,所有的删除都在表的另一端进行的线性表。进行删除的一端叫队列的头，进行插入的一端叫队列的尾，如图 6-15 所示。在队列中，新元素总是加入到队尾，每次删除的总是队头元素，即当前"最老的"元素，这就形成了先进先出(FIFO)的操作原则。

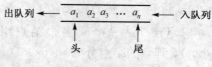

图 6-15　队列的示意

队列的物理存储可以用顺序存储结构，也可以用链式存储结构。如图 6-16 所示给出了一个顺序方式存储的队列的插入和删除变化情况。

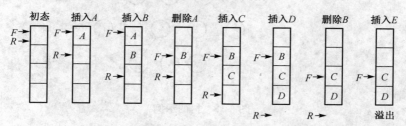

图 6-16　队列的插入和删除

队列的运算除去插入和删除外，还有取队头元素、检查队列是否为空、清除(置空队列)等。

从图 6-16 可以看出，在顺序方式存储的队列中实现插入、删除运算时，若采取每插一个元素则队尾指示变量 R 的值加 1，每删除一个元素则队头指示变量 F 的值加 1 的方法，则经过若干插入、删除运算后，尽管当前队列中的元素个数小于存储空间的容量，但却可能无法再进行插入了，因为 R 已指向存储空间的末端。通常解决这个问题的方法是：把队列的存储空间从逻辑上看成一个环，当 R 指向存储空间的末端后，就把它重新置成指向存储空间的始端，如图 6-17 所示。

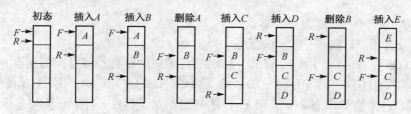

图 6-17　环状队列的插入和删除

队列在计算机中的应用也十分广泛，硬件设备中的各种排队器、缓冲区的循环使用技术、操作系统中的作业队列等都是队列应用的例子。

6.2.6　树与二叉树

树形结构是一类重要的非线性结构，树和二叉树是最常用的树形结构。

一、树和二叉树的定义

树(Tree)是一个或多个结点组成的有限集合 T，有一个特定的结点称为根(Root)，其余的结点分为 m(m≥0) 个不相交的集合 T_1，T_2，…，T_m，每个集合又是一棵树，称作这个根的子树(Subtree)。

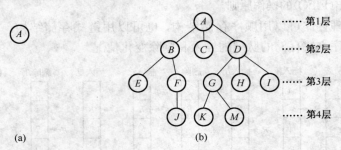

图 6-18　树的示例

例如，图 6-18 中(a)是只有一个根结点的树，(b)是有 12 个结点的树，其中 A 是根，余下的 11 个结点分成 3 个互不相交的子集：$T_1=\{B, E, F, J\}$，$T_2=\{C\}$，$T_3=\{D, G, H, I, K, M\}$。T_1、T_2、T_3 都是树，而且是根结点 A 的子树。对于树 T1，根结点是 B，其余的结点分成两个互不相交的子集：$T_{11}=\{E\}$，$T_{12}=\{F, J\}$。T_{11}、T_{12} 也是树，而且是根结点 B 的子树。而在 T_{12} 中，F 是根，$\{J\}$ 是 F 的子树。

树形结构常用的术语如下所示。

(1) 结点的度(Degree)。一个结点的子树的个数。图 6-18(b)中，结点 A、D 的度为 3，结点 B、G 的度为 2，F 的度为 1，其余结点的度均为 0。

(2) 树的度。树中各结点的度的最大值。图 6-18(b)中，树的度为 3，且称这棵树为 3 度树。

(3) 树叶(Leaf)。度为 0 的结点。

(4) 分支结点。度不为 0 的结点。

(5) 双亲(Parent)、子女(Child)。结点的各子树的根称作该结点的子女；相应地该结点称作其子女的双亲。图 6-18(b)中 A 是 B、C、D 的双亲，B、C、D 是 A 的子女。对于 B 来说，它又是 E、F 的双亲，而 E、F 是 B 的子女。显然，对于一棵树来说，其根结点没有双亲，所有的叶子没有子女。

(6) 兄弟(Sibling)。具有相同双亲的结点互为兄弟。

(7) 结点的层数(Level)。根结点的层数为 1，其他任何结点的层数等于其双亲结点层数加 1。

(8) 树的深度(Depth)。树中各结点的层的最大值。图 6-18(a)中树的深度为 1，图 6-18(b)中树的深度为 4。

(9) 森林(Forest)。0 棵或多棵不相交的树的集合(通常是有序集)。删去一棵树的根结点便得到一个森林；反过来，给一个森林加上一个结点，使原森林的各棵树成为所加结点的子树，便得到一棵树。

二叉树(Binary Tree)是树形结构的另一个重要类型。

二叉树是 n(n≥0) 个结点的有限集合，这个有限集合或者为空集(n=0)，或者由一个根结点及两棵不相交的、分别称作这个根的左子树和右子树的二叉树组成。这是二叉树的递归定义。如图 6-19 所示为二叉树的五种基本形态。

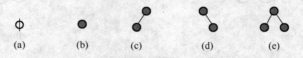

图 6-19　二叉树的五种基本形态

在图 6-19 中，(a)为空二叉树，(b)为仅有一个根结点的二叉树，(c)为右子树为空的二叉树，(d)为左子树为空的二叉树，(e)为左、右子树均非空的二叉树。

特别要注意的是，二叉树不是树的特殊情形，尽管树和二叉树的概念间有很多关系，但它们是两个概念。树与二叉树间最主要的差别是：二叉树为有序树，即二叉树的结点的子树要区分为左子树和右子树，即使在结点只有一棵子树的情况下也要明确指出该子树是右子树还是左子树。图 6-19 的(c)和(d)是两棵不同的二叉树，但如果作为树，它们就是相同的了。

二叉树具有如下重要性质。

(1) 在二叉树的 i 层上，最多有 $2i-1$ 个结点($i≥1$)。

(2) 深度为 k 的二叉树最多有 $2k-1$ 个结点($k≥1$)。一棵深度为 k 且具有 $2k-1$ 个结点的二叉树称为满二叉树(Full Binary Tree)。深度为 k，有 n 个结点的二叉树，当且仅当其每一个结点都与深度为 k 的满二叉树中编号从 1 至 n 的结点一一对应时，称之为完全二叉树。

(3) 对任何一棵二叉树 T，如果其终端结点数为 n_0，度为 2 的结点数为 n_2，则$n_0=n_2+1$。

(4) 具有 n 个结点的完全二叉树的深度为$[\log_2 n]+1$。

二、树的二叉树表示

在树(森林)与二叉树间有一个自然的一一对应的关系，每一棵树都能唯一地转换到它所对应的二叉树。

有一种方式可把树和森林转化成对应的二叉树：凡是兄弟就用线连起来，然后去掉双亲到子女的连线，只留下到第一个子女的连线不去掉。对图 6-20(a)所示的树用上述方法处理后稍加倾斜，就得到对应的二叉树，如图 6-20(b)所示。

树所对应的二叉树里，一个结点的左子女是它在原来的树里的第一个子女，右子女是它在原来的树里的下一个兄弟。

树的二叉树表示对于树的存储和运算有很大意义，可以把对于树的许多处理转换到对应的二叉树中去做。

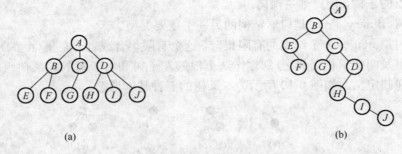

(a)   (b)

图 6-20   树对应的二叉树表示

三、二叉树的存储

二叉树的存储通常采用链接方式。每个结点除存储结点自身的信息外再设置两个指针域 llink 和 rlink，分别指向结点的左子女和右子女，当结点的某个指针为空时，则相应的指针值为空（NIL）。结点的形式为：

Llink	Info	rlink

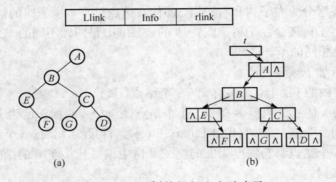

(a)   (b)

图 6-21   二叉树的 link-rlink 法表示

一棵二叉树里所有这样形式的结点，再加上一个指向树根的指针 t，构成此二叉树的存储表示，我们把这种存储表示法称作 link-rlink 表示法。图 6-21（b）就是图 6-21(a)所示的二叉树的 link-rlink 法表示。

树的存储可以这样进行：先将树转换为对应的二叉树，然后用 link-rlink 法存储。

四、二叉树的遍历

遍历（或称周游）是树形结构的一种重要运算。遍历一个树形结构就是按一定的次序系统地访问该结构中的所有结点，使每个结点恰好被访问一次。可以按多种不同的次序遍历树形结构。我们介绍三种重要的二叉树遍历次序。

考虑到二叉树的基本组成部分是：根（N）、左子树（L）、右子树（R），因此可有 NLR、LNR、LRN、NRL、RNL、RLN 六种遍历次序。通常使用前三种，即限定先左后右。这三种遍历次序的递归定义分别为以下内容。

（1）前序遍历法（NLR 次序）。访问根，按前序遍历左子树，按前序遍历右子树。

（2）后序遍历法（LRN 次序）。按后序遍历左子树，按后序遍历右子树，访问根。

（3）中序遍历法（LNR 次序）。按中序遍历左子树，访问根，按中序遍历右子树。

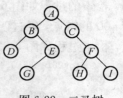

图 6-22　二叉树

对于如图 6-22 所示的二叉树，它的结点的前序遍历序列是 ABDEGCFHI；它的结点的后序遍历序列是 DGEBHIFCA；它的结点的中序遍历序列是 DBGEACHFI。

二叉树的这三种遍历次序是很重要的，它们与树形结构上的大多数运算有联系。

6.2.7　查找

查找是数据结构中的基本运算，使用频率较高，因此这方面做的研究工作也较多，有各种不同的查找算法。

查找就是在数据结构中找出满足某种条件的结点。给的条件可以是关键码字段的值，也可以是非关键码字段的值。我们只考虑基于关键码值的查找。若从数据结构中找到了满足条件的结点，则称查找成功，否则查找失败。

衡量一个查找算法的主要标准是查找过程中对关键码进行的平均比较次数，或称平均检索长度，以 n 的函数的形式表示，n 是数据结构中的结点个数。

一、顺序查找

顺序查找是线性表的最简单的查找方法。其方法是：用待查关键码值与线性表中各结点的关键码值逐个比较，若找出相等的关键码值则查找成功，若找遍所有结点都不相等，则查找失败。其优点是对线性表的结点逻辑次序无要求（不必按关键码值排序），对线性表的存储结构无要求（顺序存储，链接存储皆可）。其缺点是平均检索长度大。

假设表中各结点被查找的概率相同，即 p＝1/n，则顺序查找成功的平均查找长度为 (n＋1)/2。

二、二分法查找

二分法查找是一种效率较高的线性表查找方法。要进行二分法查找，线性表结点必须是按关键码值排好顺序的，且线性表以顺序方式存储。

二分法查找的方法是首先用要查找的关键码值与线性表中间位置结点的关键码值相比较，这个中间结点把线性表分成了两个子表，比较相等则查找完成，不等则根据比较结果确定下一步的查找应在哪一个子表中进行，如此进行下去，直到找到满足条件的结点，或确定表中没有这样的结点为止。

【例 6-3】　设被检索的线性表关键码序列为 016,087,154,170,275,426,503,509,512,612,653,677,703,765,897,908。现在要检索关键码为 612 的结点，下面我们用"[ ]"括住本次检索的子表，用"↑"指向该子表的中间结点，即本次参加比较的关键码，检索的过程如图 6-23(a)所示，经过三次比较找到了该结点。若再要检索关键码为 400 的结点，经过四次比较后发现子表为空，于是确定表中没有关键码为 400 的结点，检索过程如图 6-23(b)所示。

[061 087 154 170 275 426 503 509 512 612 653 677 703 765 897 908]
　　　　　　　　　　　　　　　　↑

061 087 154 170 275 426 503 509 [512 612 653 677 703 765 897 908]
　　　　　　　　　　　　　　　　　　　　　↑

061 087 154 170 275 426 503 509 [512 612 653] 677 703 765 897 908
　　　　　　　　　　　　　　　　　　　↑

(a)检索 612

[061 087 154 170 275 426 503 509 512 612 653 677 703 765 897 908]
　　　　　　　　　　↑

[061 087 154 170 275 426 503] 509 512 612 653 677 703 765 897 908
　↑

061 087 154 170 [275 426 503] 509 512 612 653 677 703 765 897 908
　　　　　　↑

061 087 154 170 [275] 426 503 509 512 612 653 677 703 765 897 908
　　　↑

061 087 154 170 275] [426 503 509 512 612 653 677 703 765 897 908
失败

(b)检索 400

图 6-23　二分法检索

二分法查找的优点是平均检索长度小，为 $\log_2 n$。粗略地可以这样看出每经过一次关键码比较，则将查找范围缩小一半，因此经过 $\log_2 n$ 次比较就可完成查找过程。缺点是排序线性表花费时间，顺序方式存储插入、删除不便。

6.2.8　排序

排序是数据处理中经常使用的一种重要运算。假设含 n 个记录的文件 $\{R_1,$ R_2，…，$R_n\}$，其相应的关键字为 $\{K_1, K_2, \cdots, K_n\}$，需要确定一种排列 $p(1)$，$p(2)$，…，$p(n)$ 使其相应的关键字满足如下的递增(或递减)关系：

$$K_{p(1)} \leqslant K_{p(2)} \leqslant \cdots \leqslant K_{p(n)}$$

即使上述文件成为一个按其关键字线性有序的文件 $\{R_{p(1)}, R_{p(2)}, \cdots, R_{p(n)}\}$，这种运算就称为排序。

由于文件大小不同使排序过程中涉及的存储器不同，可将排序分为内部排序和外部排序两类。整个排序过程都在内存进行的排序，称为内部排序，这是排序的基础。

内部排序的方法很多，下面介绍几种最常用的排序方法。对于每种排序方法，应着重掌握其基本思想，即基于什么思想或采用什么方法。

一、直接插入排序

直接插入排序是最简单直观的排序方法。其基本方法是：每步将一个待排序记录按其关键码值的大小插入到前面已排序文件中的适当位置上，直到全部插入为止。

【例 6-4】 设待排序的记录共 7 个，关键码分别为 8、3、2、5、9、1、6。从 i＝2 开始经过 6 步插入完成全部排序工作。如图 6-24 所示为这一处理的过程。

```
初始排序码序列：  8  3  2  5  9  1  6
         i＝2：  3  8  2  5  9  1  6
         i＝3：  2  3  8  5  9  1  6
         i＝4：  2  3  5  8  9  1  6
         i＝5：  2  3  5  8  9  1  6
         i＝6：  1  2  3  5  8  9  6
         i＝7：  1  2  3  5  6  8  9
```

图 6-24 直接插入排序

对 n 个记录的文件进行直接插入排序，所需要的执行时间是 $O(n^2)$。

二、选择排序

选择排序的基本思想是每一趟在 n－i＋1(i＝1,2,…,n－1) 个记录中选取关键码最小的记录作为有序序列中的第 i 个记录。其中最简单、且为大家最熟悉的是简单选择排序。

简单选择排序的基本方法是通过 n－i 次关键码间的比较，从 n－i＋1 个记录中选取关键码最小的记录，并和第 i(1≤i≤n) 个记录交换。

【例 6-5】 我们把例 6-4 中的记录用直接选择法排序。其过程如图 6-25 所示。

对 n 个记录的文件进行直接选择排序，所需要的执行时间是 $O(n^2)$。

三、冒泡排序

冒泡排序是基于交换思想的一种简单的排序方法。其基本方法是将待排序的记录顺次两两比较，若为逆序，则进行交换。将序列照此方法从头至尾处理一遍称作一趟冒泡，一趟冒泡的效果是将关键码值最大的记录交换到最后的位置，即该记录的排序最终位置。若某一趟冒泡过程中没有任何交换发生，则排序过程结束。对 n 个记录的文件进行排序最多需要 n－1 趟冒泡。

```
(a)   8    3    2    5    9    1    6
(b)  [1]   3    2    5    9    8    6
(c)  [1    2]   3    5    9    8    6
(d)  [1    2    3]   5    9    8    6
(e)  [1    2    3    5]   9    8    6
(f)  [1    2    3    5    6]   8    9
(g)  [1    2    3    5    6    8]   9
(h)  [1    2    3    5    6    8    9]
```

图 6-25 直接选择排序

【例 6-6】 设待排序文件的关键码为：

```
38  19  65  13  97  49  41  95  1  73
```

执行冒泡排序的过程，如图 6-26 所示。

对 n 个记录的文件进行冒泡排序，所需要的执行时间是 $O(n^2)$。

四、快速排序

快速排序又称分区交换排序，是对冒泡排序的一种改进。

快速排序的基本方法是在待排序序列中任取一个记录，以它为基准用交换的方法将所有记录分成两部分，关键码值比它小的在一个部分，关键码值比它大的在另一个

序号	排序码	第一步	第二步	第三步	第四步	第五步	第六步	第七步	第八步	第九步
1	38	19	19	13	13	13	13	13	1	1
2	19	38	13	19	19	19	19	1	13	13
3	65	13	38	38	38	38	1	19	19	19
4	13	65	49	41	41	1	38	38	38	38
5	97	49	41	49	1	41	41	41	41	41
6	49	41	65	1	49	49	49	49	49	49
7	41	95	1	65	65	65	65	65	65	65
8	95	1	73	73	73	73	73	73	73	73
9	1	73	95	95	95	95	95	95	95	95
10	73	97	97	97	97	97	97	97	97	97

图 6-26　冒泡排序

部分。再分别对两个部分实施上述过程，一直重复到排序完成。

【例 6-7】　设文件中待排序的关键码为：

$$72,73,71,23,94,16,05,68$$

并假定每次在文件中取第一个记录作为将所有记录分成两部分的基准。让我们看看快速排序的过程。

首先取 $K_1=72$ 为标准，把比 72 大的关键码移到后面，将比 72 小的关键码移到前面。为了节省空间，移动的方法可以采用从两端往中间夹入的方式，即先取出 K_1，这样空出前端第一个关键码的位置，用 K_1 与 K_n 相比较，若 $K_n > K_1$，则将 K_n 留在原处不动，继续用 K_1 与 K_{n-1} 相比，…；若 $K_n \leqslant K_1$，则将 K_n 移到原来 K_1 的位置，从而空出 K_n 的位置，这时用 K_1 的值回过头来再与 $K_2,K_3,\cdots$ 相比，找出一个大于 K_1 的关键码，将它移动到后面刚刚空出的位置，如此往复比较，一步一步地往中间夹入，便将大于 K_1 的关键码都移动到后部，而把小于等于 K_1 的关键码都移动到前部，最后在空出的位置上填入 K_1，便完成了一趟排序的过程，如图 6-27(a)所示。对分开的两部分继续分别执行上述过程，最终可以达到全部排序，如图 6-27(b)所示。

(a) 快速排序的第一趟　　　　　　　　(b) 快速排序各趟排序状态

图 6-27　快速排序

对 n 个记录的文件进行快速排序，在最坏的情况下执行时间为 $O(n^2)$，与冒泡排序相当。然而快速排序的平均执行时间为 $O(n\log_2 n)$，显然优于冒泡排序和前面介绍的直接插入排序、直接选择排序。需要指出的是：快速排序需要 $O(\log_2 n)$ 的附加存储开销，这是因为快速排序算法的实现过程中需用到大小为 $O(\log_2 n)$ 的栈空间。

综合比较本节内讨论的各种内部排序方法，区别如表 6-4 所示。

表 6-4 内部排序方法的区别

排序方法	平均时间	最坏情况	辅助存储
直接插入排序	$O(n^2)$	$O(n^2)$	$O(1)$
简单选择排序	$O(n^2)$	$O(n^2)$	$O(1)$
冒泡排序	$O(n^2)$	$O(n^2)$	$O(1)$
快速排序	$O(n\log_2 n)$	$O(n^2)$	$O(\log_2 n)$

6.3 软件工程基础

要设计大型的复杂设备（汽车、飞机、高楼）并管理它的建设，需要解决一系列的问题：怎样确定完成这个项目的时间、经费、人力等资源上的开支？怎样将一个大工程分成几个可管理的小部分？怎样保证每一部分的工作不互相排斥？怎样进行不同部分工作之间的交流？怎样衡量工程的进度？怎样处理众多的细节问题？大型软件系统开发期间也要问答同样的问题。

软件的规模大小、复杂程度决定了软件开发的难易程度。对一个软件而言，它的程序复杂性将随着程序规模的增加而呈指数级上升趋势。因此，必须采用科学的软件开发方法，采用抽象、分解等科学方法降低复杂度，以工程的方法管理和控制软件开发的各个阶段，以保证大型软件系统的开发具有正确性、易维护性、可读性和可重用性。本节将简要介绍软件工程的基础知识。

6.3.1 软件工程基本概念

一、软件的定义、特点及发展

软件是程序、数据及相关文档的集合。其中，程序是软件开发人员根据用户需求开发的、用程序设计语言描述的、适合计算机执行的指令序列；数据是使程序能正常操纵信息的数据结构；文档是与程序开发、维护及使用密切相关的图文资料的总称。依据应用目标的不同，软件按功能可分为应用软件（如学生信息管理系统），系统软件（如操作系统）。与硬件相比，软件具有如下特点。

（1）表现形式不同。软件是逻辑部件，具有很高的抽象性，缺乏可见性，硬件是物理部件，看得见、摸得着。

（2）生产方式不同。软件是开发，是人的智力的高度发挥，不是传统意义上的硬件制造，软件的成本主要在开发和研制。开发和研制后，通过复制可大量生产。

（3）要求不同。硬件产品允许有误差，而软件产品却不允许有误差。

（4）维护不同。由于磨损和老化，硬件会用旧用坏，解决的办法是换一个相同的备件就可以了。在理论上，软件不会用旧用坏，但软件是有生命周期的，存在退化现象，软件维护要比硬件复杂得多。

软件的发展大致可划分为四个阶段，如表 6-5 所示。

表 6-5　软件发展史

阶段	第一阶段	第二阶段	第三阶段	第四阶段
	程序设计阶段	程序系统阶段	软件工程阶段（结构化方法）	软件工程阶段（面向对象方法）
典型技术	・面向批处理 ・有限的分布 ・自定义软件	・多用户 ・实时 ・数据库 ・软件产品	・分布式系统 ・嵌入"智能" ・低成本硬件 ・消费者的影响	・强大的桌面系统 ・面向对象技术 ・专家系统 ・人工神经网络 ・网络计算机

（1）程序设计阶段。计算机发展的早期阶段（20 世纪 50 年代初期至 60 年代中期）为程序设计阶段。在这个阶段，硬件已经通用化，而软件的生产却是个体化的。这时，由于程序规模小，几乎没有什么系统化的方法可遵循，对软件的开发没有任何管理方法，一旦计划推迟了或者成本提高了，程序员才开始弥补。在通用的硬件已经非常普遍的时候，软件却相反，对每一类应用均需自行再设计，应用范围很有限。软件产品处在初级阶段，大多数软件都由使用者自己开发。例如，书写软件，使其运行，如果它有问题，需要解决等，都是在个人化的软件环境下实施的。设计往往仅是人们头脑中的一种模糊想法，而文档就根本不存在。

（2）程序系统阶段。计算机系统发展的第二阶段（20 世纪 60 年代中期到 70 年代末期）为程序系统阶段。多道程序设计和多用户系统引入了人机交互的新概念。交互技术打开了计算机应用的新世界，以及硬件和软件配合的新层次，实时系统和第一代数据库管理系统相继出现。这个阶段还有一个特点就是软件产品的使用和"软件作坊"的出现。被开发的软件可以在较宽广的范围中应用。主机和微机上的程序能够有数百甚至上千的用户。

在软件的使用中，当发现错误时需要纠正程序源代码；当用户需求发生变化时需要修改；当硬件环境变化时需要适应，这些活动统称为软件维护。在软件维护上所花费的精力和消耗资源的速度是惊人的。更为严重的是，许多程序的个人化特性使得它们根本不能维护。"软件危机"出现了。

（3）软件工程阶段。计算机系统发展的第三阶段始于 20 世纪 70 年代中期并经历了近 10 年，称为软件工程阶段。在这一阶段，以软件的产品化、系列化、工程化、标准化为特征的软件产业发展起来了，打破了软件生产的个体化特征，有了可以遵循的软件工程化的设计原则、方法和标准。在分布式系统中，各台计算机同时执行某些功能，并与其他计算机通信，极大地提高了计算机系统的功能。广域网、局域网、高带宽数字通信以及对"即时"数据访问需求的增加都对软件开发者提出了更高的要求。

（4）第四阶段。计算机发展的第四阶段已经不再是着重于单台计算机和计算机程序，而是面向计算机和软件的综合影响。由复杂的操作系统控制的强大的桌面机、广域网络和局域网络，配以先进的软件应用已成为标准。计算机体系结构迅速地从集中的主机环境转变为分布的客户机/服务器环境。世界范围的信息网提供了一个基本结构，信息高速公路和网际空间连通已成为令人关注的热点问题。事实上，Internet可以看作是能够被单个用户访问的软件。计算机发展正朝着社会信息化和软件产业化方向发展，从技术的软件工程阶段过渡到社会信息化的计算机系统。随着第四阶段的进展，一些新技术开始涌现。面向对象技术将在许多领域中迅速取代传统软件开发方法。

二、软件危机与软件工程

20世纪60年代初美国的专业软件公司只有十几家，到了1968年发展到1300多家。这些公司研制、生产和销售各种应用软件。尽管软件业发展迅速，但随着计算机应用范围的扩大，人们对软件的需求越来越大，软件的规模也越来越大，结构越来越复杂。如IBM公司20世纪60年代研制IBM360操作系统，参加单位美国11个、欧洲6个，参与开发的软件工作人员700余人，其他辅助人员1000多人，从1963年到1966年历时4年，花费5亿美元开发的系统仍包含了大量的错误，以后不断地修改、补充，但每一个版本还有上千种错误。因此20世纪60年代硬件迅速发展的同时，软件的发展遇到越来越大的困难，人们称这一现象为"软件危机"。

软件危机主要表现在对软件开发成本和进度的估计常常很不准确，经费预算经常突破，完成时间一再拖延；开发的软件不能满足用户要求，用户对软件不满意的现象经常发生；开发的软件可维护性差、可靠性差。产生软件危机的原因主要是软件规模越来越大，结构越来越复杂；软件开发管理困难而复杂；软件开发费用不断增加；软件开发技术落后；生产方式落后，以及采用手工方式；开发工具落后，生产效率低。核心原因是软件系统的复杂度远大于硬件，计算机硬件产品的制造已经标准化、工程化、产业化，但软件生产离此目标相距遥远。

针对上述情况，北约（NATO）科技委员会于1968年秋在联邦德国召集了50名一流的编程人员、计算机科学家和工业界巨头，制定摆脱软件危机的办法。首次提出了软件工程（Software Engineering）这一概念。倡导以工程的原理、原则和方法进行软件开发，以期解决"软件危机"问题。软件工程现在被正式定义为"运用系统的、规范的和可定量的方法来开发、运行和维护软件"。软件工程是一门指导计算机软件开发和维护的工程学科。应用计算机科学、数学及管理科学等原理，借鉴传统工程的原则和方法创建软件，以达到提高质量、降低成本的目的。其中，计算机科学和数学用于构建模型与算法；工程科学用于制定进度、计划和方案及估算费用；管理科学用于生产的计划、资源、质量、成本等管理。

软件工程包含三个关键要素：方法（Methodologies）、工具（Tools）和过程（Procedures）。

（1）方法。提供如何构造软件的技术。

（2）工具。工具为方法提供自动化或全自动的支持。如计算机辅助软件工程（Computer-Aided Software Engineering）系统。简称 CASE 是一个支持软件开发的系统，类似于 CAD/CAE。

（3）过程。支持软件开发各环节的控制和管理。

三、软件工程过程与软件生命周期

1. 软件工程过程

软件工程过程是把输入转化为输出的一组彼此相关的资源和活动。包含两个方面的含义：其一，软件工程过程是指为获得软件产品，在软件工具的支持下，由软件工程师完成的一系列工程活动，这些活动包括 P（计划）、D（开发）、C（确认）、A（演进）；其二，从软件开发的观点来看，软件工程过程就是使用适当的资源，为开发软件进行的一组活动，在过程结束时将输入（用户的需求）转化为输出（软件产品）。

2. 软件生命周期

通常，将软件产品从提出、实现、使用、维护到停止使用的过程称为软件生命周期。软件生命周期一般包括可行性研究与需求分析、设计、实现、测试、交付使用及维护等具体环节。各阶段的任务及产生的相应文档，如表 6-6 所示。

表 6-6　软件生命周期各阶段的任务

时期	阶段	任务	文档
软件计划	问题定义	理解用户要求，划清工作范围	计划任务书
	可行性分析	可行性方案及代价	
	需求分析	软件系统的目标及应完成的工作	需求规格说明书
软件开发	概要设计	系统的逻辑设计	软件概要设计说明书
	详细设计	系统模块设计	软件详细设计说明书
	软件编码	编写程序代码	程序、数据、详细注释
	软件测试	单元测试、综合测试	测试后的软件、测试大纲、测试方案与结果
软件维护	软件维护	运行和维护	维护后的软件

（1）软件计划。问题定义阶段是进行调研和分析，弄清用户想干什么，不想干什么，以确定工作范围。通过调查后抽象出"用户想要解决的问题是什么"。

在上述工作的基础上进行可行性分析，本阶段的具体工作是：分析所需研制的软件系统是否具备必要的资源和技术上、经济上的可能性及社会因素的影响，回答"用户要解决的问题能否解决"，即确定项目的可行性。

需求分析要解决"做什么的问题"。经过问题定义，可行性分析阶段后，需求分析阶段要考虑所有的细节问题，以确定最终的目标系统做哪些工作，形成目标系统完整的准确的要求。

该阶段最后提交说明系统目标及对系统要求的规格说明书。

（2）软件开发。软件开发包括概要设计、详细设计、软件编码和软件测试四个阶段。

概要设计又称为总体设计、逻辑设计。该阶段要回答"怎样实现目标系统"的问题。首先应考虑实现目标系统的可能方案，并选择一个最佳方案。确定方案后应完成系统的总体设计，即确定系统的模块结构，给出模块的相互调用关系，并产生概要设计说明书。

详细设计阶段回答"应该怎样具体实现目标系统"的问题。在概要设计的基础上，要给出模块的功能说明和实现细节，包括模块的数据结构和所需的算法，最后，产生详细设计说明书。

详细设计完成后进入软件编码阶段，程序员根据系统的要求和开发环境，选用合适的高级程序设计语言或部分选用汇编程序设计语言编写程序代码。

软件测试分为单元测试和综合测试两个阶段，单元测试是对每一个编制好的模块进行测试，发现和排除程序中的错误。综合测试是通过各种类型的测试检查软件是否达到预期的要求。综合测试中主要有集成测试和验收测试。集成测试是将软件系统中的所有模块装配在一起进行测试，验收测试是按照规格说明书的规定由用户（或有用户参加）对目标系统进行验收。

（3）软件维护。软件维护阶段是长期的过程，因为经过测试的软件可能还有错；用户的要求还会发生变化；软件运行的环境也可能变化，在上述情况发生时，都要进行软件的维护。因此，交付使用的软件仍然需要继续排错，修改和扩充，这就是软件维护。

3. 软件生命周期模型

软件生命周期模型（Life Cycle Model）也叫软件过程模型，是软件系统开发项目总貌的一种描述，着眼于对项目管理的控制和逐步逼近的策略。

（1）瀑布模型。瀑布模型（Water-fall Model）是传统的软件生命周期模型，如图 6-28 所示。

由图可见，该模型将软件开发过程划分为六个阶段，这六个阶段是按顺序进行的，前一阶段的工作完成后，下一阶段的工作才能开始；前一阶段产生的文档是下一阶段工作的依据。该模型适合在软件需求比较明确、开发技术比较成熟的场合下使用，它是软件工程中应用最广泛的过程模型。

（2）快速原型法模型。快速原型法模型（Rapid Prototyping Model），如图 6-29 所示为针对瀑布模型中的缺点提出的一种改进模型。

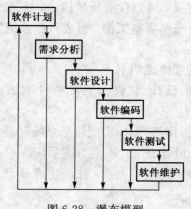

图 6-28　瀑布模型

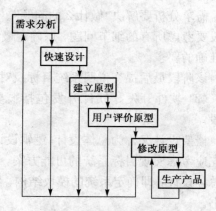

图 6-29　快速原型法模型

快速原型法也是从了解需求开始，开发人员和用户一起来定义所有目标，确定哪些需求已经清楚，哪些还需要进一步定义。接着是快速设计。快速设计主要集中在用户能看得见的一些软件表示方面（如输入方法、输出形式等）。快速设计就可产生一个原型（试验性产品）。用户有了原型，就可对其评价。然后，修改要求。重复上述各步，直到该原型能满足用户的需求为止。

软件生命周期模型还包括许多其他的模型，如螺旋模型（The Spiral Model）、四代技术（Fouth-Generation Techniques，简称 4GT）、面向对象生存期模型（Object-Oriented Life-Cycle Model）等。

传统的顺序性软件生命周期模型（瀑布模型、快速原型模型）和演化性软件生命周期模型（螺旋模型、增量模型）主要采用了系列化的结构化开发技术（SASDSP），所以，软件过程呈"线性"（或基本是线性的）特征，开发活动比较有序、清晰和规范。但是，开发出的软件（产品）的稳定性、可重用性和可维护性都比较差。

近年来，面向对象 OO（Object-Oriented）方法日益受到人们的重视。面向对象方法遵循人类习惯的思维方式，开发出的软件（产品）的稳定性、可重用性和可维护性等都比传统的开发方法要好。

面向对象软件过程模型（RUP，构件集成模型）的特点是，开发阶段界限模糊，开发过程逐步求精，开发活动反复迭代。

目前，经过多年理论完善和实践，传统的瀑布模型已形成了一个较完整的体系，仍是软件开发中使用的最基本的理论基础和技术手段。

四、软件工程的目标与原则

软件工程的目标可概括为在给定成本、进度的前提下，开发出具有有效性、可靠性、可理解性、可维护性、可重用性、可适应性、可移植性、可追踪性和可互操作性并满足用户需要的产品。基于上述目标，软件工程理论和技术性研究的内容主要包括软件开发技术和软件工程管理技术。

为了达到软件工程的目标，在软件开发过程中必须遵循软件工程的基本原则，包括抽象、信息隐蔽、模块化、局部化、确定性、一致性、完备性和可验证性，这些原则适用于所有的软件项目。

五、软件开发工具与软件开发环境

软件开发工具是为支持软件人员开发和维护活动而使用的软件。它可以帮助开发人员完成一些烦琐的程序编制和调试问题，使软件开发人员将更多的精力和时间投放到最重要的软件需求和设计上，提高软件开发的速度和质量。

软件开发环境（或称软件工程环境）是全面支持软件开发全过程的软件工具集合，这些软件工具按照一定的方法和模式组合起来，共同支持软件生命周期内各阶段和各项任务的完成。

6.3.2　结构化分析方法

结构化方法（Structured Methodology）是计算学科的一种典型的系统开发方法，它采用了系统科学的思想方法，从层次的角度，自顶向下地分析和设计系统。结构化方法包括结构化分析 SA（Structured Analysis）、结构化设计 SD（Structured Design）以及结构化程序设计 SP（Structured Program Design）三部分。

结构化方法是由结构化程序设计发展来的。早期的计算机程序设计是手工式的设计方法，20 世纪 60 年代"软件危机"的出现促使人们开始对程序设计方法进行研究，经过多年的实践，逐步形成了结构化程序设计的方法。在结构化程序设计的基础上，又发展形成了结构化分析和结构化设计方法。

用结构化方法开发软件的过程如下：从系统需求分析开始，运用结构化分析方法建立环境模型（即用户要解决的问题是什么，以及要达到的目标、功能和环境）；需求分析完成后采用结构化设计方法进行系统设计，确定系统的功能模型；最后，进入软件开发的实现阶段，运用结构化程序设计方法确定用户的实现模型，完成目标系统的编码和调试工作。

软件开发过程如图 6-30 所示。

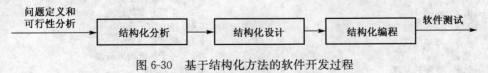

图 6-30　基于结构化方法的软件开发过程

一、问题定义

问题定义、可行性研究和需求分析是软件生命周期中的软件计划（或软件定义）阶段，而问题定义又是整个软件生命周期的第一个步骤。

问题定义的主要任务是确定"软件要解决的问题是什么？"。通过问题定义，系统分析员应提出关于问题性质、工程目标和规模的书面报告。通过对系统的实际用户和使用部门的访问调查，分析员应该扼要地写出对问题的理解，并在用户和使用部门负责人参加的会议上认真讨论这份报告，澄清含糊的地方，改正分析员理解得不正确的地方，最后得出一份令双方都满意的问题定义报告——《问题目标和规模报告书》，接着就可以进入可行性研究阶段。

二、可行性研究

可行性研究的目的是用最小的代价在尽可能短的时间内确定问题能否解决。其目的不是解决问题，而是确定问题是否值得去解决。也就是判断系统原定的目标和规模是否现实，使用开发后的系统所能带来的效益是否大到值得投资开发这个系统的程度。可行性研究是进一步压缩和简化了系统分析和设计过程，也就是在较高层次上以较抽象的方式进行系统分析和设计的过程。

在澄清了问题定义之后，系统分析员首先应该导出系统的逻辑模型——描述"做什么"，通常用数据流图表示，然后从系统逻辑模型出发，探索出若干种可供选择的主要解法(即系统实现方案)，最后研究每种解法的可行性。一般来说，应从下述五个方面加以分析。

(1) 经济可行性。分析目标系统能否用最小的代价获得最大的经济效益、社会效益和技术进步。

(2) 技术可行性。分析系统采用的技术是否先进，能否实现系统目标，开发人员的素质是否具备等。

(3) 运行可行性。分析系统的运行方式在这个用户范围内是否可行。

(4) 法律可行性。分析系统开发过程中可能涉及的各种合同、侵权、责任以及各种与法律相抵触的问题。

(5) 开发方案可行性。分析系统实现的各种方案并进行评价，从中选择最优秀的一种方案。

可行性研究的结果是《可行性研究报告》，格式如表 6-7 所示。

表 6-7　可行性研究目录

1.引言	3.1　选择系统配置
1.1　问题	3.2　选择方案的标准
1.2　实现条件	4.系统描述
1.3　约束条件	4.1　缩写词
2.管理	4.2　各子系统的可行性
2.1　重要的发现	5.成本效益分析
2.2　注释	6.技术收益评价
2.3　建议	7.有关法律问题
2.4　效果	8.用户使用可能性
3.方案选择	9.其他

可行性研究需要的时间长短取决于问题的规模，一般来说，可行性研究的成本只占预期的工程成本的 5%～10%。

三、需求分析与需求分析方法

完成了可行性研究后，软件系统就可以立项开发，进入软件需求分析阶段。该阶段的任务仍然不是具体解决问题，而是准确地确定"为了解决这个问题，目标系统必须做什么"的问题，主要是确定目标系统必须具备哪些功能。可以从以下五个方面分析系统的综合要求。

（1）功能要求，指系统必须完成的所有功能。

（2）性能要求，指联机系统的响应时间，系统需要的存储容量以及系统的健壮性和安全性等方面的要求。

（3）运行要求，指系统运行所需要的软硬件环境。

（4）未来要求，指系统将来可能的扩充要求。

（5）数据要求，指系统所要处理的数据以及它们之间的联系。

系统分析员在需求分析阶段必须和用户密切配合，充分交流信息，分析系统的综合要求，导出经过用户确认的系统逻辑模型。系统逻辑模型完整准确地反映用户的要求，是以后设计和实现目标系统的基础。

需求分析有多种方法和工具，其中结构分析方法是目前常用的方法之一。

四、结构化分析方法概述

结构化分析是 20 世纪 70 年代中期由 E. Yourdon 等人倡导的一种面向数据流、自顶向下、逐步求精进行需求分析的方法。

结构化分析方法采用软件工程中控制复杂性的两个基本手段：分解和抽象，将系统自顶向下逐层分解，如图 6-31 所示，直到找到满足所有功能要求的可实现软件为止。由于人的理解能力、记忆力有限，对于一个复杂问题不可能触及到问题的所有方面和全部细节。为将复杂性降低到人们可以掌握的程度，常将其拆成若干小问题再分别解决，这就是分解。分解是分层进行的，先考虑问题最本质的属性，暂时略去细节，再逐层添加细节，直至达到必要的详细程度，这就是抽象。逐层分解充分体现了分解和抽象的原则。

结构化分析方法利用图形工具来表达需求，主要工具包括数据流图、结构化自然语言、判定表和判定树。其中，数据流图用以表达系统内数据的运动情况；数据字典用以定义系统中的数据；结构化自然语言、判定表和判定树都是用以描述数据流加工的工具。

下面简要介绍结构化分析方法中使用的这几种工具。

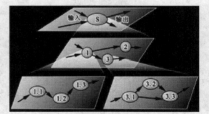

图 6-31　系统分解示意图

1. 数据流图

数据流图 DFD(Data Flow Diagram)从数据传递和加工的角度，以图形方式刻画数据流从输入到输出的移动变换过程。数据流图是结构化分析的主要工具，它表示系统内部信息的流向，并表示系统的逻辑处理功能。

数据流图的基本图形符号有四种，其表示及意义如图 6-32 所示。

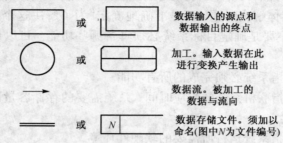

图 6-32 数据流图基本图形符号及意义

（1）数据流。是一组数据。在数据流图中数据用带箭头的线表示，在其线旁标注数据流名。

（2）加工。是对数据流执行的某种操作或变换。在数据流图中加工用圆圈表示，在圆圈内写上加工名。

同一数据流图上不能有同名的数据流。如果有两个以上的数据流指向一个加工，或是从一个加工中输出两个以上的数据流，这些数据流之间往往存在一定的关系。其具体的描述如图 6-33 所示，其中"＊"表示相邻之间的数据流同时出现，"⊕"表示相邻之间的数据流只取其一。

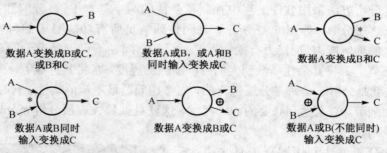

图 6-33 数据流图加工关系

（3）文件。是按照某种规则组织起来的，长度不限的数据。在数据流图中文件用两条平行直线表示，在线段旁注上文件名。

（4）数据流的源点和终点。在数据流图中用方框表示，在框内写上相应的名称。

【例 6-8】 办理取款手续的数据流图。

如图 6-34 所示为办理银行取款手续的数据流图。首先把存折和填写好的取款单一并交给银行工作人员检验，工作人员需核对账目，如发现存折有效性问题、取款单填写的问题或是存折账卡与取款单不符等问题均应先告知储户。在工作人员检验通过的情况下，则将取款信息登记在存折和账卡上，并通知付款。最后通过付款通知对储户如数付款，从而完成这一简单的数据处理周期性活动。

画数据流图的基本步骤概括地说，就是自外向内，自顶向下，逐层细化，完善求精。正如前面所述，描述一个复杂的系统，不可能一下子引进太多的细节，否则用一张数据流图画出所有的数据流和处理逻辑，则这张图将是极其庞大而复杂的，既难以绘制，又难以理解。一般按问题的层次结构进行逐步分解，并以分层的数据流图反映这种结构关系。

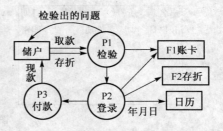

图 6-34　办理取款手续的数据流图

　　一套分层的数据流图由顶层、底层和中间层的数据流图组成。顶层数据流图只含有一个加工，抽象地描述整个系统；底层数据流图则由一些功能最简单、不能再分解的基本加工(称为"原子加工")组成；中间层数据流是对上一层称为父图的某个加工的分解和细化，而它的某个加工也可以再次细化，形成子图。中间层次的多少，一般视系统的复杂程度而定，如图 6-35 所示为分层数据流图的一个例子。

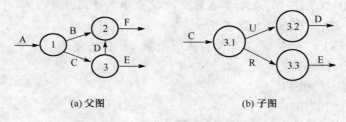

(a) 父图　　　　　　　　　　　　(b) 子图

图 6-35　分层数据流图

2. 数据字典

　　数据字典 DD(Data Dictionary)是结构化分析方法的核心。数据字典对数据流图中的各个元素作完整的定义与说明，是数据流图的补充工具。数据流图与数据字典共同构成系统的逻辑模型。

　　数据字典的内容包括以下信息：图形元素的名称、别名或编号、分类、描述、定义、位置等。数据字典中所有的定义都是严密的、精确的，不可有半点含糊不清，不可有二义性。设 X、a 和 b 都是数据元素，下面是数据字典中经常出现的一些符号的说明。

X＝a＋b。表示 X 是由 a 和 b 组成。

X＝[a, b]，X＝[a/b]。表示 X 是由 a 或 b 组成。

X＝(a)。表示 a 可在 X 中出现，也可能不出现。

X＝{a}。表示 X 由 0 个或多个 a 组成。

X＝a..b。表示 X 可取 a 至 b 的任一值。

X＝m{a}n。表示 X 由 m 至 n 个 a 组成，即至少有 m 个 a，至多有 n 个 a。

X＝"a"。表示 X 为取值 a 的基本数据元素，即 a 无须进一步定义。

【例 6-9】　数据字典示例。在如图 6-34 所示的数据流图中，数据文件"存折"的格式如图 6-36 所示。

户名	所号		账号	日期
开户日		性质		印密

摘要	支出	存入	金额	操作

图 6-36　存折格式

此文件在数据字典中的定义格式为：

存折＝户名＋所号＋账号＋开户日＋性质＋(印密)＋1{存取行}50

户名＝2{字母}24　**注**：户名中字母至少出现 2 次，至多出现 24 次

所号＝"001"‥"999"　**注**：所号规定为三位数

账号＝"00000001"‥"99999999"　**注**：账号规定为八位数字

开户日＝年＋月＋日

性质＝"1"‥"6"　**注**："1"表示普通用户，"5"表示工资用户等

印密＝"0"　**注**：印密在存折上不显示

存取行＝日期＋(摘要)＋支出＋存入＋余额＋操作＋复核

日期＝年＋月＋日

年＝"0001"‥"9999"

月＝"01"‥"12"

日＝"01"‥"31"

摘要＝1{字母}4　**注**：表明此次操作是存还是取

支出＝金额

金额＝"0000000.01"‥"9999999.99"

操作＝"00001"‥"99999"　**注**：操作是银行职员代码，用五位整数表示

……

3. 加工逻辑描述工具

数据流图中的每个"处理"都用文字做了概括性的描述，但对于某些复杂的"处理"来说，只用文字说明可能存在含糊不清之处。此时，可采用一些加工逻辑描述工具来清楚地表达。常用的加工逻辑描述工具有结构化自然语言、判定树和判定表等。

(1) 结构化自然语言。结构化自然语言也称 PDL(Program Design Language)，是一种介于自然语言和程序设计语言之间的半形式化语言。它是在自然语言的基础上加上有限的词汇和有限的语句来描述加工逻辑。

结构化自然语言的词汇表包括数据字典中定义的数据元素、数据结构、数据流等名词，加上自然语言中有限的含义明确的执行性动词以及一些常用的运算符，包括算术、关系和逻辑运算符等。使用的语句仅限于简单的祈使语句、判断语句和循环语句以及由这三种语句组成的复合语句。下面是用结构化自然语言的语句表达处理商店业务

处理系统中"检查发货单"的例子。

```
IF   金额＞500 THEN
     IF   欠款＞60 天 THEN
          不发批准书
     ELSE
          发出批准书和发货单
     END IF
ELSE
     IF   欠款＞60 天   THEN
          发出批准书、发货单及赊欠报告
     ELSE
          发出批准书、发货单
     END IF
END IF
```

当所描述的算法中包含有多重判断组合时，如果结构化自然语言描述则会有多层嵌套，逻辑加工不直观，难于理解。此时，可用图形描述工具判定表或判定树来表示。

（2）判定表。判定表是表达条件和操作之间相互关系的一种规范的方法。一张判定表通常由四部分组成：左上部列出的是所有的条件，左下部为所有可能的操作，右上部分表示各种条件组合的一个矩阵，右下部分是对应于每种条件组合应有的操作。下面是"检查发货单"的判定表，如表 6-8 所示。

表 6-8   "检查发货单"判定表

		1	2	3	4
条件	发货单金额	＞500 元	＞500 元	≤500 元	≤500 元
	赊欠情况	＞60 天	≤60 天	＞60 天	≤60 天
操作	不发出批准书	√			
	发出批准书		√	√	√
	发出发货单		√	√	√
	发出赊欠报告			√	

（3）判定树。判定树是判定表的变种，能清晰地表达复杂的条件组合与对应的操作之间的关系，易于理解和使用。"检查发货单"的判定树表示，如图 6-37 所示。

检查发货单 { 金额＞500 元 { 欠款＞60 天——不发出批准书
                         欠款≤60 天——发出批准书、发货单 }
          金额≤500 元 { 欠款＞60 天——发出批准书、发货单及赊欠报告
                         欠款≤60 天——发出批准书、发货单 } } ＞500

图 6-37 "检查发货单"判定树

判定表和判定树只适合表达判断，不适合表达循环。若一个处理逻辑既包含了一

般顺序执行动作，又包含了判断或循环逻辑，则使用结构化自然语言比较好。

五、软件需求规格说明书

需求分析的结论是以软件需求规格说明书（Software Requirement Specification，SRS）的形式给出，它是需求分析任务的最终"产品"。需求规格说明书通过分配给软件的功能和性能，建立完整的数据描述、详细的功能和行为描述、性能需求和设计约束的说明、合适的检验标准，以及其他和需求相关的信息。需求规格说明书是客户与开发商之间的合同，是系统验收、开发和维护的基础，是软件工程项目最重要的一份文档。表 6-9 给出了国标 GB856-788 需求规格说明的内容框架。

表 6-9 需求规格说明文档标准

1.引言	4.功能需求
1.1 编写目的	4.1 功能划分
1.2 项目背景	4.2 功能描述
（单位和与其他系统的关系）	5.性能需求
1.3 定义	5.1 数据精确度
（专门术语和缩写词）	5.2 时间特性
2.任务概述	5.3 适应性
2.1 目标	6.运行需求
2.2 运行环境	6.1 用户界面
2.3 条件限制	6.2 硬件接口
3.数据描述	6.3 软件接口
3.1 静态数据	6.4 故障处理
3.2 动态数据	7.其他需求
3.3 数据库描述	（检测或验收标准、可用性、可维护性、可移植性、
3.4 数据字典	安全保密等）
3.5 数据采集	

（1）引言。陈述关于计划文档的背景和为什么需要该系统，解释系统是如何与其他系统协调工作的。

（2）任务概述。陈述软件的目标、运行环境和软件的范围等。

（3）数据描述。给出软件必须解决的问题的详细描述，并记录了信息内容和关系，输入/输出数据及结构。

（4）功能需求。给出解决问题所要的每个功能，包括每个功能的处理过程、设计约束等。

（5）性能需求。描述性能特征和约束，包括时间约束，适应性等。

（6）运行需求。给出交互的用户界面要求，与其他软件/硬件的接口，以及异常处理等。

（7）其他需求。给出系统维护性各个方面的要求。

6.3.3 结构化设计方法

需求分析阶段得到了软件的需求规格说明书，它明确地描述了用户要求软件系统

"做什么"的问题，即定义了系统的主要逻辑功能、数据以及数据间的联系，现在是决定"怎么做"的时候了，即建立一个符合用户需求的软件系统。软件开发进入软件设计阶段。

一、软件设计的基本概念

软件设计是一个把软件需求转化为软件表示的过程，即把分析结果加工为在程序细节上接近于源程序的软件表示（软件描述）。软件设计的目标是对将要实现的软件系统体系结构、系统的数据、系统模块间的接口，以及所采用的算法给出详尽的描述。

软件设计阶段通常分为两步：一是系统的总体设计或概要设计，它的任务是确定软件系统结构；二是系统的详细设计，即进行各模块内部的具体设计。软件设计方法有多种，如面向数据流分析 DFA（Data Flow Analysis）的设计，也称为结构化设计方法 SD（Structured Design），还有面向数据结构的设计，如 Jackson 方法（Jackson System Development，JSD）和逻辑的构造程序方法（Logically Constructed Program），本节采用结构化设计方法来介绍概要设计和详细设计。

二、概要设计

概要设计也称总体设计，任务是确定软件结构。采用结构化设计方法来设计结构，其目标是根据系统的需求分析资料确定软件应由哪些系统或模块组成，它们采用什么方式联结，接口如何，才能构成一个好的软件结构，如何用恰当的方法把设计结果表达出来。

结构化设计方法的基本思想是采用自顶向下的模块化设计方法，按照模块化原则和软件设计策略，将需求分析得到的数据流图，映射成由相对独立、单一功能的模块组成的软件结构。由于数据流图有两种：变换型和事务型，因此，将数据流图映射为软件结构也有两种方法，一种是以变换为中心的方法；另一种是以事务为中心的方法，分别得到变换型软件结构和事务型软件结构。

采用结构化方法设计的软件，由于模块之间是相对独立的。所以每个模块可以独立地被理解、编程、调试、排错和修改，从而使大型信息系统的开发工作得以简化，缩短了软件开发周期。模块的相对独立性能有效防止错误在模块之间蔓延，因而提高了系统的可靠性。

1. 概要设计的图形工具

在描述复杂的关系时，图形比文字叙述更加形象直观。下面简要介绍概要设计阶段常用的三种图形工具。

（1）层次图。层次图（也称 H 图）在概要设计中常用于描绘软件的层次结构。层次图中的每个方框代表一个模块，方框间的连线表示模块间的调用关系。

图 6-38 所示为层次图的一个例子，最顶层的方框代表正文加工系统的主控模块，它调用下层模块完成正文加工的全部功能；第二层的每个模块可以完成四种编辑功能中的任何一种。层次图很适合在自顶向下设计软件的过程中使用。

（2）HIPO 图。HIPO 图是由 IBM 公司发明的"层次图＋输入/处理/输出图"的英文缩写。它是由 H 图和 IPO 图两部分组成。

H 图是前面介绍的层次图，为了能使 HIPO 图具有可跟踪性，在 H 图里除了最顶层的方框外，其他方框都加了编号。编号规则如下：最顶层方框不编号，第一层中各模块的编号依次为 1.0,2.0,3.0,…，如果模块 2.0 还有下层模块，那么下层模块的编号依次为 2.1,2.2,2.3,…，如果模块 2.2 又有下层模块，则其下层模块的编号依次为 2.2.1,2.2.2,2.2.3,…，依此类推，如图 6-39 所示。

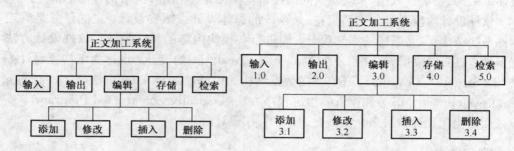

图 6-38　正文加工系统的层次图　　　　图 6-39　带编号的层次图（H 图）

与 H 图中的每个方框相对应，用一张 IPO 图描述该方框对应模块的处理过程。IPO 图使用简单的符号来描述数据输入、处理和输出的关系。它的基本形式是：在左边的框中列出的处理次序暗示了执行的顺序，在右边的框中列出产生的输出数据，用粗大箭头清楚地指出数据通信的情况。如图 6-40 所示为一个主文件更新的 IPO 图例子。

图 6-40　IPO 图示例

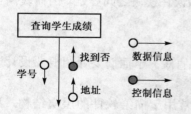

图 6-41　模块间传递信息的表示

值得强调的是，HIPO 图中的每张 IPO 图内都应该明显地标出它所描绘的模块在 H 图中的编号，以便跟踪了解这个模块在软件结构中的位置。

（3）软件结构图。软件结构图是精确表达系统内模块组织结构的图形工具。它清楚地反映出系统中各模块之间的相互联系，以及模块间的层次关系和调用关系。

结构图中的每个方框代表一个模块，框内注明模块的名字或主要功能；方框间的箭头（或直线）表示模块间的调用关系，图中位于上方的方框所代表的模块调用位于下方的方框所代表的模块，模块间传递的信息通常有两种：数据信息，用尾部带空心圆的箭头表示；控制信息，用尾部带实心圆的箭头表示。如图 6-41 所示。

除了上面介绍的最基本的结构图符号外，结构图中还有一些附加的符号，用来表示模块间调用的类型，即选择调用或循环调用。图 6-42 表示当模块 M 中某个判定为真时调用模块 A，当为假时调用模块 B。图 6-43 表示模块 M 循环调用模块 A、B 和 C。

图 6-42　判定为真时调用 A，为假时调用 B

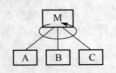

图 6-43　模块 M 循环调用模块 A、B、C

一个好的软件结构应该具有层次性，最高层模块只有一个，上层模块调用下层模块，同层模块互不调用，上层模块不能越层调用，最下层模块完成基本操作。如图 6-44 所示为软件结构示例图。在结构图中，最上层模块为第一层，第一层的直接下层模块为第二层，依次类推。模块的最大层次称为结构图的深度。同层模块的最大模块数称为结构图的宽度。一个模块直接控制

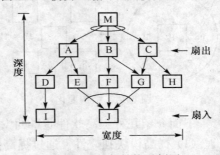

图 6-44　软件结构示例图

的下属模块的数目称为该模块的扇出，一个模块的扇入是指调用该模块的模块数。

2. 软件设计原理

结构化设计方法采用模块化原理进行软件结构的设计。模块化方法是早期自顶向下逐步求精的设计方法的进一步发展。

模块化就是把一个大型系统按规定划分成若干个独立的模块，每个模块完成一个子功能，如果划分出的子模块仍很复杂，再将其划分成若干个独立的子子模块。这些模块集成起来组成一个整体，可以完成指定的功能，实现问题的要求。模块是单独命名的可以通过名字访问的数据说明、可执行语句等程序对象的集合。例如，过程、函数、子程序、宏等都可作为模块。采用模块化原理可以使软件结构清晰，便于设计、阅读和理解，从而便于维护。

一个好的模块应该符合信息隐蔽和模块独立性原则。信息隐蔽是指一个模块内包含的信息（数据和代码）对于那些不需要这些信息的模块是不可访问的。信息隐蔽减少了错误在模块间传递的可能性。模块独立性是指软件系统中的每个模块只完成一个相对独立的子功能，且与其他模块间的接口简单。模块独立性可以用两个定性标准度量：内聚和耦合。内聚用于衡量一个模块内各组成部分之间彼此联系的紧密程度，联系越紧密内聚性越好；耦合是衡量不同模块间相互联系的紧密程度，联系越松散耦合性越好。各模块的高内聚意味着模块间的低耦合。结构化设计追求的目标是模块的高内聚和模块间的低耦合。

3. 软件结构设计原则

软件概要设计包括模块构成的程序结构和输入输出数据结构，其目标是产生一个模块化的程序结构，并明确模块间的控制关系，以及定义界面、说明程序的数据，进一步调整程序结构和数据结构。软件设计从需求分析开始，逐步分层地导出程序结构和数据结构。如图6-45所示。

同一问题可有多个解，如图6-46所示。提高模块的内聚程度，降低模块间的耦合程度是一个评价的标准。

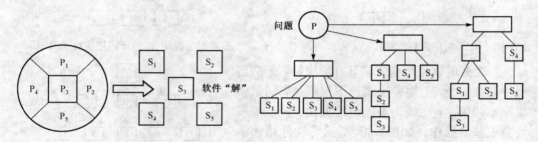

图6-45　结构变化　　　　　　　图6-46　同一问题的多种软件结构

下面介绍几种提高软件质量的设计原则。

(1) 提高模块独立性。通过提高模块的内聚，降低模块的耦合来达到。

(2) 模块规模应该适中。模块的大小应在一页纸内(不超过60行语句)，大了不易理解，小了不易表现功能。

(3) 模块的深度、宽度、扇出和扇入适当。模块的深度即层数过多应考虑是否有许多管理模块过分简单了，要适当合并。宽度越大，系统越复杂，对宽度影响最大的因素是模块的扇出。扇出过大，表明模块分解过细，需要控制和协调过多的下级模块，经验表明，当一个模块的扇出大于7时，出错率会急剧上升。因此，应适当增加中间层次的控制模块，扇出一般以3～5为宜。扇出过小的模块，可以考虑将其并入其上级模块中。当然，分解或合并模块应遵循模块独立性原则，并符合问题结构。

模块的扇入大表明模块复用性好，应适当加大模块的扇入。一个好的软件结构通常呈"腰鼓"形，顶层模块扇出大，中间模块扇出小，底层模块扇入大，但不必刻意追求。

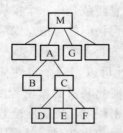

图6-47　模块的作用域和控制域

(4) 模块的作用域应该在控制域之内。模块的作用域定义为受该模块内一个判定影响的所有模块的集合。模块的控制域是该模块本身以及所有直接或间接从属于它的模块的集合。例如，如图6-47所示为模块A的控制域是模块A、B、C、D、E、F的集合。

在一个设计得好的系统中，所有受判定影响的模块都从属于做出判定的那个模块，最好局限于做出判定的那个模块本身及它的直属下级模块。例如，图6-47中如果模块 A 做出的判定只影响模块 B，则符合上述原则。但如果模块 A 做出的判定同时还影响模块 G 中的处理过程，又会有什么坏处呢？首先，这样的结构使得软件难于理解。其次，为了使得 A 中的判定能影响 G 中的处理过程，通常需要在 A 中设置一个标识以指示判定的结果，并且应该把这个标记传递给 A 和 G 的公共上级模块 M，再由 M 把它传给 G。这个标记是控制信息而不是数据，因此将使模块间出现控制耦合。

作用域是控制域的子集，一个方法是把做判定的点往上移。例如，把判定从模块 A 中移到模块 M 中；另一个方法是把那些在作用域内，但不在控制域内的模块移动到控制域内。例如，把模块 G 移到 A 的下面，成为它的直属下级模块。究竟采用那种方法，需视具体问题考虑，原则是能使软件结构更好的体现问题原来的结构。

（5）降低模块接口的复杂程度。模块接口复杂是软件发生错误的一个主要原因。应该仔细设计模块接口，使得信息传递简单并且和模块的功能一致。

（6）设计单入口和单出口模块。单入口模块容易理解，容易维护。

4. 面向数据流的设计方法

在软件需求分析阶段，用结构化分析方法得到了描述系统逻辑功能的数据流图，结构化设计就是要将数据流图映射为软件结构。通常所说的结构化设计方法就是面向数据流的设计方法。

根据基本系统模型，数据信息通常以"外部"信息形式进入软件系统，例如，键盘输入的数据、鼠标交互事件等，经过处理后再以"外部"信息的形式离开系统。根据数据的流动特点，数据流分为两种类型：变换型数据流和事务型数据流。相应的软件结构设计方法也有两种：变换流分析设计和事务流分析设计。它们的设计技术大同小异，主要是由数据流图到软件结构的映射方法有所差异。

（1）变换流分析设计。如图 6-48 所示，信息沿输入通路进入系统，并由外部形式变换成内部数据形式，这被标识为输入流。输入数据经过软件的加工处理，这被标识为变换流。通过变换处理后的数据，沿输出通道转换为外部形式"流"出软件，这被标识为输出流。当数据流图具有这些特征时，这种数据流就叫变换型数据流，简称变换流。

图 6-48　变换流模型

变换流分析设计的要点是分析数据流图，确定输入流、输出流边界，根据输入、变换、输出三个数据流分支将软件映射成一个标准的"树型"体系结构。

【例 6-10】 设计"统计输入文件中单词数目"的程序，数据流图如图 6-49 所示。

这是一个简单的、具有明显变换流特征的程序。首先读文件名，验证文件名的有效性；再对有效的文件进行"统计单词数"处理；单词的总数经过格式化处理，最后被送到"显示单词数"输出。

图 6-49　统计输入文件中单词数目的数据流图

经分析，该例的输入流边界、输出流边界如图 6-49 中黑底上的白色弧线所示，从而确定了输入、变换、输出数据流，软件可映射成如图 6-50 所示的三叉树型体系结构。

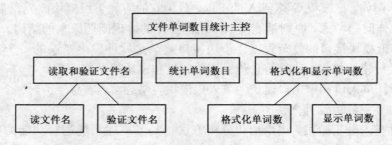

图 6-50　统计输入文件中单词数目的软件结构图

"读取和验证文件名"模块把验证标志传给"统计单词数目"模块。文件名若无效，打印错误信息退出系统；若有效，统计该文件的单词数目，然后传给"格式化和显示单词数"模块。"读取和验证文件名"及"格式化和显示单词数"模块具有通信内聚性，可分别把各自的功能进一步分解为下属模块功能。

然后对其进行结构优化，保证每个模块具有功能内聚性，各模块之间仅有数据耦合。最后给出各个模块的简要描述。

本例比较简单，只有一个输入流和一个输出流。一个软件系统往往具有多个输入流和多个输出流，此时应分别找出各个输入流和输出流的边界，即最高抽象点，然后分别连接这些输入流的最高抽象点和输出流的最高抽象点，分别形成输入边界和输出边界。

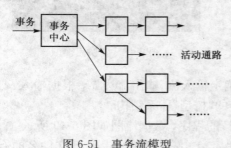

图 6-51　事务流模型

（2）事务流分析设计。基本系统模型隐含着所有的数据流都可以归为变换流这一类。但是，当数据流经过一个具有"事务中心"特征的数据处理时，它可根据事务类型从多条路径的数据流中选择一条活动通路。这种具有根据选择来处理事务特征的数据流，就是事务型数据流，简称事务流。如图 6-51 所示。

事务流分析设计是把事务流映射成包含一个输入分支和一个分类处理多个分支的软件结构。输入分支的映射方法与变换分析映射出输入结构的方法类似，即从事务中心的边界开始，把沿着接收流通路的处理映射成一个个模块。分类处理分支结构包含一个分类控制模块和它下层的各个动作模块。数据流图的每一个事务动作流路径应映射成与其自身的信息流特征相一致的结构。

【例 6-11】 设计"自动柜员机（ATM）业务"软件，数据流图如图 6-52 所示。

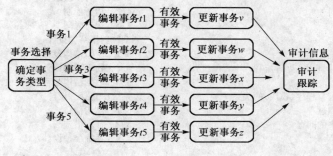

图 6-52 ATM 机的 DFD

ATM 机软件是一个典型的具有事务流特征的程序。用户将磁卡插入 ATM，输入密码验证后，机器会根据用户的选择操作，执行一系列业务服务，如存款、取款、查询等。

ATM 机系统结构应分解为事务分析器与事务调度器两部分。分析器确定事务类型，并将事务类型信息传给调度器，然后由调度器执行该项事务。事务操作部分可以逐步求精，直到给出最基本的操作细节。事务基本操作细节模块往往是被上层模块共享的，这部分结构模式往往被称为"瓮型"结构。如图 6-53 所示为 ATM 机软件结构设计方案。

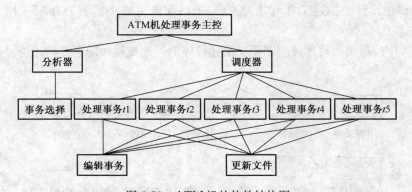

图 6-53 ATM 机的软件结构图

5. 设计规格说明

概要设计完成后，还要给出概要设计规格说明（Design Specification），为下一步的详细设计提供基础。根据国家标准 GB8567-88 的规定，概要设计主要内容如表 6-10 所示。

表 6-10　概要设计规格说明文档标准

1. 引言	3.2　外部接口
1.1　编写目的	3.3　内部接口
1.2　背景	4. 运行设计
1.3　定义	4.1　运行模块组合
1.4　参考资料	4.2　运行控制
2. 总体设计	4.3　运行时间
2.1　需求规定	5. 系统数据结构设计
2.2　运行环境	5.1　逻辑结构设计要点
2.3　基本设计概念和处理流程	5.2　物理结构设计要点
2.4　结构	5.3　数据结构与程序(模块)的关系
2.5　功能需求与程序(模块)的关系	6. 系统出错处理设计
2.6　人工处理过程	6.1　出错信息
2.7　尚未解决的问题	6.2　补救措施
3. 接口设计	6.3　系统维护设计
3.1　用户接口	

三、详细设计

详细设计的任务是为软件结构图中的每一个模块确定实现算法和局部数据结构，并用某种工具描述出来。结构化程序设计技术是软件详细设计的基础，而一个良好的描述工具是结构化程序设计的载体。

1. 结构化程序设计

结构化程序设计的理念是 20 世纪 60 年代，由 Dijkstra 等人提出并加以完善的。结构化程序一般只需用顺序结构、选择结构和循环结构三种基本的逻辑结构就能实现。

2. 详细设计工具

软件详细设计的描述工具可分为图形、表格和语言三类。下面介绍三种常用的详细设计描述工具。

（1）程序流程图。程序流程图用于描述程序的控制流程，其主要描述符号如图 6-54 所示。

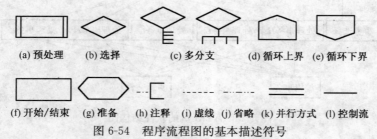

(a) 预处理　(b) 选择　(c) 多分支　(d) 循环上界　(e) 循环下界

(f) 开始/结束　(g) 准备　(h) 注释　(i) 虚线　(j) 省略　(k) 并行方式　(l) 控制流

图 6-54　程序流程图的基本描述符号

程序流程图的优点是直观，便于初学者掌握，缺点是控制流不带任何约束，可随意转移控制，使得过程的结构不清晰，不便于逐步求精。

（2）盒图（NS 图）。盒图是由 Nassi 和 Shneiderman 提出的，所以又称 NS 图，其基本描述符号，如图 6-55 所示。

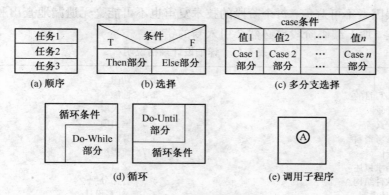

图 6-55　NS图基本描述符号

盒图很容易表示程序结构化的层次结构，确定局部和全局数据的作用域。由于没有转向箭头，因此不允许随意转移控制，使得程序结构较为清晰。

（3）PAD 图。问题分析图 PAD(Problem Analysis Diagram)是由日本日立公司发明的，已得到一定范围的推广。PAD 图是用二维树型结构的图示表示程序的控制流。如图 6-56 所示为 PAD 图的基本符号。

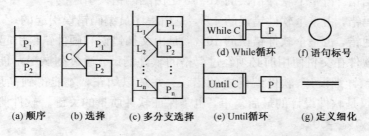

图 6-56　PAD图的基本描述符号

PAD 图结构清晰，图中竖线的条数就是程序的层次数。程序执行按照自上而下、从左向右的顺序遍历所有结点。PAD 图支持自顶向下、逐步求精方法，随着设计的深入，使 def 符号逐步增加细节，直至完成详细设计。此外，很容易将 PAD 图的描述翻译成程序代码，便于实现自动编码。

除了上述这三种工具外，还可以使用前面介绍的判定表、判定树和结构化自然语言 PDL 等描述工具。

3. 详细设计规格说明

详细设计阶段的文档是详细设计规格说明，它是程序工作过程的描述。根据国家标准 GB8567-88 的规定，详细设计规格说明书的主要内容，如表 6-11 所示。

6.3.4　软件测试

无论采用哪一种开发模型所开发出来的大型软件系统，由于客观系统的复杂性，人为的错误因素不可避免，每个阶段的技术复审也不可能毫无遗漏地查出和纠正所有的设计错误，加上编码阶段也必然会引入新的错误。

表 6-11　详细设计规格说明

1.引言	3.2　功能
1.1　编写目的	3.3　性能
1.2　背景	3.4　输入项
1.3　定义	3.5　输出项
1.4　参考资料	3.6　算法
2.总体设计	3.7　流程逻辑
2.1　需求概述	3.8　接口
2.2　软件结构	3.9　存储分配
3.程序设计说明	3.10　注释设计
对每个模块给出以下说明	3.11　限制条件
3.1　程序(模块)描述	3.12　测试计划

各种软件错误的出现比例为：

（1）功能错，占整个软件错误的 27%，是由需求分析设计不完整引起的；

（2）系统错，占整个软件错误的 16%，是由总体设计错误引起的；

（3）数据错，占整个软件错误的 10%，是由编码错误引起的；

（4）编码错，占整个软件错误的 4%，是由程序员编码错误引起的；

（5）其他错，占整个软件错误的 16%，是由文档错误和硬件错误引起的。

因此，软件在交付使用前必须经过严格的软件测试，通过测试尽可能找出软件计划、总体设计、详细设计、软件编码中的错误，并加以纠正，才能得到高质量的软件。软件测试不仅是软件设计的最后复审，也是保证软件质量的关键。软件测试工作量占开发总量的 40%~50%。

一、软件测试的目的与任务

软件测试的目的是确保软件的质量，尽量找出软件错误并加以纠正，而不是证明软件没有错。因此，软件测试的任务可以规定为两点。

（1）测试（Testing）任务。通过采用一定的测试策略，找出软件中的错误。

（2）调试（Debugging）任务，或称为纠错任务。如果测试到错误，则定位软件中的错误，加以纠正。

找错的活动称测试，纠错的活动称调试。软件测试和调试两大任务之间的流程关系，如图 6-57 所示。通常，每一次测试都需要为之准备若干个必要的测试数据，往往把用于测试过程的测试数据称为测试用例（Test Case）。

图 6-57　软件测试和调试的流程

测试和调试的流程实际是一个带回溯的线性有序过程，其中，不仅评价结果可能产生回溯，调试完成之后可能产生新一轮测试，甚至调试本身可能又包含了测试环节。

二、软件测试的准则

要做好软件测试，需要有某些原则和方法指导。下面是一些主要的测试准则：

（1）测试前要认定被测试软件有错，不要认为软件没有错；

（2）要尽量避免测试自己编写的程序；

（3）测试用例设计中，不仅要有确定的输入数据，而且要有确定预期输出的详尽数据；

（4）测试用例的设计不仅要有合理的输入数据，还要有不合理的输入数据；

（5）除了检查程序做了它应做的事之外，还要检查它是否做了不应做的事；

（6）程序中存在错误的概率与在该段程序中已发现的错误数成正比；

（7）测试是相对的，不能穷尽所有测试，要根据人力、物力安排测试，并选择好测试用例与测试方法；

（8）保留全部测试用例，留作测试报告和以后的反复测试用，重新验证纠错的程序是否有错。

三、软件测试技术与方法综述

1. 软件测试方法

软件测试方法可分为静态测试和动态测试两大类，每大类可以再细分成若干种，如图 6-58 所示。

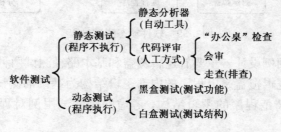

图 6-58　软件测试方法分类

（1）静态测试法。静态测试是不执行程序，主要以人工方式分析程序、发现错误。静态测试能测试程序的语法错误和结构性错误。

静态测试有自动方式的静态分析器和人工方式的代码评审。静态分析器是一个软件工具即静态分析程序。它不执行被测试的程序，仅仅扫描被测程序的正文，从中寻找可能导致错误的异常情况。如使用了一个未定义的变量。代码评审的任务是发现程序在结构、功能和编码风格等方面存在的问题和错误。组织良好的代码评审可发现 30%～70% 的设计编码错误。代码评审可以采用编程者自审（适合小规模代码审查）和组成高级技术小组会审、排查（较大规模代码审查）两种形式。

（2）动态测试法。动态测试是通过试运行程序来推断产品某个行为特性是否有错误。动态测试主要能测试程序的功能性错误和接口错误。

任何产品都可以使用以下两种方法进行动态测试：

① 如果已知产品的功能，则可以对它的每一个功能进行测试，看是否都达到了预期的要求；

② 如果已知产品的内部工作过程，则可以对它的每种内部操作进行测试，看是否符合设计要求。

其中，第一种方法是黑盒测试（Black Box Testing），第二种方法是白盒测试（White Box Testing）。黑盒测试时完全不考虑程序内部的结构和处理过程，只按照规格说明书的规定来检查程序是否符合要求。黑盒测试是在程序接口进行的测试。

白盒测试是将程序看作是一个透明的盒子，也就是说测试人员完全了解程序的内部结构和处理过程。所以测试时按照程序内部的逻辑测试程序，检验程序中的每条通路是否都能按预定的要求正确工作。

2. 软件测试技术

软件测试方法可以采用多种测试形式。这里主要讨论动态测试技术。

软件动态测试的详细过程如图 6-59 所示，其关键是设计和使用测试用例。软件测试用例的设计方法有两大类：白盒测试用例设计和黑盒测试用例设计。

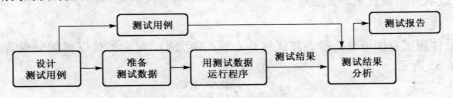

图 6-59 软件动态测试过程

（1）白盒测试用例设计。主要有逻辑覆盖和基本路径测试两种方法。

① 逻辑覆盖：逻辑覆盖是以程序的内部逻辑结构为基础的测试用例设计技术，它要求测试人员十分清楚程序的逻辑结构，考虑的是测试用例对程序内部逻辑覆盖的程度。

根据覆盖的目标，逻辑覆盖又可以分为：语句覆盖、判定覆盖、条件覆盖、判定/条件覆盖、路径覆盖。

语句覆盖就是设计足够的调试用例，使得程序中的每个语句至少执行一次；判定覆盖就是设计足够的测试用例，使得程序中每个判定的取"真"分支和取"假"分支至少都执行一次，判定覆盖又称为分支覆盖；条件覆盖就是设计足够的测试用例，使得程序判定中的每个条件都能获得最少一次的执行；判定/条件覆盖就是设计足够的测试用例，使得判定中的每个条件都取到各种可能的值，而且每个判定的所有可能取值分支至少执行一次；路径覆盖就是设计足够的测试用例，使程序中所有可能的路径都至少经历一次。

② 基本路径测试：基本路径测试的思想和步骤是，根据软件过程描述中的控制流程确定程序的环路复杂性度量，用此度量定义基本路径集合，并由此导出一组测试用例对每一条独立执行路径进行测试。

（2）黑盒测试用例设计。黑盒测试方法主要有等价类划分法、边界值分析法、错误推测法、因果图等。

等价类划分是一种实用的测试技术，与逻辑覆盖不同，使用等价类划分设计测试用例时，完全不需要考虑程序的内部逻辑结构，而主要依据程序的功能说明。穷尽测试是不可能实现的，实际上也是不必要的，我们可以从所有可能的输入数据中选择一个子集进行测试。如何选择这个子集，使得这个子集具有代表性，能尽可能多地发现程序中的错误，就是等价类划分法考虑的问题。该方法根据输入数据和输出数据的特点，将程序输入域划分成若干个部分（即若干等价类），即子集，然后从每个子集中选取具有代表性的数据作为测试用例。

人们在长期的测试中发现，程序往往在处理边界值的时候容易出错，例如数组的下标、循环的上下界等。针对这种情况设计测试用例的方法就是边界值分析方法。使用边界值分析方法设计测试用例时，首先要确定边界情况。通常，输入等价类和输出等价类的边界就是应该着重测试的程序边界情况。也就是说，应该选取恰好等于、小于和大于边界的值作为测试数据，而不是选取每个等价类内的典型值或任意值作为测试数据。边界值分析可以看作是对等价类划分的一个补充。在设计测试用例时，往往联合使用等价类划分和边界值分析这两种方法。

错误推测法的基本想法是，列举出程序中所有可能有的错误和容易发生错误的特殊情况，根据它们选择测试用例。例如，输入数据为零或输出数据为零的地方往往容易出错，各模块间对公有变量的引用也是容易出错的地方。

四、软件测试的实施

测试过程必须分步骤进行，每个步骤在逻辑上是前一个步骤的继续。大型软件系统通常由若干个子系统组成，每个系统又由许多模块组成。因此，大型软件系统的测试基本上由下述四个步骤组成：单元测试、集成测试、验收测试（确认测试）和系统测试，如图 6-60 所示。通过这些步骤的测试来验证软件是否合格，能否交付用户使用。

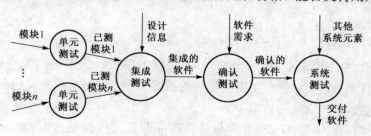

图 6-60　测试步骤

1. 单元测试

单元测试集中对软件设计的最小单位——模块进行测试，主要是为了发现模块内部可能存在的各种错误和不足。

进行单元测试时，根据程序的内部结构设计测试用例，主要使用白盒测试法。由于各模块间相对独立，因而对多个模块的测试可以并行进行，以提高测试效率。单元测试主要针对五个基本特性进行测试：模块接口、局部数据结构、重要的执行路径、出错处理和边界条件。

2. 集成测试

在单元测试完成后，要考虑将模块集成为系统的过程中可能出现的问题（例如，模块之间的通信和协调问题），所以在单元测试结束之后还要进行集成测试。这个步骤着重测试模块间的接口、子功能的组合是否达到了预期要求的功能、全局数据结构是否有问题等。

集成测试所涉及的内容包括软件单元的接口测试、全局数据结构测试、边界条件和非法输入的测试等。集成测试时，将各个模块组装成系统的方法有两种，即非增量组装方式和增量组装方式。

① 非增量组装方式是先分别对每个模块进行单元测试，再把所有模块按设计要求组装在一起进行测试，最终得到所要求的软件。

② 增量组装方式是把下一个要测试的模块同已经测试好的那些模块结合起来进行测试，测试完以后把再下一个应该测试的模块结合进来测试。这种方法实际上同时完成单元测试和集成测试。在使用增量组装方式时，常用的有自顶向下、自底向上、自顶向下与自底向上相结合三种方法。

3. 确认测试

集成测试通过后，应在用户的参与下进行确认测试。这个时候往往使用实际数据进行测试，从而验证系统是否能满足用户的实际需要。

4. 系统测试

系统测试是把通过确认测试的软件作为基于计算机系统的一个整体元素，与整个系统的其他元素结合起来，在实际运行环境下，对计算机系统进行一系列的集成测试和确认测试。

五、软件测试计划与测试分析报告

测试是软件生存周期中的一个独立的、关键的阶段。为了提高发现错误的概率，使测试能有计划地进行，就必须编制相应的测试文档。测试文档主要包括测试计划和测试分析报告。

根据国家标准 GB8567-88《计算机软件产品开发文件编制指南》和 GB9386-88《计算机软件测试文件编制规范》，测试计划和测试分析报告的主要内容如表 6-12、表 6-13所示。

表 6-12　测试计划主要内容

1. 引言
　1.1　编写目的
　1.2　背景
　1.3　定义
　1.4　参考资料
2. 计划
　2.1　软件说明
　2.2　测试内容
　2.3　测试 1(标识符)
　　2.3.1 进度安排
　　2.3.2 条件
　　　a. 设备
　　　b. 软件
　　　c. 人员
　　2.3.3 测试资料
　　　a. 有关本项任务的文件

　　　b. 被测试程序及所在的媒体
　　　c. 测试的输入和输出举例
　　　d. 有关控制此项测试的方法、过程的图表
　　2.3.4 测试培训
　2.4　测试 2(标识符)
3. 测试设计说明
　3.1　测试 1(标识符)
　　3.1.1 控制
　　3.1.2 输入
　　3.1.3 输出
　　3.1.4 过程
　3.2　测试 2(标识符)
4. 评价准则
　4.1　范围
　4.2　数据整理
　4.3　尺寸

表 6-13　测试分析报告的内容

1. 引言
　1.1　编写目的
　1.2　背景
　1.3　定义
　1.4　参考资料
2. 测试概要
3. 测试结果及发现
　3.1　测试 1(标识符)
　3.2　测试 2(标识符)
4. 对软件功能的结论
　4.1　功能 1(标识符)
　　4.1.1 能力

　　4.1.2 限制
　4.2　功能 2(标识符)
5. 分析摘要
　5.1　能力
　5.2　缺陷和限制
　5.3　建议
　　a. 各项修改可采用的修改方法
　　b. 各项修改的紧迫程度
　　c. 各项修改预计的工作量
　　d. 各项修改的负责人
　5.4　评价
6. 测度资源消耗

6.3.5　程序的调试

经过软件测试，暴露了程序中的错误，应当进一步诊断程序错误的准确位置，研究错误产生的原因，改正错误。因此，程序调试就是诊断和纠正程序错误的过程。目前，程序设计环境中提供了调试工具，如功能强大的交互式调试环境，断点打印转储和跟踪程序等调试工具。

程序调试可以分为静态调试和动态调试两种。静态调试主要通过人的思维来分析源程序代码和排错，是主要的调试手段。动态调试是静态调试的辅助，主要的调试方法有强行排错法、回溯法和原因排除法。

一、强行排错法

强行排错是目前使用较多但效率较低的一种调试方法。具体地说，通常有三种措施，即输出存储器内容、打印语句、自动调试工具。

二、回溯法

采用回溯法排错时，调试人员首先分析错误征兆，确定最先出现"症状"的位置，然后沿程序的控制流程人工往回追踪源程序代码，直到找到错误根源或确定错误产生的范围为止。实践证明，回溯法是一种可以成功用在小程序中的、很好的纠错方法。通过回溯，我们往往可以把错误范围缩小到程序中的一小段代码，仔细分析这段代码，不难确定出错的准确位置。但是，随着程序规模的扩大，回溯的路径数目越来越多，回溯法会变得很困难，以至于完全不可能实现。

三、原因排除法

原因排除法是通过演绎和归纳以及二分法来实现的。归纳法就是从线索(错误征兆)出发，通过分析这些线索之间的关系而找出故障的一种系统化的思考方法。演绎法从一般原理或前提出发，经过排除和精化的过程推导出结论。演绎法排错的过程是：测试人员首先列出所有可能出错的原因或假设，然后再用原始测试数据或新的测试，逐个排除不可能正确的假设，最后证明剩下的原因确实是错误的根源。二分法的基本思想是如果已知每个变量在程序中若干个关键点的正确值，则可以使用定值语句直接赋给变量正确的值，然后运行程序，如果结果正确，则证明程序的前半部分错误，反之则证明后半部分有错。

6.4 数据库技术基础

数据库技术是 20 世纪 60 年代末在文件系统基础上发展起来的数据管理新技术，是计算机科学的重要分支。经过四十多年的发展，现已经形成相当规模的理论体系和应用技术，不仅应用于事务处理，并且进一步应用到情报检索、人工智能、专家系统、计算机辅助设计等多个领域。本节介绍数据库技术的有关概念。

6.4.1 数据库的基本概念

数据库可以直观地理解为存放数据的仓库，只不过这个仓库是在计算机的大容量存储器中。数据库技术研究的问题就是如何科学地组织、存储和管理数据，如何高效地获取和处理数据。

一、基本概念

1. 数据和信息

数据是人们用于描述客观事物的物理符号。数据的种类很多，在日常生活中数据无处不在，如文字、图形、图像、声音等都是数据。

信息是数据中所包含的意义，是经过加工处理并对人类社会实践和生产活动产生决策影响的数据。不经过加工处理的数据只是一种原始材料，它的价值只是在于记录了客观世界的事实。只有经过提炼和加工，原始数据才能发生质的变化，给人们以新的知识和智慧。

数据与信息既有区别，又有联系。数据是表示信息的，但并非任何数据都能表示信息，信息只是加工处理后的数据，是数据所表达的内容；另一方面信息不随表示它的数据形式而改变，它是反映客观现实世界的知识，而数据则具有任意性，用不同的数据形式可以表示同样的信息。例如，一个城市的天气预报情况是一条信息，而描述该信息的数据形式可以是文字、图像或声音等。

2. 数据处理(Data Processing)

数据处理是指对各种形式的数据进行收集、存储、加工和传播的一系列活动的总和。其目的之一是从大量的、原始的数据中抽取、推导出对人们有价值的信息以作为行动和决策的依据；目的之二是为了借助计算机，科学地保存和管理复杂的、大量的数据，以便人们能够方便而充分地利用这些宝贵的信息资源。

例如，全体新生《大学计算机基础》的考试成绩记录了考生的考试情况(属于原始数据)，对考试成绩分班统计(属于数据处理)的结果，可以作为任课教师教学水平评价的依据之一(属于信息)；对考试成绩按不同的题型得分进行分类统计(属于数据处理)，可得出试题分布和难易程度的分析报告(属于信息)。

二、数据管理技术的发展

计算机对数据的管理是指对数据的组织、分类、编码、存储、检索和维护提供操作手段。随着计算机硬件、软件技术和计算机应用范围的发展，计算机数据管理的方式也在不断地改进，先后经历了人工管理阶段、文件系统阶段和数据库系统阶段。

1. 人工管理阶段

20 世纪 50 年代以前，计算机主要用于数值计算。当时的硬件状况是外存只有纸带、卡片、磁带，没有直接存取设备；软件状况是没有操作系统以及管理数据的软件。

人工管理阶段具有以下特点。

(1) 数据不保存。计算机主要用于科学计算，一般不需要保存数据。计算时将数据输入，计算后将结果数据输出。

(2) 没有专用的软件对数据进行管理。每个应用程序要包括存储结构、存取方法、输入输出方式等。存储结构改变时，应用程序必须改变，因而程序与数据不具有独立性。

(3) 只有程序概念，没有文件概念。数据的组织方式必须由程序员自行设计。

(4) 程序中要用到的数据直接写在程序代码里，一组数据一个程序，即数据是面向程序的，如图 6-61(a)所示。

2. 文件系统阶段

20 世纪 50 年代后期到 60 年代中期，计算机的应用范围逐渐扩大，大量地应用于管理中。这时在硬件上出现了磁鼓、磁盘等直接存取数据的存储设备；在软件方面，在操作系统中已经有了专门的数据管理软件，一般称为文件系统；处理方式上不仅有了文件批处理，而且能够联机实时处理。

文件系统阶段具有以下特点。

（1）数据可以长期保存。

（2）数据的独立性低。有专门的软件，即文件系统进行数据管理，程序和数据之间由软件提供的存取方法进行转换。但应用程序和数据之间的独立性较差，应用程序依赖于文件的存储结构，修改文件存储结构就要修改程序，应用程序是数据依赖的，即数据的物理表示方式和有关的存取技术都是在应用程序中要考虑和体现的。

（3）数据共享性差，数据冗余大。在文件系统中一个文件基本上对应于一个应用程序，即文件仍然是面向程序的，如图 6-61(b) 所示。

3. 数据库系统阶段

20 世纪 60 年代后期，计算机性能得到提高，更重要的是出现了大容量磁盘，存储容量大大增加且价格下降。在此基础上，有可能克服文件系统管理数据时的不足，而去满足和解决实际应用中多个用户、多个应用程序共享数据的要求，从而使数据能为尽可能多的应用程序服务，这就出现了数据库这样的数据管理技术，如图 6-61(c) 所示。

数据库的特点是数据不再只针对某一特定应用，而是面向全组织、具有整体的结构性、共享性高、冗余度小、具有较高的程序与数据间的独立性，并且实现了对数据进行统一的控制。数据库技术的应用使数据存储量猛增、用户增加，而且数据库技术的出现使数据处理系统的研制从围绕以加工数据的程序为中心转向围绕共享的数据来进行。

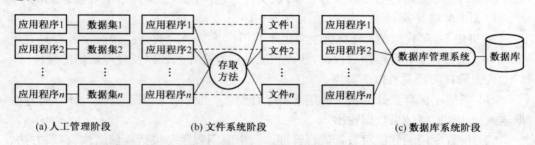

(a) 人工管理阶段　　　　　　(b) 文件系统阶段　　　　　　(c) 数据库系统阶段

图 6-61　各个数据管理阶段中应用程序和数据之间的对应关系

数据管理在数据库系统阶段，经历了层次数据库和网状数据库阶段，发展至 20 世纪 70 年代，又出现了关系数据库系统，并逐渐占据了数据库领域的主导地位。

目前，在关于数据库的诸多新技术中，面向对象数据库系统、知识库系统以及关系数据库系统的扩充是比较重要的三种。

三、数据库系统的组成

数据库系统(Database System，DBS)是指在计算机系统中引入数据库后的系统构成，是由数据库、数据库管理系统、应用程序、数据库管理员和用户等构成的人机系统，如图 6-62 所示。

1. 数据库(Database，DB)

收集并抽取一个应用所需要的大量数据之后，应将其保存起来以供进一步加工处

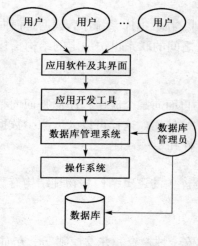

图 6-62　数据库系统的组成

理。保存方法有多种：人工保存、存放在文件里、存放在数据库里，其中数据库是存放数据的最佳场所。

所谓数据库就是数据的集合，是长期存储在计算机内的、有组织的、可共享的数据的集合。数据库中的数据按一定的数据模型组织、描述和存储，具有很小的冗余度、较高的数据独立性和易扩展性，可为各种用户共享。

2. 数据库管理系统

（Database Management System，DBMS）

数据库管理系统是位于用户与操作系统之间的一层数据管理软件，它是一种系统软件，负责数据库中的数据组织、操纵、维护、控制、保护和数据服务等，是数据库系统的核心。

3. 数据库管理员（Database Administrator，DBA）

数据库管理员是专门从事数据库建立、使用和维护的工作人员。

四、数据库系统的基本功能

1. 数据定义功能

DBMS 提供了数据定义语言，用户通过它可以方便地对数据库中的相关内容进行定义。例如，对数据库、表、索引进行定义。

2. 数据操纵功能

DBMS 提供了数据操纵语言，用户通过它可以实现对数据库的基本操作。例如，对表中数据的查询、插入、删除和修改。

3. 数据库运行控制功能

这是 DBMS 的核心部分，它包括并发控制（即处理多个用户同时使用某些数据时可能产生的问题）、安全性检查、完整性约束条件的检查和执行、数据库的内部维护（如索引的自动维护）等。所有数据库的操作都要在这些控制程序的统一管理下进行，以保证数据的安全性、完整性以及多个用户对数据库的并发使用。

4. 数据库的建立和维护功能

数据库的建立和维护功能包括数据库初始数据的输入和转换功能、数据库的转储和恢复功能、数据库的重新组织功能、性能监视和分析功能等，这些功能通常是由一些实用程序完成的。数据库的建立和维护是数据库管理系统的一个重要组成部分。

五、数据库系统的基本特点

数据库系统脱胎于文件系统，两者都以数据文件的形式组织数据，但数据库系统由于引入了 DBMS 管理，与文件系统相比具有以下的特点。

1.数据的结构化

数据结构化是数据库系统与文件系统的根本区别。在数据库系统中,数据是面向整体的,不但数据内部组织有一定的结构,而且数据之间的联系也按一定的结构描述出来,所以数据整体结构化。

2.数据的高共享性与低冗余性

数据库系统从整体角度看待和描述数据,数据不再面向某个应用程序而是面向整个系统。同一组基本记录,就可以被多个应用程序共享使用。这样可以大大减少数据冗余,节约存储空间,又能够避免数据之间的不相容性和不一致性。

3.数据的独立性高

通过数据库系统中的二级映像,使得程序与数据库中的逻辑结构和物理结构有高度的独立性。

4.数据的统一管理与控制

数据的统一管理与控制包括数据的完整性检查、安全性检查和并发控制三个方面。

DBMS能统一控制数据库的建立、运用和维护,使用户能方便地定义数据和操作数据,并能够保证数据的安全性、完整性、多用户对数据的并发使用及发生故障后的系统恢复。

6.4.2 数据模型

数据模型是数据特征的抽象,它是对数据库如何组织数据的一种模型化表示。计算机不可能直接处理现实世界中的具体事物,人们必须把具体事物转换成计算机能够处理的数据,因此人们用数据模型这个工具来抽象、表示和处理现实世界中的数据和信息。无论处理何种数据,都要先对数据建立模型,然后在此基础上进行处理。

根据模型应用的不同阶段,可以将模型分为两类。一类模型是概念模型,是按观点来对数据和信息建模,主要用于数据库设计。概念模型是不依赖于具体的计算机系统也不为某一种数据库管理系统支持的模型。另一类模型是数据模型,它是按计算机系统的观点对数据建模,主要用于数据库管理系统的实现。

数据库系统在实现的时候,人们先把现实的事物抽象成概念模型,然后再把概念模型转换为计算机上某一数据库管理系统支持的数据模型,其抽象过程如图6-63所示。

图 6-63　对象的抽象过程示意图

一、概念模型

概念模型实际上是现实世界到机器世界的一个中间层次，涉及以下几个主要概念。

1. 实体

现实世界客观存在并且可以相互区别的事物叫实体。实体可以是人，如一个教师、一个学生等，也可以指物，如一本书、一张桌子等。它不仅可以指实际的物体，还可以指抽象的事件，如一次借书、一次奖励等；它还可以指事物与事物之间的联系，如学生选课、客户订货等。

2. 属性与域

一个实体具有不同的属性，属性描述了实体某一方面的特性。例如，教师实体可以用教师编号、姓名、性别、出生日期、职称、基本工资、研究方向等属性来描述。每个属性可以取不同的值，称为属性值。属性的取值范围称为域。例如，性别属性的域为（男、女），月份属性的域为 1~12 的整数。属性是个变量，属性值是变量所取的值，而域是变量的变化范围。

3. 关键字

唯一标识实体的属性集称为关键字，也称为码。例如，学号是学生实体的关键字。

4. 实体型

实体名与其属性名的集合共同构成实体型。例如，学生（学号、姓名、年龄、性别、院系、年级）就构成一个实体型。

在关系数据库中，用"表"来表示同一类实体，即实体集，用"记录"来表示一个具体的实体，用"字段"来表示实体的属性。显然，字段的集合组成一个记录，记录的集合组成一个表，实体型则代表了表的结构。

5. 实体间的联系

实体之间的相互关系称为联系。例如，学生与老师之间存在着授课关系，学生与课程之间存在着选修关系。实体之间有各种各样的联系，归纳起来有三种类型。

（1）一对一联系(1:1)。如果对于实体集 A 中的每一个实体，实体集 B 中有且只有一个实体与之联系，反之亦然，则称实体集 A 与实体集 B 具有一对一联系。例如，一所学校只有一个校长，一个校长只在一所学校任职，校长与学校之间的联系是一对一的联系。

（2）一对多联系(1:n)。如果对于实体集 A 中的每一个实体，实体集 B 中有多个实体与之联系，反之，对于实体集 B 中的每一个实体，实体集 A 中至多只有一个实体与之联系，则称实体集 A 与实体集 B 有一对多的联系。例如，一所学校有许多学生，但一个学生只能就读于一所学校，所以学校和学生之间的联系是一对多的联系。

（3）多对多联系（m:n）。如果对于实体集 A 中的每一个实体，实体集 B 中有多个实体与之联系，而对于实体集 B 中的每一个实体，实体集 A 中也有多个实体与之联系，则称实体集 A 与实体集 B 之间有多对多的联系。例如，一个读者可以借阅多种图书，任何一种图书可以为多个读者借阅，所以读者和图书之间的联系是多对多的联系。

6. E-R 模型

在描述现实世界中的实体之间的关系时，经常使用一个工具——E-R 图，或称为 E-R 模型。E-R 模型是 P. P. S. Chen 在 1976 年提出的，它提供了表示实体型、属性和联系的方法。上述三种实体间的联系可表示为如图 6-64、图 6-65 和图 6-66 所示。

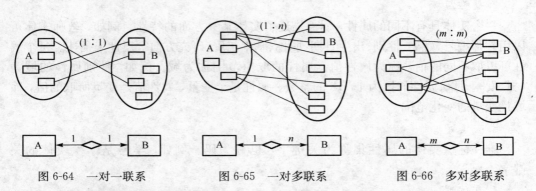

图 6-64　一对一联系　　　　图 6-65　一对多联系　　　　图 6-66　多对多联系

E-R 模型将现实世界的要求，转化为实体、联系、属性等几个基本概念以及它们之间的基本连接关系，并且用图非常直观地表示出来。在 E-R 图中，用矩形框表示实体类型，用椭圆表示实体或联系的属性，属性与实体之间用实线相连，用菱形框表示实体间的联系类型，用箭头标出并注上联系的种类，多值属性用虚椭圆标出，如图 6-67 所示。

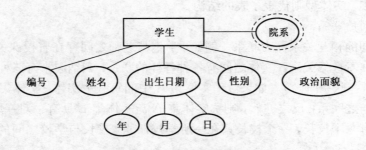

图 6-67　实体类型与属性

E-R 模型是一个很好的、描述现实事物的方法。一般遇到实际问题时，总是先设计一个 E-R 模型，然后再把 E-R 模型转换成与 DBMS 关联的数据模型，如层次、网状或关系模型。

二、数据模型

数据模型的主要任务一是指出数据的构造，即如何表示数据，指出要研究的是什么实体，包含哪些属性；二是确定数据间的联系，主要是实体间的联系。

在数据库系统中，常用的数据模型有层次模型、网状模型和关系模型三种。

1. 层次模型

层次模型将现实世界的实体彼此之间抽象成一种自上而下的层次关系，是使用树型结构表示实体与实体间联系的模型。例如，可用层次模型描述一个学校的组织情况，如图 6-68 所示。

2. 网状模型

现实世界中的有些问题，可能不符合层次模型的要求，例如，在讨论学校中教师、学生和开设课程这类问题时，可以使用如图 6-69 所示的网状模型来描述。

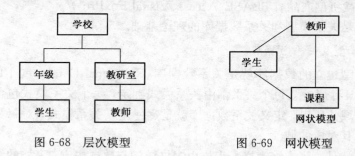

图 6-68　层次模型　　　　　　图 6-69　网状模型

3. 关系模型

在现实生活中，表达数据之间关联性的最常用、最直观的方法就是将它们制作成各式各样的表格，这些表格通俗易懂，如表 6-14 所示的就是一个描述学生基本信息的二维表。

关系模型是将数据组织成二维表的形式，通过一张二维表来描述实体的属性，描述实体间联系的数据模型。

表 6-14　学生基本情况表

学号	姓名	性别	出生年月
1	吴迪	男	1980-02-28
2	张杨	男	1981-06-07
3	李子凡	女	1982-11-17
4	舒舍予	男	1980-05-01
5	高大全	男	1980-11-06

在数据库系统中，满足下列条件的二维表称为关系模型：

（1）每一列中的分量是类型相同的数据；

（2）列的顺序可以是任意的；

（3）行的顺序可以是任意的；

（4）表中的分量是不可再分割的最小数据项，即表中不允许有子表；

（5）表中的任意两行不能完全相同。

关系模型和网状模型、层次模型的最大差别是用关键码而不是用指针导航数据。表格简单，用户易懂，用户只需要用简单的查询语句就可以对数据库进行操作，并不涉及存储结构、访问技术等细节。关系模型是数学化的模型，要用到集合论、离散数学等知识。SQL 语言是关系数据库的代表性语言，现已得到广泛的应用。

6.4.3　关系代数

关系数据库系统是支持关系数据模型的数据库系统，虽然关系模型比层次模型和网状模型出现得晚，但是因为它建立在严格的数学理论基础上，所以是目前十分流行的一种数据模型。典型的关系数据库管理系统产品有 DB2、Oracle、Sybase、SQL Server、Informix，微机型产品有 dBASE、Access、Visual FoxPro 等。

关系代数是关系模型和关系数据库的理论基础。

一、关系模型及关系数据库

以关系模型建立的数据库就是关系数据库（Relational Database，RDB）。关系数据库中包含若干个关系，每个关系都由关系模式确定，每个关系模式包含若干个属性和属性对应的域。所以，定义关系数据库就是逐一定义关系模式，对每一关系模式逐一定义属性及其对应的域。

一个关系就是一张二维表格。表格由表格结构与数据构成，表格的结构对应关系模式，表格每一列对应关系模式的一个属性，该列的数据类型和取值范围就是该属性的域。因此，定义了表格就定义了对应的关系。

在 Microsoft Access 中，与关系数据库对应的是数据库文件（.mdb）。一个数据库文件包含若干个表，表由表结构与若干个数据记录组成，表结构对应关系模式。每个记录由若干个字段构成，字段对应关系模式的属性，字段的数据类型和取值范围对应属性的域。

下面看一个关系模型的实际例子："学生—选课—课程"关系模型。

设有"学生管理"数据库，其中有"学生"、"课程"和"选课"三个表，如图 6-70 所示。约定一个学生可以选修多门课，一门课也可以被多个学生选修，所以学生和课程之间的联系是多对多的联系。通过"选课"表把多对多的关系分解为两个一对多关系，"选课"表在这里起一种纽带的作用，有时称作"纽带表"。

二、关系代数

在关系数据库中查询用户所需数据时，需要对关系进行一定的运算。关系代数是一种抽象的查询语言，它是用对关系的运算来表达查询的。

关系代数的运算主要分为传统的集合运算和专门的关系运算两类。前者将关系看成元组的集合，其运算是从关系的"水平"方向即行的角度来进行的；后者的运算不仅涉及行而且涉及列。

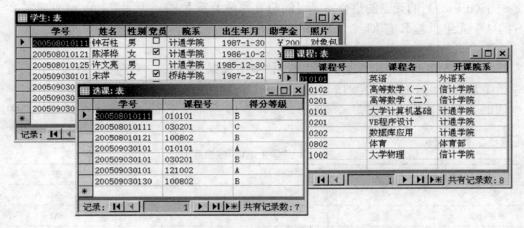

图 6-70 "学生管理"数据库中的三个表

1. 传统的集合运算

传统的集合运算是二目运算。设关系 R 和关系 S 具有相同的目 n，即关系 R 和关系 S 有 n 个属性，且相应的属性取自同一个域，则可以定义以下四种运算。

① 并(Union)。关系 R 和关系 S 的并记做 R∪S，由属于 R 或属于 S 的元组组成，结果仍为 n 目关系。

② 差(Difference)。关系 R 和关系 S 的差记做 R−S，由属于 R 而不属于 S 的元组组成，结果仍为 n 目关系。

③ 交(Intersection)。关系 R 和关系 S 的交记做 R∩S，由属于 R 且属于 S 的元组组成，结果仍为 n 目关系。

如表 6-15 所示为两个三目关系 R 和 S，以及两者之间的上述三种传统的集合运算结果。

表 6-15　关系 R 和 S 及其三种传统的集合运算

A	B	C
a1	b1	c1
a1	b2	c2
a2	b2	c1

(a)关系 R

A	B	C
a1	b2	c2
a1	b3	c2
a2	b2	c1

(b)关系 S

A	B	C
a1	b1	c1
a1	b2	c2
a2	b2	c1
a1	b3	c2

(c)R∪S

A	B	C
a1	b1	c1

(d)R−S

A	B	C
a1	b2	c2
a2	b2	c1

(e)R∩S

④ 广义笛卡儿积。两个分别为 n 目和 m 目的关系 R 和 S 的广义笛卡儿积 R×S

是一个(n+m)列的元组的集合。元组的前 n 列是关系 R 的一个元组,后 m 列是关系 S 的一个元组。若 R 有 k1 个元组,S 有 k2 个元组,则 R×S 有 k1×k2 个元组。

2.专门的关系运算

在介绍专门的关系运算之前,先给出"学生选课"数据库,它包括三个关系(表):学生关系 S(学号,姓名,性别,年龄,班级),课程关系 C(课程号,课程名,系别),学生选课关系 SC(学号,课程号,等级),如表 6-16 所示。下面的例子将在这些关系中进行。

表 6-16 "学生选课"数据库

学号	姓名	性别	年龄	班级
S1	李燕	女	20	99881
S2	吴迪	男	19	04651
S3	贝宁	男	21	04263
S4	赵冰	女	18	02471

(a)学生关系 S

课程号	课程名	系列
C1	电路基础	物理
C2	数据结构	计算机
C3	概率统计	数学

(b)课程关系 C

学号	课程号	等级
S1	C1	A
S1	C3	B
S2	C1	B
S2	C2	A
S2	C3	B
S3	C1	C
S3	C2	A
S4	C3	C

(c)学生选课关系 SC

(1)选择(Selection)。选择运算是从关系中查找符合指定条件元组的操作,以逻辑表达式指定选择条件,选择运算将选取使逻辑表达式为真的所有元组。选择运算的结果构成关系的一个子集,是关系中的部分元组,其关系模式不变。

选择运算是从二维表格中选取若干行组成新的关系,在表中则是选取若干个记录的操作。

【例 6-12】 从学生关系 S 中选取所有女生。运算结果如表 6-17(a)所示。

（2）投影（Projection）。投影运算是从关系中选取若干个属性的操作，或换言之，投影运算是从关系中选取若干属性形成一个新的关系。

【例 6-13】 选取学生关系 S 中的所有姓名和班级。运算结果如表 6-17(b)所示。

可以看出，选择运算是在一个关系中进行水平方向的选择，选取的是满足条件的整个元组；投影运算是在一个关系中进行的垂直选择，选取关系中元组的某几列的值。投影运算的结果可能出现内容完全相同的元组，在结果关系中应将重复元组去掉。

表 6-17 选择与投影运算

学号	姓名	性别	年龄	班级
S1	李燕	女	20	99881
S4	赵冰	女	18	02471

(a)选择运算结果

姓名	班级
李燕	99881
吴迪	04651
贝宁	04263
赵冰	02471

(b)投影运算结果

（3）连接（Join）。连接是将两个二维表格中的若干列按同名等值的条件拼接成一个新二维表格的操作，在表中则是将两个表的若干字段按指定条件（通常是同名等值）拼接生成一个新的表。

一般的连接操作是从行的角度进行运算，但自然连接还要取消重复列，所以是同时从行和列的角度进行运算的。

【例 6-14】 关系 R 和关系 S 的值以及 R＞＜S(R 和 S 的自然连接)的结果如表 6-18 所示。

表 6-18 自然连接的例子

A	B	C
a1	b1	3
a1	b1	5
a2	b2	2
a3	b1	8

(a)关系 R

B	C	D
b1	3	d1
b2	4	d2
b2	2	d1
b1	8	d2

(b)关系 S

A	B	C	D
a1	b1	3	d1
a2	b2	2	d1
a3	b1	8	d2

(c)R＞＜S

用关系代数运算可完成对数据的检索、删除和插入操作，如要进行修改可先删除再插入新的元组。因此，以关系代数运算为基础的数据语言可以实现人们对数据库的所有查询和更新操作。

三、关系的完整性约束

关系完整性是为保证数据库中数据的正确性和相容性，而对关系模型提出的某种约束条件或规则。完整性通常包括实体完整性、参照完整性和用户定义完整性（又称域完整性），其中实体完整性和参照完整性是关系模型必须满足的完整性约束条件。

1. 实体完整性

实体完整性规则要求"关系中记录关键字的字段不能为空，不同记录的关键字、字段值也不能相同，否则，关键字就失去了唯一标识记录的作用"。

如"学生"表将学号作为主关键字，那么，该列不得有空值，否则无法对应某个具体的学生，这样的表格不完整，对应关系不符合实体完整性规则的约束条件。

2. 参照完整性

参照完整性规则要求"关系中不引用不存在的实体"。

例如，在"学生管理"数据库中，"学号"是学生关系的主关键字，如果将"选课"表作为参照关系，"学生"表作为被参照关系，以"学号"作为两个关系进行关联的属性，则"学号"是选课关系的外部关键字。选课关系通过外部关键字"学号"参照学生关系，如图 6-71 所示。在参照关系选课中所出现的学号值（外键），必须是被参照关系学生中存在的学号（主键）。

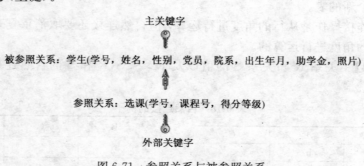

主关键字

被参照关系：学生(学号，姓名，性别，党员，院系，出生年月，助学金，照片)

参照关系：选课(学号，课程号，得分等级)

外部关键字

图 6-71　参照关系与被参照关系

3. 用户定义完整性

实体完整性和参照完整性适用于任何关系型数据库系统，它主要是针对关系的主关键字和外部关键字取值必须有效而做出的约束。用户定义完整性则是根据应用环境的要求和实际的需要，对某一具体应用所涉及的数据提出约束性条件。这一约束机制一般不应由应用程序提供，而应由关系模型提供定义并检验。用户定义完整性主要包括字段有效性约束和记录有效性约束。如对选课关系中的"得分等级"字段的取值范围规定，只能取 A、B、C 之间的值。

6.4.4　数据库设计与管理

　　数据库设计要与整个数据库应用系统的设计开发结合起来进行，它包括需求分析、概念结构设计、逻辑结构设计、物理结构设计、数据库实施、数据库运行和维护六个阶段。

　　一、需求分析

　　需求分析的任务是通过详细调查现实世界要处理的对象(组织、部门、企业等)，充分了解原系统(手工系统或计算机系统)的工作概况，明确用户的各种需求，然后在此基础上确定新系统的功能。新系统必须充分考虑今后可能的扩充和改变，不能仅按当前应用需求来设计数据库。这里的重点是对建立数据库的必要性及可行性进行分析和研究，确定数据库在整个数据库应用系统中的地位以及各个数据库之间的关系。

　　数据库的使用，特别是大型数据库的使用对技术人员、管理人员、最终用户所具备的计算机素质都有比较高的要求，对数据的采集及管理活动的规范化也有比较高的要求，对计算机及其网络环境的软、硬件配置也有比较高的要求。根据具体应用，对选用什么样的数据库管理系统及其相应的软、硬件配置要进行认真的分析和研究。

　　确定了怎样建立数据库系统之后，要分析待开发系统的基本功能，确定数据库支持的范围，考虑是建立一个综合的数据库，还是建立若干个专门的数据库。对于规模比较小的应用系统可以建立一个综合数据库，对于大型应用系统来说建立一个支持系统所有功能的综合数据库难度比较大、效率也不高，比较好的方式是建立若干个专门的数据库，需要时可以将多个数据库连接起来，满足实际功能的需要。

　　二、概念结构设计

　　将需求分析阶段得到的用户需求抽象为反映现实世界信息需求的数据库概念结构(概念模式)就是概念结构设计。

　　概念结构有以下一些特点：

　　(1) 能真实、充分地反映现实世界；

　　(2) 易于理解，因而可以以此为基础和不熟悉数据库专业知识的用户交换意见；

　　(3) 当应用环境和用户需求发生变化时，很容易实现对概念结构的修改和完善。

　　(4) 易于转换成关系、层次、网状等各种数据模型。

　　概念结构从现实世界抽象而来，又是各种数据模型的共同基础，实际上它是现实世界与逻辑结构(机器世界)之间的一个过渡，最常用的一种表示方法就是 E-R 图。

　　三、逻辑结构设计

　　逻辑结构设计就是把概念结构设计阶段的 E-R 图转换成与具体的数据库管理系统产品所支持的数据模型相一致的逻辑结构。例如，当所使用的数据库管理系统是关系型数据库时，逻辑结构设计所包括的两个步骤为：将 E-R 图转换为关系模型和对关系模型进行优化。

四、物理结构设计

数据库在实际的物理设备上的存储结构和存取方法称为数据库的物理结构。对于设计好的逻辑模型来说，选择一个最符合应用要求的物理结构就是数据库的物理结构设计。物理结构设计依赖于给定的硬件环境和数据库产品。

各个实际的数据库管理系统所提供的进行物理设计的方法、手段差别比较大，设计人员要认真了解所选用的 DBMS，设计出合理的物理结构。

五、数据库实施

数据库实施阶段的工作就是根据逻辑结构设计和物理结构设计的结果，在选用的 DBMS 上建立起数据库。具体有如下三项工作。

（1）建立数据库的结构。以逻辑结构设计和物理结构设计的结果为依据，用 DBMS 的数据定义语言书写数据库结构定义源程序，调试、执行源程序后就完成了对数据库结构的建立。

（2）载入实验数据并测试应用程序。实验数据可以是部分实际数据，也可以是模拟数据，应使实验数据尽可能覆盖各种可能的实际情况，可以通过运行应用程序或测试系统的性能指标来完成。如不符合，是程序的问题则修改程序，是数据库的问题则修改数据库设计。

（3）载入全部实际数据并试运行应用程序，发现问题则做相应处理。

六、数据库运行和维护

数据库经过试运行后就可以投入实际运行了。但是，由于应用环境在不断变化，对数据库设计进行评价、调整、修改等维护工作是一项长期的任务，也是设计工作的继续和提高。

在数据库运行阶段，对数据库经常性的维护工作主要由数据库管理员完成，主要工作包括数据库的转储和恢复、数据库的安全性和完整性控制的监督和分析、数据库的重组织和重构造等。

第7章 搜索引擎

1990年,加拿大麦吉尔大学(University of McGill)计算机学院的师生开发出 Archie。当时,万维网(WWW)还没有出现,人们通过 FTP 来共享交流资源。Archie 能定期搜集并分析 FTP 服务器上的文件名信息,提供查找分别在各个 FTP 主机中的文件。用户必须输入精确的文件名进行搜索,Archie 告诉用户哪个 FTP 服务器能下载该文件。虽然 Archie 搜集的信息资源不是网页(HTML 文件),但与搜索引擎的基本工作方式是一样的:自动搜集信息资源,建立索引,提供检索服务。所以,Archie 被公认为现代搜索引擎的鼻祖。

7.1 搜索引擎概述

各个搜索引擎的网站图标搜索引擎(search engine)是指根据一定的策略、运用特定的计算机程序搜集互联网上的信息,对信息进行组织和处理,并将处理后的信息显示给用户,是为用户提供检索服务的系统。

7.1.1 搜索引擎分类

一、全文索引

全文搜索引擎是名副其实的搜索引擎,国外代表有 Google,国内则有著名的百度搜索。它们从互联网提取各个网站的信息(以网页文字为主),建立起数据库,并能检索与用户查询条件相匹配的记录,按一定的排列顺序返回结果。

根据搜索结果来源的不同,全文搜索引擎可分为两类:一类拥有自己的检索程序(Indexer),俗称"蜘蛛"(Spider)程序或"机器人"(Robot)程序,能自建网页数据库,搜索结果直接从自身的数据库中调用,上面提到的 Google 和百度就属于此类;另一类则是租用其他搜索引擎的数据库,并按自定的格式排列搜索结果,如 Lycos 搜索引擎。

二、目录索引

目录索引虽然有搜索功能,但严格意义上不能称为真正的搜索引擎,只是按目录分类的网站链接列表而已。用户完全可以按照分类目录找到所需要的信息,而不依靠关键词(Keywords)进行查询。目录索引中最具代表性的莫过于大名鼎鼎的 Yahoo、新浪分类目录搜索。

三、元搜索引擎

元搜索引擎(META Search Engine)接受用户查询请求后,同时在多个搜索引擎上搜索，并将结果返回给用户。著名的元搜索引擎有 InfoSpace、Dogpile、Vivisimo 等，中文元搜索引擎中具代表性的是搜星搜索引擎。在搜索结果排列方面，有的直接按来源排列搜索结果，如 Dogpile;有的则按自定的规则将结果重新排列组合，如 Vivisimo。

除以上方式以外，还有其他非主流搜索引擎形式。

集合式搜索引擎:类似元搜索引擎，区别在于它并非同时调用多个搜索引擎进行搜索，而是由用户从提供的若干搜索引擎中选择，如 HotBot 在 2002 年底推出的搜索引擎。

门户搜索引擎:AOL Search、MSN Search 等虽然提供搜索服务，但自身既没有分类目录也没有网页数据库，其搜索结果完全来自其他搜索引擎。

免费链接列表(Free For All Links，FFA):一般只简单地滚动链接条目，少部分有简单的分类目录，不过规模要比 Yahoo 等目录索引小很多。

7.1.2 搜索引擎工作原理

一、抓取网页

每个独立的搜索引擎都有自己的网页抓取程序(Spider)。Spider 顺着网页中的超链接，连续地抓取网页。被抓取的网页被称为网页快照。由于互联网中超链接的应用很普遍，理论上，从一定范围的网页出发，就能搜集到绝大多数的网页。

二、处理网页

搜索引擎抓到网页后，还要做大量的预处理工作，才能提供检索服务，最重要的就是提取关键词、建立索引文件。其他还包括去除重复网页、分析超链接、计算网页的重要度。

三、提供检索服务

用户输入关键词进行检索，搜索引擎从索引数据库中找到匹配该关键词的网页;为了用户便于判断，除了网页标题和 URL 外，还会提供一段来自网页的摘要以及其他信息。

7.2 常用的搜索引擎

7.2.1 常用中文的搜索引擎

(1) Google:http://www.google.com.hk

Google 是目前世界上最优秀的支持多语种的搜索引擎之一，它的主要特点是容量大和查询准确。Google 目录收录了 10 亿多个网址，这些网站的内容涉猎广泛，无所不有。Google 擅长为常见查询找出最准确的搜索结果，单击【手气不错】按钮会直接进入最符合搜索条件的网站，省时又方便。利用 Google 存储网页的快照的功能，当存有网页的服务器暂时出现故障时仍可浏览该网页的内容。

（2）百度：http://www.baidu.com/

百度，2000年1月创立于北京中关村。百度在中文互联网拥有优势，是世界上最大的中文搜索引擎。对重要中文网页实现每天更新，用户通过百度搜索引擎可以搜到世界上最新、最全的中文信息。百度在中国各地分布的服务器，能直接从最近的服务器上，把所搜索信息返回给当地用户，使用户享受极快的搜索传输速度。

（3）雅虎：http://www.yahoo.com/

Yahoo是世界上最著名的目录搜索引擎。雅虎中国于1999年9月正式开通，是雅虎在全球的第20个网站。Yahoo目录是一个Web资源的导航指南，包括14个主题大类的内容。

（4）网易：http://www.youdao.com/

网易于2006年12月推出的独立技术中文搜索引擎——有道搜索，是业内第一家推出了网页预览和即时提示功能的中文搜索引擎。目前，有道搜索已推出的产品包括网页搜索、图片搜索、音乐搜索、新闻搜索、购物搜索、海量词典、博客搜索、地图搜索、视频搜索、有道工具栏、有道音乐盒、有道阅读，有道快贴等。在中文搜索领域的多项创新，以及网易十年来的互联网服务经验和优势资源支持下，有道成为中文互联网用户快捷易用的搜索新选择。

（5）搜狐：http://search.sohu.com

搜狐于1998年推出中国首家大型分类查询搜索引擎，到现在已经发展成为中国最具影响力的分类搜索引擎。每日页面浏览量超过800万，可以查找网站、网页、新闻、网址、软件、黄页等信息。

（6）新浪：http://search.sina.com.cn

新浪是互联网上规模最大的中文搜索引擎之一，设大类目录18个，子目录1万多个，收录网站20余万，提供网站、中文网页、英文网页、新闻、汉英辞典、软件、沪深行情、游戏等多种资源的查询。

（7）搜狗：http://www.sogou.com/

搜狗是搜狐公司于2004年8月3日推出的完全自主技术开发的全球首个第三代互动式中文搜索引擎，是一个具有独立域名的专业搜索网站。搜狗以一种人工智能的新算法，分析和理解用户可能的查询意图，给予多个主题的"搜索提示"，在用户查询和搜索引擎返回结果的人机交互过程中，引导用户更快速、准确地定位自己所关注的内容，帮助用户快速找到相关搜索结果，并可在用户搜索冲浪时给用户未曾意识到的主题提示。

（8）Bing（必应）：http://bing.com.cn/

Bing.com是一款微软公司推出的用以取代Live Search的搜索引擎。微软CEO史蒂夫·鲍尔默（Steve Ballmer）于2009年5月28日在《华尔街日报》于圣迭戈（San Diego）举办的"All Things D"公布，简体中文版Bing已于2009年6月1日正式对外开放访问。微软方面声称，此款搜索引擎将以全新姿态面世，将带来新革命，中文名称被定为"必应"，即"有求必应"的寓意。

（9）中国搜索：http://www.zhongsou.com

中国搜索（原慧聪搜索）2002 年正式进入中文搜索引擎市场，主要功能包括：桌面搜索、个性化定制新闻专题、行业资讯、对接即时通（IMU）、自写短信功能、智能搜索（按照用户天气预报设置的城市，在目标城市范围内进行搜索）。中国搜索目前提供网页、新闻、行业、网站、Mp3、图片、购物、地图等搜索，其中行业搜索较有特色。

7.2.2 常用的外文搜索引擎

（1）Yahoo：http://www.yahoo.com

Yahoo 有英、中、日、韩、法、德、意、西班牙、丹麦等十余种语言版本，各版本的内容互不相同。提供类目、网站及全文检索功能。目录分类比较合理，层次深，类目设置好，网站提要严格清楚，但部分网站无提要。其网站收录丰富，检索结果精确度较高，有相关网页和新闻的查询链接；全文检索由 Inktomi 支持；有高级检索方式，支持逻辑查询，可限时间查询；设有新站、酷站目录。

（2）AltaVista：http://www.altavista.com/

AltaVista 有英文版和其他几种西文版，提供纯文字版搜索，提供全文检索功能，并有较细致的分类目录。其网页收录极其丰富，有英、中、日等 25 种文字的网页；搜索首页不支持中文关键词搜索，但有支持中文关键词搜索的页面；能识别大小写和专用名词，且支持逻辑条件限制查询。AltaVista 高级检索功能较强，提供检索新闻、讨论组、图形、MP3/音频、视频等检索服务以及进入频道区（zones），对诸如健康、新闻、旅游等类进行专题检索；有英语与其他语言的双向在线翻译等服务；有可过滤搜索结果中有关毒品、色情等不健康的内容的"家庭过滤器"功能。

（3）Excite：http://www.excite.com/

Excite 是一个基于概念性的搜索引擎，在搜索时不只搜索用户输入的关键字，还可通过"智能性"地推断用户要查找的相关内容进行搜索；除美国站点外，还有中国及法国、德国、意大利、英国等多个站点；查询时支持英、中、日、法、德、意等 11 种文字的关键字；提供类目、网站、全文及新闻检索功能。其目录分类接近日常生活，细致明晰，网站收录丰富；网站提要清楚完整；搜索结果数量多，精确度较高；有高级检索功能，支持逻辑条件限制查询（AND 及 OR 搜索）。

（4）InfoSeek：http://www.infoseek.com（http://infoseek.go.com/）

InfoSeek 提供全文检索功能，并有较细致的分类目录，还可搜索图像。其网页收录极其丰富，以西文为主，支持简体和繁体中文检索，但中文网页收录较少；查询时能够识别大小写和成语，且支持逻辑条件限制查询（AND、OR、NOT 等）；高级检索功能较强，另有字典、事件查询、黄页、股票报价等多种服务。

（5）Lycos：http://www.lycos.com

Lycos 是多功能搜索引擎，提供类目、网站、图像及声音文件等多种检索功能。其目录分类规范细致，类目设置较好，网站归类较准确，提要简明扼要，收录丰富；搜索结果精确度较高，尤其是搜索图像和声音文件上的功能很强；有高级检索功能，支持逻辑条件限制查询。

（6）AOL：http://search.aol.com/

AOL 提供类目检索、网站检索、白页（人名）查询、黄页查询、工作查询等多种功能。其目录分类细致，网站收录丰富，搜索结果有网站提要，按照精确度排序，方便用户得到所需结果；支持布尔操作符，包括 AND、OR、AND NOT、ADJ 和 NEAR 等；有高级检索功能，有一些选项，可针对用户要求在相应范围内进行检索。

（7）HotBot：http://hotbot.lycos.com/

HotBot 提供有详细类目的分类索引，网站收录丰富，搜索速度较快；有功能较强的高级搜索，提供多种语言的搜索功能，以及时间、地域等限制性条件的选择等；提供有音乐、黄页、白页（人名）、E-mail 地址、讨论组、公路线路图、股票报价、工作与简历、新闻标题、FTP 检索等专类搜索服务。

7.3　搜索引擎的使用技巧

7.3.1　搜索习惯问题

一、在类别中搜索

许多搜索引擎（如 Yahoo）都显示类别，如计算机和 Internet、商业和经济。如果单击其中一个类别，再使用搜索引擎，可以选择搜索当前类别。在类别中搜索，在一个特定类别下进行搜索所耗费的时间较少，而且能够避免大量无关的 Web 站点。

二、使用具体的关键字

如果想要搜索以鸟为主题的 Web 站点，可以在搜索引擎中输入关键字"bird"。但是，搜索引擎会因此返回大量无关信息，如谈论高尔夫的"小鸟球（birdie）"等网页。为了避免这种问题的出现，请使用更为具体的关键字，如"ornithology"（鸟类学，动物学的一个分支）。由此可见，所提供的关键字越具体，搜索引擎返回无关 Web 站点的可能性就越小。

三、使用多个关键字

比如，想了解北京旅游方面的信息，就输入"北京 旅游"这样才能获取与北京旅游有关的信息；如果想了解北京暂住证方面的信息，可以输入"北京 暂住证"进行搜索；如果要下载名叫"绿袖子"的 MP3，就输入"绿袖子 下载"来搜索。

例如，如果想要搜索有关佛罗里达州迈阿密市的信息，则输入两个关键字"Miami"和"Florida"。如果只输入其中一个关键字，搜索引擎就会返回诸如 Miami Dolphins 足球队或 Florida Marlins 棒球队的无关信息。一般而言，提供的关键字越多，搜索引擎返回的结果越精确。

7.3.2 搜索语法问题

一、基本的搜索语法

专业的搜索引擎一般都会实现一个搜索语法，基本的搜索语法有以下逻辑运算符：

(1) 与(＋、空格)：查询词必须出现在搜索结果中；

(2) 或(OR、|)：搜索结果可以包括运算符两边的任意一个查询词；

(3) 非(一)：要求搜索结果中不含特定查询词。

例如，搜索"干洗 AND 连锁"（AND 可以用空格代替），将返回以干洗连锁为主题的 Web 网页。如果想搜索所有包含"干洗"或"连锁"的 Web 网页，只需输入这样的关键字"干洗 OR 连锁"（OR 可以用"|"代替，百度中使用"|"比较准），搜索会返回与干洗有关或者与连锁有关的 Web 站点。

又如，搜索"射雕英雄传"，希望得到的是关于武侠小说方面的内容，却发现很多关于电视剧方面的网页。那么就可以这样查询"射雕英雄传 一电视剧"。用减号语法可以去除所有这些含有特定关键词的网页。要注意的是：前一个关键词和减号之间必须有空格，否则减号会被当成连字符处理，而失去减号语法的功能。减号和后一个关键词之间有无空格均可。

二、把搜索范围限定在网页标题中——intitle

网页标题通常是对网页内容提纲挈领式的归纳。把查询内容范围限定在网页标题中，有时能获得良好的效果。使用的方式是把查询内容中特别关键的部分用"intitle："修饰。

例如，找刘谦的魔术，就可以这样查询"魔术 intitle:刘谦"。**注意**："intitle:"和后面的关键词之间不要有空格。

三、把搜索范围限定在特定站点中——site

有时候，如果知道某个站点中有自己需要找的东西，就可以把搜索范围限定在这个站点中，以提高查询效率。使用的方式是在查询内容的后面加上"site:站点域名"。

例如，要从天空软件站查询 QQ 聊天工具的下载，可以这样查询"qq site:skycn.com"。**注意**："site:"后面跟的站点域名不要有"http://"；另外，"site:"和站点名之间不要有空格。

site 语法的另一个用处是查看一个网站被搜索引擎收录的情况，如通过 site:search.rayli.com.cn 可以看出 Google 中收录了多少条瑞丽搜索的信息。这些信息对于搜索引擎优化(SEO)是有参考价值的。

四、把搜索范围限定在 URL 链接中——inurl

网页 URL 中的某些信息常常具有某种有价值的含义。如果对搜索结果的 URL 做某种限定，就可以获得良好的效果。实现的方式是用"inurl:"后跟需要在 URL 中出现的关键词。

例如，查找关于 Word 的使用技巧，可以这样查询"Word inurl:jiqiao"。上面这个查询串中的"Word"可以出现在网页中的任何位置，而"jiqiao"则必须出现在网页 URL 中。**注意：**"inurl:"和后面所跟的关键词之间不要有空格。

五、精确匹配——双引号和书名号

如果输入的查询词很长，搜索引擎在经过分析后，给出搜索结果中的查询词可能是拆分的。如果对这种情况不满意，可以让搜索引擎不拆分查询词。给查询词加上双引号，就可以达到这种效果。

例如，搜索"北方民族大学文史学院"，如果不加双引号，搜索结果被拆分，效果不是很好，加上双引号后，即搜索"北方民族大学文史学院"，获得的结果就全是符合要求的了。

书名号是中文搜索独有的一个特殊查询语法。在有些搜索引擎中，书名号会被忽略，而在百度、Google 等搜索中，中文书名号是可被查询的。加上书名号的查询词有两层特殊功能：一是书名号会出现在搜索结果中；二是在书名号中的内容不会被拆分。书名号在某些情况下特别有用，如查名字很通俗和常用的那些电影或者小说。比如，搜索电影《手机》，如果不加书名号，很多情况下搜出来的是通信工具——手机，而加上书名号后，搜索《手机》的结果就都是关于电影方面的了。

六、搜索特定文件类型中的关键词——filetype

以"filetype:"语法来对搜索对象做限制，冒号后是文档格式，如 PDF、DOC、XLS 等。例如，"旅游 filetype:pdf"的搜索结果将返回包含旅游的 PDF 格式的文档。注意 filetype 与关键词之间必须有空格。

7.3.3　一些常见错误

一、错别字

经常发生的一种错误是输入的关键词含有错别字。每当你觉得某种内容在网络上应该有不少却搜索不到结果时，就应该先查一下是否有错别字。

二、关键词太常见

搜索引擎对常见词的搜索存在缺陷，因为这些词曝光率太高了，以至于出现在成百万网页中，使得它们事实上不能被用来帮你找到什么有用的内容。比如，搜索"电话"，有无数网站提供跟"电话"相关的信息，从网上黄页到电话零售商到个人电话号码都有。所以当搜索结果太多太乱的时候，应该尝试使用更多的关键词或者减号来搜索。

三、多义词

要小心使用多义词，如搜索"Java"，你要找的信息究竟是太平洋上的一个岛、一种著名的咖啡，还是一种计算机语言？搜索引擎是不能理解辨别多义词的。最好的解决办法是，在搜索之前先问自己这个问题，然后用短语、用多个关键词或者用其他词语来代替多义词作为搜索的关键词。比如，用"爪哇 印尼"、"爪哇 咖啡"、"Java 语言"分别搜索可以满足不同的需求。

四、不会输关键词，想要什么输什么

搜索失败的另一个常见原因是类似这样的搜索："当爱已成往事歌词"、"南方都市报发行情况"、"广州到武汉列车时刻表"。其实搜索引擎是很机械的，用关键词搜索的时候，它只会把含有这个关键词的网页找出来，而不管网页上的内容是什么。

而问题在于，没有一个网页上会含有"当爱已成往事歌词"和"广州到武汉列车时刻表"这样的关键词，所以搜索引擎也找不到这样的网页。但是真正含有你想找的内容的网页，应该含有的关键词是"当爱已成往事"、"歌词"，"广州"、"武汉"、"列车时刻表"，所以应该这样搜索："当爱已成往事 歌词"、"南方都市报 发行"、"广州 武汉 列车时刻表"。

当搜索结果太少甚至没有的时候，应该输入更简单的关键词来搜索，猜测你找的网页中可能含有的关键词，然后用那些关键词搜索。

7.4　百度搜索引擎的使用

在 IE 浏览器的地址栏输入百度网站的网址"http://www.baidu.com"，按 Enter 键，进入百度搜索网站的首页，如图 7-1 所示。

图 7-1　百度首页

7.4.1　基本搜索

一、搜索很简单

只要在搜索框中输入关键词，并单击【百度一下】按钮，百度就会自动找出相关的网站和资料。百度会寻找所有符合全部查询条件的资料，并把最相关的网站或资料排在前列。

小技巧：输入关键词后，可直接按键盘上的回车键（即 Enter 键），百度也会自动找出相关的网站或资料。

二、用好关键词

关键词，就是输入搜索框中的文字，也就是命令百度寻找的东西。可以命令百度寻找任何内容，所以关键词的内容可以是人名、网站、新闻、小说、软件、游戏、星座、工作、购物、论文……

关键词可以是任何中文、英文、数字，或中文英文数字的混合体。例如，可以搜索"大话西游"、"windows"、"911"、"F-4 赛车"。

关键词可以是一个，也可以是两个、三个、四个词语，甚至可以是一句话。例如，可以搜索"爱"、"风景"、"电影"、"过关 攻略 技巧"、"这次第，怎一个愁字了得！"。

注意：多个关键词之间必须有一个空格。

（1）使用准确的关键词。百度搜索引擎要求"一字不差"。例如：分别输入［张宇］和［张雨］，搜索结果是不同的；分别输入［电脑］和［计算机］，搜索结果也是不同的。因此，若对搜索结果不满意，建议检查输入文字有无错误，并换用不同的关键词搜索。

（2）输入多个关键词搜索，可以获得更精确更丰富的搜索结果。例如，搜索"北京 暂住证"，可以找到几万篇资料。而搜索"北京暂住证"，则只有严格含有"北京暂住证"连续 5 个字的网页才能被找出来，不但找到的资料只有几百篇，资料的准确性也比前者差得多。

因此，当要查的关键词较为冗长时，建议将它拆成几个关键词来搜索，词与词之间用空格隔开。多数情况下，输入两个关键词搜索，就已经有很好的搜索结果。

7.4.2　百度网页搜索特色

一、百度快照

百度快照是百度网站最具魅力和实用价值的一个方面。

百度搜索引擎已先预览各网站，拍下网页的快照，为用户存储大量应急网页。百度快照功能在百度的服务器上保存了几乎所有网站的大部分页面，使用户在不能链接所需网站时，百度为用户暂存的网页也可救急，而且通过百度快照寻找资料要比常规链接的速度快得多。主要是因为：

（1）百度快照的服务稳定，下载速度极快，不会再受死链接或网络堵塞的影响；

（2）在快照中，关键词均已用不同颜色在网页中标明，一目了然；

（3）单击快照中的关键词，还可以直接跳到它在文中首次出现的位置，使用户浏览网页更方便。

二、相关检索

如果无法确定输入什么关键词才能找到满意的资料，百度相关检索可以提供帮助。

可以先输入一个简单词语搜索，百度搜索引擎会提供"其他用户搜索过的相关搜索词"作参考。单击任何一个相关搜索词，都能得到那个相关搜索词的搜索结果。

三、拼音提示

如果只知道某个词的发音，却不知道怎么写，或者嫌某个词拼写输入太麻烦，可以输入查询词的汉语拼音，百度就能把最符合要求的对应汉字提示出来。它事实上是一个无比强大的拼音输入法。拼音提示显示在搜索结果上方，如输入"liqingzhao"，提示如下"您要找的是不是：李清照"。

四、错别字提示

由于汉字输入法的局限性，我们在搜索时经常会输入一些错别字，导致搜索结果不佳。这时百度会给出错别字纠正提示。错别字提示显示在搜索结果上方。如，输入"唐醋排骨"，提示如下"您要找的是不是：糖醋排骨"。

五、英汉互译词典

百度网页搜索内嵌英汉互译词典功能。如果想查询英文单词或词组的解释，可以在搜索框中输入想查询的"英文单词或词组"＋"是什么意思"，搜索结果第一条就是英汉词典的解释，如"received 是什么意思"；如果想查询某个汉字或词语的英文翻译，可以在搜索框中输入想查询的"汉字或词语"＋"的英语"，搜索结果第一条就是汉英词典的解释，如"龙的英语"。另外，也可以通过单击搜索框右上方的"词典"链接，到百度词典中查看想要的词典解释。

六、计算器和度量衡转换

百度网页搜索内嵌的计算器功能，能快速高效的解决我们的计算需求。只需简单的在搜索框内输入计算式，回车即可。如可以查看到这个复杂计算式的结果："log $((sin(5))^3)$？ 5＋pi"。

注意：如果要搜的是含有数学计算式的网页，而不是做数学计算，单击搜索结果上的表达式链接，就可以达到目的。

在百度的搜索框中，也可以做度量衡转换。格式为"换算数量换算前单位＝？换算后单位"，如"5 摄氏度＝？华氏度"。

七、专业文档搜索

很多有价值的资料，在互联网上并非是普通的网页，而是以 Word、PowerPoint、PDF 等格式存在。百度支持对 Office 文档（包括 Word、Excel、Powerpoint）、Adobe PDF 文档、RTF 文档进行全文搜索。要搜索这类文档很简单，在普通的查询词后面加一个"filetype:"文档类型限定。"Filetype:"后可以跟以下文件格式：DOC、XLS、PPT、PDF、RTF、ALL。其中，ALL 表示搜索所有这些文件类型。例如，查找张五常关于交易费用方面的经济学论文，"交易费用 张五常 filetype：doc"，单击结果标题，直接下载该文档，也可以单击标题后的"HTML 版"快速查看该文档的网页格式内容。

也可以通过"百度文档搜索"界面（http：//file. baidu. com/），直接使用专业文档搜索功能。

八、高级搜索语法。

（1）减除无关资料。有时候，排除含有某些词语的资料有利于缩小查询范围。百度支持"-"功能，用于有目的地删除某些无关网页，但减号之前必须有一个空格，语法是"A－B"。例如，要搜寻关于"言情小说"，但不含"琼瑶"的资料，可使用如下查询"言情小说 －琼瑶"。

（2）并行搜索。使用"A ｜ B"来搜索"或者包含关键词 A，或者包含关键词 B"的网页。

例如，要查询"风情"或"壁画"相关资料，无须分两次查询，只要输入"风情｜壁画"搜索即可，百度会提供跟"｜"前后任何关键词相关的网站和资料。

（3）在指定网站内搜索。在一个网址前加"site："，可以限制只搜索某个具体网站、网站频道或某域名内的网页。例如，"intel site：com. cn"表示在域名以"com. cn"结尾的网站内搜索和"intel"相关的资料。

（4）在标题中搜索。在一个或几个关键词前加"intitle："，可以限制只搜索网页标题中含有这些关键词的网页。例如，"intitle：维生素 C"表示搜索标题中含有关键词"维生素 C"的网页。

（5）在 url 中搜索。在"inurl："后加 URL 中的文字，可以限制只搜索 URL 中含有这些文字的网页。例如，"inurl：mp3"表示搜索 URL 中含有"mp3"的网页。

九、高级搜索

如果希望更准确地利用百度进行搜索，又不熟悉繁杂的搜索语法，可以使用百度高级搜索功能。使用高级搜索可以更轻松地定义要搜索的网页的时间、地区，语言、关键词出现的位置及关键词之间的逻辑关系等。高级搜索功能将使百度搜索引擎功能更完善，使用百度搜索引擎查找信息也将更加准确、快捷。

十、个性设置

可以自己设置在使用百度时的搜索结果是显示 10 条、20 条还是 50 条，是喜欢在新窗口打开网页还是在同一窗口打开，是否在百度网页搜索结果中显示相关的新闻等。当完成个性设置后，下次再次进入百度进行搜索时，百度会按照所设置偏好提供个性化百度搜索。

7.4.3 其他功能

（1）新闻搜索。百度新闻（news. baidu. com）不含任何人工编辑成分，没有新闻偏见，真实地反映每时每刻的新闻热点，突出新闻的客观性和完整性。每天发布 150000～

160000 条，365 天，7×24 小时，每 1 小时的每 1 分钟，永不休息，风雨无阻。

（2）MP3 搜索。百度 MP3 搜索（mp3. baidu. com）是百度在天天更新的数十亿中文网页中提取 MP3 链接从而建立的庞大 MP3 歌曲链接库。百度 MP3 搜索拥有自动验证链接有效性的卓越功能，总是把最优的链接排在前列，最大化保证用户的搜索体验。只需输入关键词，就可以搜到各种版本的相关 MP3。

（3）图片搜索。百度图片搜索（image. baidu. com）是世界上最大的中文图片搜索引擎，百度从数十亿中文网页中提取各类图片，建立了世界第一的中文图片库。目前为止，百度图片搜索引擎可检索图片已经近亿张。只需输入关键词，就可以搜到各种图片。

（4）百度搜索伴侣。百度搜索伴侣是最新一代的互联网冲浪方式。它使 IE 浏览器地址栏增加百度搜索引擎功能，用户无须登录 Baidu 网站，直接利用浏览器地址栏，可快速访问相关网站，或快速获得百度搜索结果。

（5）百度搜霸。百度搜霸工具条将安装于 IE 浏览器的工具列内，让用户在访问互联网上任何网站时，随时使用百度搜索引擎轻松查找，提供的功能有站内搜索、新闻搜索、图片搜索、MP3 搜索、Flash 搜索、关键词高亮、页面找词、自动屏蔽弹出窗口等。

7.5　Google 搜索引擎

目前，Google 中文简体的网址为 www. google. com. hk，其首页如图 7-2 所示。

图 7-2　Google 中文（简体）首页

7.5.1 基本搜索

Google 的首页很清爽，LOGO 下面，排列了六大功能模块：网页、图片、视频、地图、资讯、音乐。默认是网站搜索。在搜索框中输入一个关键字"教育"，选中"搜索简体中文网页"选项，然后单击下面的【Google 搜索】按钮（或者直接按回车键），结果就出来了。

注意：文中搜索语法外面的引号仅起引用作用，不能带入搜索栏内。

【手气不错】按钮自动将用户带到 Google 推荐的网页，无须查看其他结果，省时方便。

例如，要查找清华大学，只需输入"清华大学"，再单击【手气不错】按钮，Google就直接带用户到"http://www.tsinghua.edu.cn/"——清华大学的主页。

一、关键词搜索技巧

1. 搜索结果要求包含两个及两个以上关键词

一般搜索引擎需要在多个关键字之间加上空格。现在，我们需要了解一下计算机的教育问题，因此期望搜得的网页上有"教育"和"计算机"两个关键词。

示例：搜索所有包含关键词"教育"和"计算机"的中文网页。

搜索：教育 计算机。用了两个关键字，查询结果已经减少许多。

2. 搜索结果要求不包含某些特定信息

Google 用减号"-"表示逻辑"非"操作。"A -B"表示搜索包含 A 但没有 B 的网页。

示例：搜索所有包含"教育"但不含"计算机"的中文网页。

搜索：教育（空格）-计算机。**注意**：这里的"-"，是英文字符，而不是中文字符的"-"。

3. 或运算

Google 用大写的"OR"表示逻辑"或"操作。搜索"A OR B"，意思就是说，搜索的网页中，要么有 A，要么有 B，要么同时有 A 和 B。

示例：搜索如下网页，要求必须含有"教育"和"计算机"，没有"文化"，可以含有以下关键字中人任何一个或者多个："Archie"、"蜘蛛"、"Lycos"、"Yahoo"。

搜索：教育 OR 计算机。**注意**："与"操作必须用大写的"OR"，而不是小写的"or"。

上面的例子中介绍了搜索引擎最基本的语法"与""非"和"或"，这三种搜索语法，Google 分别用" "（空格）、"-"和"OR"表示。

二、杂项语法

1. 通配符问题

很多搜索引擎支持通配符号，如" * "代表一连串字符，"?"代表单个字符等。Google 对通配符支持有限，目前只可以用" * "来替代单个字符，如"以 * 治国"表示搜索第一个为"以"，后面两个为"治国"的四字短语，中间的" * "可以为任何字符。

2.关键词的字母大小写

Google 对英文字符大小写不敏感，"GOD"和"god"搜索的结果是一样的。

3.搜索整个短语或者句子

Google 的关键字可以是单词（中间没有空格），也可以是短语（中间有空格）。但是，用短语做关键词，必须加英文引号，否则空格会被当作"与"操作符。

示例：搜索关于第一次世界大战的英文信息。

搜索："world war I"。

4.搜索引擎忽略的字符以及强制搜索

Google 对一些网路上出现频率极高的英文单词，如"i"、"com"、"www"等，以及一些符号如"＊"、"."等，作忽略处理。

示例：搜索关于 www 起源的一些历史资料。

搜索：www 的历史 internet

结果：由于"www"、"的"等字词因为使用过于频繁，没有被列入搜索范围。我们看到，搜索"www 的历史 internet"，但搜索引擎把"www"和"的"都省略了。于是上述搜索只搜索了"历史"和"internet"。

解决方法：如果要对忽略的关键字进行强制搜索，则需要在该关键字前加上明文的"＋"，如搜索"＋www ＋的历史 internet"。

另一个强制搜索的方法是把上述关键字用英文双引号引起来。如搜索：""www 的历史"internet"，这一搜索事实上把"www 的历史"作为完整的一个关键字。包含这样一个特定短语的网页并不是很多，不过每一项都很符合要求。

注意：大部分常用英文符号（如问号，句号，逗号等）无法成为搜索关键字，加强制搜索也不行。

7.5.2 进阶搜索

上面已经探讨了 Google 的一些最基础搜索语法。通常，这些简单的搜索语法已经能解决绝大部分问题了。不过，如果想更迅速更贴切找到需要的信息，还需要了解更多的东西。

一、对搜索的网站进行限制

"site"表示搜索结果局限于某个具体网站或者网站频道，如"www. sohu. com"或者是某个域名，如"com. cn"、"com"等。如果是要排除某网站或者域名范围内的页面，只需用"-网站/域名"。

示例 1：搜索除了中国教育和科研计算机网上所有关于教育的页面。

搜索：教育 －www. edu. cn。

示例 2：搜索中国教育和科研计算机网（edu. cn）上关于教育的页面。

搜索：教育 site：www. edu. cn。

注意：site 后的冒号为英文字符，而且冒号后不能有空格，否则"site："将被作为一个搜索的关键字。此外，网站域名不能有"http：//"前缀，也不能有任何"/"的目录后缀；网站频道则只局限于"频道名．域名"方式，而不能是"域名/频道名"方式。

二、在某一类文件中查找信息

"filetype："是 Google 开发的非常强大实用的一个搜索语法。也就是说，Google不仅能搜索一般的文字页面，还能对某些文档进行检索。目前，Google 已经能检索微软的 Office 文档，如：．xls、．ppt、．doc，．rtf，WordPerfect 文档，Lotus1-2-3 文档，Adobe 的．pdf 文档，ShockWave 的．swf 文档（Flash 动画）等。

示例：搜索几个关于教育的 Office 文档。

搜索：教育 filetype：doc OR filetype：ppt

注意：下载的 Office 文件可能含有宏病毒，谨慎操作。

三、搜索所有链接到某个 URL 地址的网页

如果你拥有一个个人网站，估计很想知道有多少人对你的网站作了链接。而"link"语法就能迅速达到这个目的。

示例：搜索所有含指向华军软件园"www．newhua．com"链接的网页。

搜索：link：www．newhua．com。

结果：搜索有链接到 www．newhua．com 的网页。

注意："link"不能与其他语法相混合操作，"link："后面即使有空格，也将被 Google 忽略。

四、查找与某个页面结构内容相似的页面

"related"用来搜索结构内容方面相似的网页。如搜索所有与中文新浪网主页相似的页面（如网易首页，搜狐首页，雅虎首页等），"related：www．sina．com．cn/index．shtml"。

五、从 Google 服务器上缓存页面中查询信息

"cache"用来搜索 Google 服务器上某页面的缓存，通常用于查找某些已经被删除的死链接网页，相当于使用普通搜索结果页面中的"网页快照"功能。

7.5.3 高级搜索

通常，只需在范围较广的查询中添加词语就可以缩小搜索范围。不过，Google 还提供了很多不同的搜索功能，利用这些功能可以做到：

（1）将搜索范围限制在某个特定的网站中；

（2）排除某个特定网站的网页；

（3）将搜索限制于某种指定的语言；

（4）查找链接到某个指定网页的所有网页；

（5）查找与指定网页相关的网页；

（6）单击"高级"，进入 Google 的高级搜索页，就可以很轻松地在搜索中应用这些功能。

7.5.4　图片搜索

在 Google 首页单击"图片"链接就进入了 Google 的图片搜索界面。可以在关键字栏中输入描述图片内容的关键字。

7.5.5　Google 学术搜索

网址：http://scholar.google.com

（1）按作者搜索。输入加引号的作者姓名："d knuth"。要增加结果的数量，请不要使用完整的名字，使用首字母即可。如果找到太多提及该作者的论文，则可以使用"作者："操作符搜索特定作者。例如，可以尝试"作者："knuth""、"作者："d knuth""或"作者："donald e knuth""。

（2）按标题搜索。输入加引号的论文标题："A History of the China Sea"。Google 学术搜索会自动查找此论文以及提及此论文的其他论文。

（3）查找某一特定论题的最新研究进展。在任一搜索结果页，单击右边的"近期文章"链接，即可显示与搜索话题相关的最新研究进展。这部分结果根据其他相关因素排名，可更快找到较新的研究发现。

（4）搜索特定出版物内的论文。可以在高级搜索页内，指定文章和出版物名称内均包含的关键字。

7.5.6　图书搜索

网址：http://books.google.com

使用 Google 图书搜索查找图书与使用 Google 网络搜索查找网站一样容易，只需在 Google 图书搜索框中输入要查找的关键字或短语。例如，当搜索"攀岩"或"one small step for man"（个人迈出的一小步）之类的短语时，就会找出内容符合搜索字词的所有图书。单击某个书名后，就可以像翻阅卡片目录一样看到图书的基本信息，还可以看到其中的几段摘录，即与搜索字词相关的几个句子。如果出版商或作者已给予 Google 授权，就可以看到完整的页面，而且可以浏览该书中的更多页面。如果该书已不受版权法保护，不仅可以看到完整的页面，还可以任意翻看整本图书。单击"在本书内搜索"，即可在所选图书中进行更多搜索。还可以单击任意"购买此书"链接，直接访问可以购买图书的在线书店。在多数情况下，还可以单击"在图书馆中查找此图书"以查找可以借到所需图书的当地图书馆。

7.5.7　Google 翻译

网址：http://translate.google.com

Google 翻译是 Google 提供的免费在线翻译服务，可以对单词、文章、网页进行在线翻译，支持 51 种语言（还在不断增加中）。Google 虽然不是专业翻译公司，但"Google 翻译"相对于其他在线翻译却是最好的在线翻译网站。

7.5.8　更多其他功能

Google 还提供了更多其他的搜索服务，如图 7-3 所示。

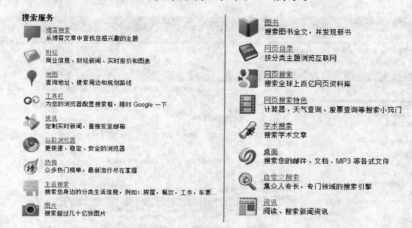

搜索服务

博客搜索
从博客文章中查找您感兴趣的主题

财经
商业信息、财经新闻、实时股价和图表

地图
查询地址、搜索周边和规划路线

工具栏
为您的浏览器配置搜索框，随时 Google 一下

快讯
定制实时新闻，直接发至邮箱

谷歌浏览器
更快速、稳定、安全的浏览器

热榜
众多热门榜单，最新流行尽在掌握

生活搜索
搜索您身边的分类生活信息，例如：房屋、餐饮、工作、车票等

图片
搜索超过几十亿张图片

图书
搜索图书全文，并发现新书

网页目录
按分类主题浏览互联网

网页搜索
搜索全球上百亿网页资料库

网页搜索特色
计算器、天气查询、股票查询等搜索小窍门

学术搜索
搜索学术文章

桌面
搜索您的邮件、文档、MP3 等各式文件

自定义搜索
集众人专长，专门领域的搜索引擎

资讯
阅读、搜索新闻资讯

图 7-3　搜索服务

7.6　文　献　检　索

7.6.1　单库检索—中国期刊全文数据库

单库检索是指用户只选择某一数据库所进行的检索及其后续的相关操作。在进行数据库检索前，需要根据检索需求确定检索目标，然后选择数据库。例如，查找某学科领域某研究发展方向的论文综述，或查找某位作者发表的文章，可检索《中国期刊全文数据库》；查找某位研究生或某学科某方向学位论文，可检索《中国优秀博硕士学位论文全文数据库》；查找某篇会议论文或某届某个主题的会议论文，可检索《中国重要会议论文集全文数据库》。不同的数据库因收录文献不同其检索项也会不同。不同的检索项有不同的检索功能和价值，可满足不同的检索需求。下面以中国期刊全文数据库的检索为例说明如何进行检索。

CNKI(中国知识基础设施工程)中的中国期刊全文数据库是目前世界上最大的连续动态更新的中国期刊全文数据库，收录国内 9100 多种重要期刊，以学术、技术、政策指导、高等科普及教育类为主，同时收录部分基础教育、大众科普、大众文化和文艺作品类刊物，内容覆盖自然科学、工程技术、农业、哲学、医学、人文社会科学等领域，全文文献总量 3252 多万篇。产品分为十大专辑：理工 A、理工 B、理工 C、农业、医药卫生、文史哲、政治军事与法律、教育与社会科学综合、电子技术与信息科学、经济与管理。十个专辑下分为 168 个专题和近 3600 个子栏目。

可以通过 CNKI 的网址：http://www.cnki.net，或者各高校图书馆的"数字资源"，登录中国期刊全文数据库并进行文献检索。该数据库检索主页及初级检索界面如图 7-4 所示。

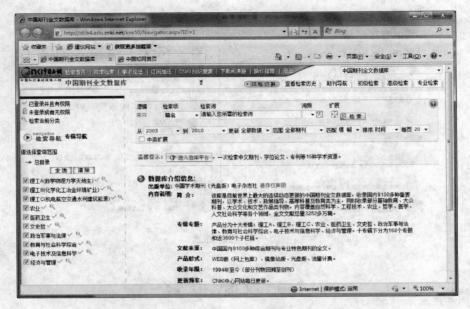

图 7-4　中国期刊全文数据库检索主页

一、初级检索

初级检索是一种简单检索，这一功能不能实现多检查项的逻辑组配检索，但该系统所设初级检索具有多种功能，如简单检索、多项单词逻辑组合检索、词频控制、词扩展等。初级检索栏如图 7-5 所示。

多项单词逻辑组合检索中多项是指可选择多个检索项，通过单击"逻辑"下方的"增加一逻辑检索行"；单词是指每个检索项中只可输入一个词；逻辑是指每一检索项之间可使用逻辑与、逻辑或、逻辑非进行项间组合。

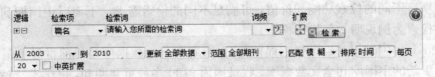

图 7-5　初级检索栏

最简单的检索只需输入检索词，单击【检索】按钮，则系统将在默认的"主题"（题名、关键词、摘要）项内进行检索，任一项中与检索条件匹配者均为命中记录。

【例 7-1】　检索有关"物理学"的 2010 年期刊的全部文献。

（1）选择"中国期刊全文数据库"。

（2）选择检索项"主题"。

（3）输入检索词"物理学"。

（4）选择从"2010"到"2010"。

（5）选择"更新"中的"全部数据"。

（6）选择"范围"中的"全部期刊"。

（7）选择"匹配"中的"精确"。

（8）选择"排序"中的"相关度"。

（9）选择"每页"中的"50"，如图 7-6 所示。

（10）单击"检索"。

图 7-6　中国期刊全文数据库单库初级检索

二、高级检索

高级检索是一种比初级检索要复杂一些的检索方式，也可以进行简单检索。高级检索特有功能包括多项双词逻辑组合检索、双词频控制。

1. 多项双词逻辑组合检索

（1）多项是指可选择多个检索项；

（2）双词是指一个检索项中可输入两个检索词（在两个输入框中输入），每个检索项中的两个词之间可进行五种组合，即并且、或者、不包含、同句、同段，每个检索项中的两个检索词可分别使用词频、最近词、扩展词；

（3）逻辑是指每一检索项之间可使用逻辑与、逻辑或、逻辑非进行项间组合。

单击图 7-4 所示页面中的【高级检索】按钮 高级检索，就能进入高级检索页面。高级检索栏如图 7-7 所示。

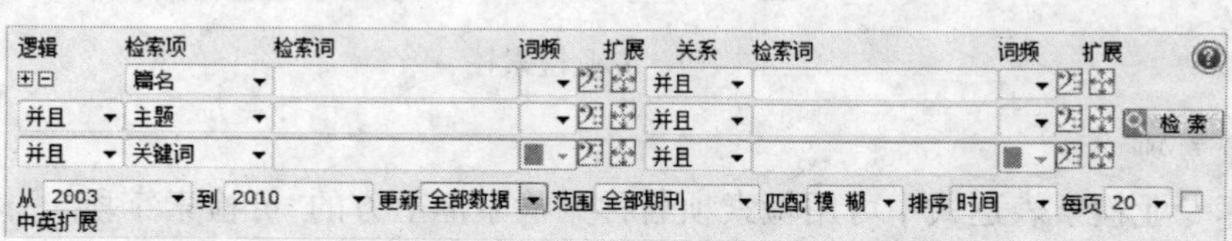

图 7-7　高级检索栏

【例 7-2】　要求检索 2010 年发表的篇名中包含"化学"，不要篇名中包含"进展"、"综述"、"评述"的期刊文章，操作步骤如下：

（1）在专辑导航中单击 全选 ；

（2）使用三行逻辑检索行，每行选择检索项"篇名"，输入检索词"化学"；

（3）选择"关系"（同一检索项中另一检索词（项间检索词）的词间关系）下的"不包含"；

（4）在三行中的第二检索词框中分别输入"进展"、"综述"、"评述"；

（5）选择三行的项间逻辑关系（检索项之间的逻辑关系）"并且"；

（6）选择检索控制条件"从 2010 到 2010"，如图 7-8 所示；

（7）单击【检索】按钮。

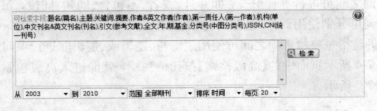

图 7-8　中国期刊全文数据库高级检索

2. 双词频控制检索

双词频控制检索是指对一个检索项中的两检索词分别实行词频控制，也就是一个检索项使用了两次词频控制。

三、专业检索

专业检索比高级检索功能更强大，但需要检索人员根据系统的检索语法编制检索式进行检索，适用于熟练掌握检索技术的专业检索人员。

本系统提供的专业检索分单库和跨库。单库专业检索执行各自的检索语法表，跨库专业检索原则上可执行所有跨库数据库的专业检索语法表，但由于各库设置不同会导致有些检索式不适用于所有选择的数据库。

单击如图 7-4 所示页面中的【专业检索】按钮，就能进入专业检索页面。高级专业检索栏如图 7-9 所示。

图 7-9　专业检索栏

1. 检索项

单库专业检索表达式中可用检索项名称见检索框上方的"可检索字段"，构造检索式时应采用"（ ）"前的检索项名称，而不要用"（ ）"括起来的名称。"（ ）"内的名称是在初级检索、高级检索的下拉检索框中出现的检索项名称。

例如，"中文刊名 & 英文刊名（刊名）"代表含义：检索项"刊名"实际检索使用的检索字段为两个字段："中文刊名"或者"英文刊名"。读者使用初级检索"刊名"为"南京社会科学"，等同于使用专业检索"中文刊名 ＝ 南京社会科学 or 英文刊名 ＝ 南京社会科学"。

2. 逻辑组合检索

（1）使用"专业检索语法表"中的运算符构造表达式，使用前请详细阅读其说明。

（2）多个检索项的检索表达式可使用"AND"、"OR"、"NOT"逻辑运算符进行组合。

（3）三种逻辑运算符的优先级相同。

（4）如要改变组合的顺序，请使用英文半角圆括号"（）"将条件括起。

3. 符号

（1）所有符号和英文字母（包括下表所示操作符），都必须使用英文半角字符。

（2）逻辑关系符号 AND（与）、OR（或）、NOT（非）前后要空一个字节。

（3）字符计算：按真实字符（不按字节）计算字符数，即一个全角字符、一个半角字符均算一个字符。

（4）使用"同句"、"同段"、"词频"时，请注意：用一组西文单引号将多个检索词及其运算符括起，如"'流体 # 力学'"；运算符前后需要空 1 字节，如"'流体 # 力学'"。

【例 7-3】 要求检索张红在武汉大学或广州大学时发表的文章。

检索式：作者＝张红 and（单位＝武汉大学 or 单位＝广州大学）

【例 7-4】 要求检索张红在武汉大学期间发表的题名或摘要中都包含"化学"的文章。

检索式：作者＝张红 and 单位＝武汉大学 and（题名＝化学 or 摘要＝化学）

7.6.2 跨库检索

跨库检索首页是跨库检索各种功能最齐备的页面，可单击检索首页右上方的 ⟩⟩跨库检索首页 进入，如图 7-10 所示。

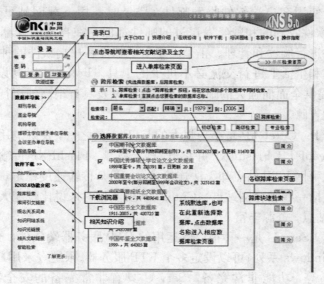

图 7-10 跨库检索首页

从跨库检索首页上单击【初级检索】、【高级检索】、【专业检索】任意一个链接所进入的跨库检索页。跨库检索中的初级检索、高级检索、专业检索与单库检索类似。

第8章 常用软件简介

8.1 网络软件

（1）快车（FlashGet）。网际快车（FlashGet）诞生于 1999 年，是国内第一款也是唯一一款为世界 219 个国家的用户提供服务的中国软件。FlashGet 从以前的单一客户端软件，逐渐发展成为了集资源下载客户端、资源门户网站、资源搜索引擎、资源社区等多种服务在内的互联网资源分享平台。如今的快车（FlashGet）已经在全球拥有 1.8 亿固定用户，并成为中国软件在世界用户心中的一个符号。

（2）迅雷（Thunder）。迅雷于 2002 年底由邹胜龙及程浩始创于美国硅谷。迅雷使用的多资源超线程技术基于网格原理，能够将网络上存在的服务器和计算机资源进行有效的整合，构成独特的迅雷网络。通过迅雷网络，各种数据文件能够以最快速度进行传递。多资源超线程技术还具有互联网下载负载均衡功能，在不降低用户体验的前提下，迅雷网络可以对服务器资源进行均衡，有效降低了服务器负载。

（3）Foxmail。Foxmail 是一个中文版电子邮件客户端软件，支持全部的 Internet 电子邮件功能。使用客户端软件收发邮件，登录时不用下载网站页面内容，速度更快；使用客户端软件收到的和曾经发送过的邮件都保存在自己的计算机中，不用上网就可以对旧邮件进行阅读和管理。正是由于电子邮件客户端软件的种种优点，它已经成为了人们工作和生活上进行交流必不可少的工具。Foxmail 以其设计优秀、体贴用户、使用方便，提供全面而强大的邮件处理功能，以及具有很高的运行效率等特点，赢得了广大用户的青睐。

（4）CuteFTP。CuteFTP 是小巧强大的 FTP 工具之一，友好的用户界面，稳定的传输速度，与 LeapFTP、FlashFXP 并称 FTP 三剑客。FlashFXP 传输速度比较快，但有时对于一些教育网 FTP 站点却无法连接；LeapFTP 传输速度稳定，能够连接绝大多数 FTP 站点（包括一些教育网站点）；CuteFTP 虽然相对来说比较庞大，但其自带了许多免费的 FTP 站点，资源丰富。

（5）Serv-U。Serv-U 是一种被广泛运用的 FTP 服务器端软件，支持 3x/9x/ME/NT/2K 等全 Windows 系列；可以设定多个 FTP 服务器、限定登录用户的权限、登录主目录及空间大小等，功能非常完备。Serv-U 具有非常完备的安全特性，支持 SSL FTP 传输，支持在多个 Serv-U 和 FTP 客户端通过 SSL 加密连接保护您的数据安全等。

Serv-U 是目前众多的 FTP 服务器软件之一。通过 Serv-U，用户能够将任何一台

PC 设置成一个 FTP 服务器，这样，用户或其他使用者就能够使用 FTP 协议，通过在同一网络上的任何一台 PC 与 FTP 服务器连接，进行文件或目录的复制、移动、创建、删除等。这里提到的 FTP 协议是专门被用来规定计算机之间进行文件传输的标准和规则，正是因为有了像 FTP 这样的专门协议，才使得人们能够通过不同类型的计算机，使用不同类型的操作系统，对不同类型的文件进行相互传递。

（6）Dreamweaver。Dreamweaver 是美国 Macromedia 公司开发的集网页制作和管理网站于一身的所见即所得网页编辑器，它是第一套针对专业网页设计师特别发展的视觉化网页开发工具，可以轻而易举地制作出跨越平台限制和跨越浏览器限制的充满动感的网页。

8.2 系 统 工 具

（1）金山清理专家。金山清理专家是一款完全免费的上网安全辅助软件，针对流行木马、恶意软件插件尤为有效，可以解决普通杀毒软件不能解决的安全问题。它能彻底查杀 300 多款恶意软件、广告软件及隐蔽软件，增强的恶意软件查杀引擎，使用"文件粉碎器"和抗 Rootkits 技术，彻底清除使用 Rootkits 技术进行保护和伪装的恶意软件；检查、卸载超过 200 余种 IE 插件、系统插件；一次性清除多种恶意软件和插件的混合安装，快速恢复系统，勿须重复操作，独创插件信任列表管理，避免误删除自己喜爱的有益插件。

（2）一键 GHOST。一键 GHOST 是"DOS 之家"首创的四种版本（硬盘版/光盘版/优盘版/软盘版）同步发布的启动盘，适应各种用户需要，既可独立使用，又能相互配合。其主要功能包括一键备份系统、一键恢复系统、中文向导、GHOST、DOS 工具箱。

（3）EasyRecovery。EasyRecovery 是数据恢复公司 Ontrack 的产品，是一个硬盘数据恢复工具，能够帮用户恢复丢失的数据以及重建文件系统。EasyRecovery 不会向原始驱动器写入任何东西，主要是在内存中重建文件分区表，使数据能够安全地传输到其他驱动器中。用户可以使用它从被病毒破坏或者已经格式化的硬盘中恢复数据，可以恢复大于 8.4GB 的硬盘。支持长文件名。被破坏的硬盘中像丢失的引导记录、BIOS 参数数据块、分区表、FAT 表、引导区都可以由它来进行恢复。

8.3 应 用 软 件

（1）WinRAR。WinRAR 软件是一款功能强大的压缩包管理器，是档案工具 RAR 在 Windows 环境下的图形界面。可用于备份数据，缩减电子邮件附件的大小，压缩从 Internet 上下载的 RAR、ZIP 2.0 及其他文件，并且可以新建 RAR 及 ZIP 格式的文件。

WinRAR 资源占用相对较少,并可针对不同的需要保存不同的压缩配置;固定压缩和多卷自释放压缩以及针对文本类、多媒体类和 PE 类文件的优化算法是大多数压缩工具所不具备的;使用非常简单方便,配置选项也不多,仅在资源管理器中就可以完成想做的工作;对于 ZIP 和 RAR 的自释放档案文件,从其属性中就可以轻易知道此文件的压缩属性,如果有注释,还能在属性中查看其内容;对于 RAR 格式(含自释放)档案文件,提供了独有的恢复记录和恢复卷功能,使数据安全得到更充分的保障。

(2) Adobe Reader。Adobe Reader 是用于打开和使用在 Adobe Acrobat 中创建的 Adobe PDF 的工具。虽然无法在 Reader 中创建 PDF,但是可以使用 Adobe Reader 查看、打印和管理 PDF。在 Reader 中打开 PDF 后,可以使用多种工具快速查找信息。如果收到一个 PDF 表单,则可以在线填写并以电子方式提交。如果收到审阅 PDF 的邀请,则可使用注释和标记工具为其添加批注。使用 Reader 的多媒体工具可以播放 PDF 中的视频和音乐。如果 PDF 包含敏感信息,则可利用数字身份证对文档进行签名或验证。

(3) Visio。Microsoft Office Visio 是微软公司出品的一款软件,有助于 IT 和商务专业人员轻松地可视化、分析和交流复杂信息。它能够将难以理解的复杂文本和表格转换为一目了然的 Visio 图表。Visio 通过创建与数据相关的 Visio 图表(而不使用静态图片)来显示数据,这些图表易于刷新,并能够显著提高生产率。Visio 中的各种图表可让用户了解、操作和共享企业内组织系统、资源和流程的有关信息。

(4) 金山词霸。金山词霸是由金山公司推出的一款词典类软件。从 1997 年推出到 2007 年,经过十余年锤炼,今天的金山词霸已经成为当之无愧的"辞海"。

金山词霸打造了一条以金山词霸品牌为核心,多产品支持的立体化运营模式,目前旗下产品有面向个人的免费产品谷歌金山词霸,面向高端、专业的金山词霸 2009 牛津版,面向移动终端领域的金山词霸手持版,以及面向互联网用户的爱词霸网站。

(5) 超星阅读器。超星阅览器(SSReader)是超星公司拥有自主知识产权的图书阅览器,是专门针对数字图书的阅览、下载、打印、版权保护和下载计费而研究开发的。经过多年不断改进,SSReader 现已发展到 4.01 版本,是国内外用户数量最多的专用图书阅览器之一。

8.4 联络聊天

(1) 腾讯 QQ。QQ 是深圳市腾讯计算机系统有限公司开发的一款基于 Internet 的即时通信(IM)软件。QQ 支持在线聊天、视频电话、点对点断点续传文件、共享文件、网络硬盘、自定义面板、QQ 邮箱等多种功能,并可与移动通讯终端等多种通讯方式相连。1999 年 2 月,腾讯正式推出"腾讯 QQ",QQ 在线用户由 1999 年的 2 人到现在已经发展到上亿用户,在线人数超过 1 亿,是目前使用最广泛的聊天软件之一。

(2) 飞信。飞信是中国移动的综合通信服务,即融合语音(IVR)、GPRS、短信等多种通信方式，覆盖三种不同形态（完全实时的语音服务、准实时的文字和小数据量通信服务、非实时的通信服务）的客户通信需求，实现互联网和移动网间的无缝通信服务。

飞信除具备聊天软件的基本功能外，还可以通过计算机、手机、WAP 等多种终端登录，实现计算机和手机间的无缝即时互通，保证用户能够实现永不离线的状态；同时，飞信所提供的好友手机短信免费发、语音群聊超低资费、手机计算机文件互传等更多强大功能，令用户在使用过程中产生更加完美的产品体验；飞信能够满足用户以匿名形式进行文字和语音的沟通需求，在真正意义上为使用者创造了一个不受约束、不受限制、安全沟通和交流的通信平台。

（3）MSN。MSN 全称 Microsoft Service Network（微软网络服务），是微软公司推出的即时消息软件，可以与亲人、朋友、工作伙伴进行文字聊天、语音对话、视频会议等即时交流。MSN 移动互联网服务提供包括手机 MSN（即时通信 Messenger）、必应移动搜索、手机 SNS（全球最大 Windows Live 在线社区）、中文资讯、手机娱乐和手机折扣等创新移动服务，满足了用户在移动互联网时代的沟通、社交、出行、娱乐等诸多需求，在国内拥有大量的用户群。

8.5　图　形　图　像

（1）Photoshop。Photoshop 是 Adobe 公司旗下最为出名的图像处理软件之一，集图像扫描、编辑修改、图像制作、广告创意，图像输入与输出于一体的图形图像处理软件，深受广大平面设计人员和计算机美术爱好者的喜爱。

（2）Macromedia Flash。Macromedia Flash，简称为 Flash，现称为 Adobe Flash，是美国 Macromedia 公司所设计的一种二维动画软件。通常包括 Macromedia Flash（用于设计和编辑 Flash 文档）和 Adobe Flash Player（用于播放 Flash 文档）。

（3）ACDSee。ACDSee 是非常流行的看图工具之一，提供了良好的操作界面，简单人性化的操作方式，优质的快速图形解码方式，支持丰富的图形格式，具有强大的图形文件管理功能等。

ACDSee 是使用最为广泛的看图工具软件，大多数计算机爱好者都使用它来浏览图片，其特点是支持性强，能打开包括 ICO、PNG、XBM 在内的 20 余种图像格式，并且能够高品质地快速显示，甚至近年在互联网上十分流行的动画图像档案都可以利用 ACDSee 来欣赏。与其他图像观赏器比较，ACDSee 打开图像档案的速度无疑是比较快的。

8.6　多　媒　体　类

（1）暴风影音。暴风影音播放器是全球领先的万能媒体播放软件，支持 400 多种格式，支持高清硬件加速，可进行多音频、多字幕的自由切换，支持最多数量的手持硬件设备视频文件。暴风影音已经成为中国最大的互联网视频播放平台。

2008 年 7 月全新的暴风影音 2008 第一次涵盖了互联网用户观看视频的所有服务形式，包括本地播放、在线直播、在线点播、高清播放等；数十家合作伙伴通过暴风为上亿互联网用户提供超过 2000 万部/集电影、电视、微视频等内容。暴风成功的实现了自己服务的全面升级，成为中国最大的互联网视频平台。暴风影音将更加全面的帮助中国 2.4 亿互联网用户进入互联网视频的世界。

（2）千千静听。千千静听(TTplayer，TT 即"Thousand Tunes")是百度的一款支持多种音频格式的纯音频媒体播放软件。千千静听支持几乎所有常见的音频格式，通过简单便捷的操作，可以在多种音频格式之间进行轻松转换；通过基于 COM 接口的 AddIn 插件或第三方提供的命令行编码器，还能支持更多格式的播放和转换。

千千静听备受用户喜爱和推崇的，还包括其强大而完善的同步歌词功能。在播放歌曲的同时，可以自动连接到千千静听庞大的歌词库服务器，下载相匹配的歌词，并且以卡拉 OK 式效果同步滚动显示，并支持鼠标拖动定位播放；另有独具特色的歌词编辑功能，可以自己制作或修改同步歌词，还可以直接将自己精心制作的歌词上传到服务器实现与他人共享。

（3）CoolEdit。CoolEdit 是美国 Adobe Systems 公司开发的一款功能强大、效果出色的多轨录音和音频处理软件，是一个非常出色的数字音乐编辑器和 MP3 制作软件。不少人把 CoolEdit 形容为音频"绘画"程序。可以用声音来"绘"制音调、歌曲的一部分、声音、弦乐、颤音、噪声或调整静音；而且提供多种特效为你的作品增色：放大、降低噪声、压缩、扩展、回声、失真、延迟等；可以同时处理多个文件，轻松地在几个文件中进行剪切、粘贴、合并、重叠声音操作；可以生成的声音有噪音、低音、静音、电话信号等。CoolEdit 还包含 CD 播放器。其他功能包括支持可选的插件、崩溃恢复、支持多文件、自动静音检测和删除、自动节拍查找、录制等。

（4）会声会影。会声会影不仅完全符合家庭或个人所需的影片剪辑功能，甚至可以挑战专业级的影片剪辑软件。无论是剪辑新手、老手，会声会影替用户完整纪录生活大小事，发挥创意无限感动。最完整的影音规格支持，独步全球的影片编辑环境，令人目不暇接的剪辑特效，最撼动人心的 HD 高画质新体验，是会声会影提供给用户的影片剪辑体验新势力。会声会影 X3 创新的影片制作向导模式，只要三个步骤就可快速做出 DV 影片，即使是入门新手也可以在短时间内体验影片剪辑乐趣；同时操作简单、功能强大的会声会影编辑模式，从捕获、剪接、转场、特效、覆叠、字幕、配乐，到刻录，让您全方位剪辑出好莱坞级的家庭电影。

其成批转换功能与捕获格式完整支持，让剪辑影片更快、更有效率；画面特写镜头与对象创意覆叠，可随意作出新奇百变的创意效果；配乐大师与杜比 AC3 支持，让影片配乐更精准、更立体；同时酷炫的 128 组影片转场、37 组视频滤镜、76 种标题动画等丰富效果，让影片精彩有趣。

8.7　安　全　相　关

（1）360 安全卫士。360 安全卫士是当前功能最强、效果最好、最受用户欢迎的上网必备安全软件。不但永久免费，还独家提供多款著名杀毒软件的免费版。由于使用方便，用户口碑好，目前中国网民中首选安装 360 的已超过 2.5 亿。

360 安全卫士拥有木马查杀、恶意软件清理、漏洞补丁修复、电脑全面体检等多种功能。目前木马威胁之大已远超病毒，360 安全卫士运用安全技术，在线杀木马、防盗号、保护网银和游戏的账号密码安全、防止计算机变"肉鸡"等方面表现出色，被誉为"防范木马的第一选择"。360 安全卫士自身非常轻巧，还具备开机加速、垃圾清理等多种系统优化功能，可大大加快计算机运行速度，内含的 360 软件管家还可帮助用户轻松下载、升级和强力卸载各种应用软件。

（2）金山毒霸。金山毒霸（Kingsoft Anti-Virus）是金山软件股份有限公司研制开发的高智能反病毒软件，融合了启发式搜索、代码分析、虚拟机查毒等经业界证明成熟可靠的反病毒技术，使其在查杀病毒种类、查杀病毒速度、未知病毒防治等多方面达到世界先进水平；同时，金山毒霸具有病毒防火墙实时监控、压缩文件查毒、查杀电子邮件病毒等多项先进的功能；紧随世界反病毒技术的发展，为个人用户和企事业单位提供完善的反病毒解决方案。

第9章　多媒体技术基础

众所周知，早期的计算机只能处理数值和文字信息，仅为科研人员使用；20世纪80年代问世的图形用户界面，使计算机进入了办公室；随着计算机软、硬件技术的发展，多媒体技术逐渐成熟，计算机已进入家庭。目前多媒体技术及应用已遍及国民经济与社会生活的各个角落，给人类的生产方式、工作方式、学习方式乃至生活方式带来巨大的变革，是近年来计算机领域中最热门的技术之一。

本章主要介绍多媒体技术的基本概念、多媒体系统组成、多媒体信息的数字化、多媒体信息的压缩技术等内容。

9.1　多媒体技术的基本概念

20世纪60年代以来，技术专家们就致力于研究将声音、图形、图像和视频作为新的信息形式输入和输出到计算机，使计算机的应用更为容易和丰富多彩。

9.1.1　多媒体技术的发展与定义

一、多媒体技术的发展

多媒体(Multimedia)一词产生于20世纪80年代初，它出现于美国麻省理工学院递交给美国国防部的一个项目计划报告中。

1984年Apple公司在Macintosh微机中首次使用了位图的概念描述图像，并且在微机中实现了窗口(Windows)的设计，从而建立了一种新型的图形化人机接口。

1985年美国Commodore公司首创了Amiga多媒体计算机系统。

1986年荷兰Philips公司和日本Sony公司共同制定了光盘技术标准CD-I，可以在一片直径为5英寸的光盘上存储650MB的数据，解决了多媒体中的海量数据存储问题。

1991年美国Microsoft、荷兰Philips等公司成立多媒体个人计算机协会，该协会制定了第一个多媒体计算机的MPC1标准。

1992年美国Intel公司和IBM公司设计和制造了DVI多媒体计算机系统。

1995年Microsoft公司推出了Windows 95，这时计算机硬件也基本具备了处理数字音频的能力，多媒体软件技术也得到了极大的发展，多媒体技术在微机中得到广泛的普及。

目前多媒体产业成为了IT产业的又一个经济增长点，许多国家都投巨资对多媒体技术进行研发。英国数字娱乐产业年产值占国内生产总值(Gross Domestic Product，GDP)的 7.9％，成为该国第一大产业，美国网络游戏业已连续 4 年超过好莱坞电影业，成为全美最大娱乐产业。根据国外研究机构分析，手机游戏已经成为全球游戏市场中增长最快的部分，产值从 2002 年的 2.43 亿美元上升至 2007 年的 38 亿美元。据权威部门统计，近年来我国数字娱乐产业发展迅猛，2003 年全国动漫产业总收益开始超过电影业。2010 年，我国网络游戏出版市场收入达到了 323.7 亿元，2011 年第三季度我国手机游戏市场规模为 9.4 亿元左右，增长速度相当快。

二、媒体的表现形式

媒体是日常生活和工作中经常用到的词汇，如我们经常把报纸、广播、电视等机构称为新闻媒体，报纸通过文字、广播通过声音、电视通过图像和声音来传送信息。信息需要借助于媒体进行传播，所以说媒体是信息的载体。但这只是狭义上的理解，媒体的概念和范围相当广泛。根据国际电信联盟(International Telegraph Union，ITU)的定义，媒体可分为感觉媒体、表示媒体、显示媒体、存储媒体和传输媒体五大类，如表 9-1所示。

表 9-1　媒体的表现形式

媒体类型	媒体特点	媒体形式	媒体实现方式
感觉媒体	人类感知客观环境的信息	视觉、听觉、触觉	文本、图形、声音、图像、动画、视频等
表示媒体	信息的处理方式	计算机数据格式	ASCII 编码、图像编码、音频编码、视频编码等
显示媒体	信息的表达方式	输入、输出信息	显示器、打印机、扫描仪、投影仪、数码摄像机等
存储媒体	信息的存储方式	存取信息	内存、硬盘、光盘、纸张等
传输媒体	信息的传输方式	网络传输介质	电缆、光缆、电磁波等

人类利用视觉、听觉、触觉、味觉和嗅觉感受各种信息，其中通过视觉得到的信息最多，其次是听觉和触觉，三者一起得到的信息，达到了人类感受到信息的 95％。因此感觉媒体是人们接收信息的主要来源，而多媒体技术充分利用了这种优势。

三、多媒体定义

计算机技术和信息处理技术的发展，使我们拥有了处理多种媒体信息的能力。多媒体技术则是利用计算机将各种媒体以数字化的方式集成在一起，从而使计算机具有表现、处理、存储多种媒体信息的综合能力，它是一种将文本、声音、图像、动画、视频与计算机集成在一起的技术，而不是指多种媒体本身。因此，广义上的"多媒体"可以视为"多媒体技术"的同义词，这里的多媒体不是指多种媒体本身，而是指处理和应用它的一整套技术。

我们可以将多媒体定义为：多媒体是利用计算机把文本、声音、图形、图像、动画和视频等多种媒体进行综合处理，使多种信息建立逻辑连接，集成为一个具有交互性的系统。

从以上定义中，我们可以得出以下结论。

（1）多媒体是信息交流和传播的工具，在这点上，多媒体和报纸、杂志、电视等媒体的功能相同。

（2）多媒体是一种人机交互式媒体，这里的"机"，主要是指计算机，或由微处理器控制的其他终端设备。因为计算机具有良好的交互性，它能够比较容易地实现人机交互功能。从这个意义上说，多媒体和目前的模拟电视、报纸、广播等媒体存在区别。

（3）多媒体信息以数字信号形式而不是以模拟信号形式进行存储、处理和传输。

（4）传播信息的媒体类型很多，如文本、声音、图片、电影、电视等都是信息交换和传播的媒体。从字面上说，融合任何两种以上的媒体就可以称为多媒体，但通常认为，多媒体中的连续媒体（声音和视频）是人与机器交互的最自然的媒体。

（5）要对文本、声音、图形、图像、视频等感觉媒体进行输入与输出，就必须对这些媒体进行采样、量化、编码等处理，而这时需要处理的数据量非常之大。因此，多媒体技术中目前主要研究和解决的问题是表示媒体，即数据的编码、压缩与解压缩。

9.1.2　多媒体技术的特点

一、多媒体技术主要特征

1. 多样性

计算机处理的信息由数值、字符和文本，发展到音频信号、静态图形信号、动态图像信号，这使计算机具备了处理多媒体信息的能力，计算机也从传统的以处理文本信号为主的计算机发展成为多媒体计算机。计算机不仅能够输入多媒体信息，而且还能处理并输出多媒体信息，这大大改善了人与计算机之间的界面，使计算机变得越来越符合人的自然能力。尽管如此，目前计算机的能力仍然处于低级水平。

2. 交互性

交互性是指用户可以与计算机进行交互操作，从而为用户提供有效地控制和使用信息的手段。人在多媒体系统中不只是被动地接受信息，而是参与了数据转变为信息、信息转变为知识的过程。通过交互过程，人们可以获得关心的信息；通过交互过程，人们可以对某些事物的运动过程进行控制，可以满足用户的某些特殊要求。例如，影视节目播放中的快进与倒退，图像处理中的人物变形等。对一些娱乐性应用，人们甚至还可以介入到剧本编辑、人物修改之中，增加了用户的参与性。

3. 集成性

集成性包括三个方面的含义，一是指多种信息形式的集成，即文本、声音、图像、视频信息形式的一体化。二是多媒体把各种单一的技术和设备集成在一个系统中。例如，图像处理技术、音频处理技术、电视技术、通信技术等，通过多媒体技术集成为一个综合的、交互的系统，实现更高的应用境界，如电视会议系统、视频点播系统以及虚拟现实系统等。三是对多种信息源的数字化集成。例如，可以把摄像机或录像机获取的视频图像、存储在硬盘中的照片、计算机产生的文本、图形、动画、伴音等经编辑后，向屏幕、音响、打印机、硬盘等设备输出，也可以通过 Internet 向远程输出。

4. 实时性

实时性是指视频图像和声音必须保持同步性和连续性。实时性与时间密切相关，进行多媒体实时交互操作，就像面对面实时交流一样。例如，在视频播放时，视频画面不能出现动画感、马赛克等现象，声音与画面必须保持同步等。

二、多媒体数据的特点

1. 数据量巨大

多媒体数据如果没有经过压缩，数据量是非常巨大的。例如，计算机屏幕上一幅 1024×768 像素 24 位色深的图像，如果不包括文件信息，文件不压缩数据的理论存储量为 2.3MB 左右；在音频 CD 上，一首 3 分钟的立体声歌曲，如果不包括文件信息，文件不压缩数据的理论存储量为 30MB 左右。

2. 数据类型较多

多媒体数据包括文本、声音、图形、图像和视频等，同类图像还有黑白、彩色、分辨率高低之分。因此必须采用多种数据结构对它们进行表示和编码。

3. 数据存储容量差别大

不同媒体的数据存储容量差别很大。例如，一本 60 万字的小说，如果采用文本文件(.txt)存储，数据容量只有 1.14MB；而一部 90 分钟的 DVD 电影，如果采用 MPEG-2 格式进行压缩存储，存储容量达到了 4GB 左右。

4. 数据处理方法不同

由于不同媒体之间的内容和要求不同，相应的内容管理、处理方法也不同。例如，语音和视频信号有较强的适应性，它允许出现局部的语音不清晰、有背景杂音、视频图像掉帧等错误，但是对实时性要求严格，不允许出现任何延迟；而对于文本数据来说，则可以容忍传输延迟，却不能出现任何数据错误，因为即便是一个字节的错误，都会改变数据的意义。

5. 数据输入和输出复杂

例如，声音信号在话筒录音输入时，大多为模拟信号（数字话筒价格昂贵），输入到计算机后必须将它们转换成为数字信号，数据处理完成后，又必须将它们转换成为模拟信号，然后输出到音响设备（数字音响同样价格昂贵）。这些模拟信号在输入和输出时，往往有实时性的要求。

三、多媒体文件的存储格式

文件格式实际上是一种信息的数字化存储方式，不同的文件格式，必须使用不同的播放、编辑软件，这些播放软件按照特定的算法还原某种或多种特定格式的音频、视频文件。

多媒体文件的存储格式是按照特定的算法，对音频或视频信息进行压缩或解压缩形成的一种文件。多媒体文件包含文件头和数据两大部分。如图 9-1 所示，文件头记录了文件的名称、大小、采用的压缩算法、文件的存储格式等信息，它只占文件的一小部分；数据是多媒体文件的主要组成部分，它往往有特定的存储格式。

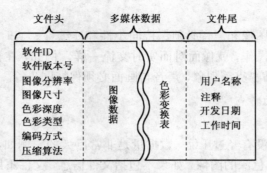

图 9-1　多媒体文件的存储格式

四、流媒体文件

多媒体文件可分为静态多媒体文件和流式媒体文件（简称为流媒体）。静态多媒体文件无法提供网络在线播放功能。例如，要观看某个影视节目，必须将这个节目的视频文件下载到本地计算机，然后进行观看，简单地说，就是先下载，后观看。这种方式的缺点是占用了有限的网络带宽，无法实现网络资源的优化利用。在网络应用迅速发展的年代，影音文件的网络传输已经成为阻碍网络多媒体技术发展的主要瓶颈。

流媒体指在 Internet 中采用流式传输技术的连续时基媒体，如音频、视频等多媒体文件。流媒体在播放前并不需要下载整个文件，只需要将影音文件开始部分的内容存入本地计算机内存。流媒体的数据流随时传送、随时播放，只是在开始时有一些延迟。实现流媒体的关键技术是数据的流式传输。

9.1.3　多媒体计算机系统组成

早期的多媒体计算机必须进行专门设计和制造，如 1985 年美国 Commodore 公司设计制造的 Amiga 多媒体计算机系统；1986 年荷兰 Philips 公司与日本 Sony 公司共同设计和制造的 CD-I 多媒体系统；1992 年美国 Intel 公司和 IBM 公司设计和制造的 DVI 多媒体系统等。但这些经典的多媒体系统最终都没有成为市场主流产品。而目前几乎所有微机都具备了多媒体功能，并不需要单独进行设计和制造。

与普通计算机相比，多媒体计算机除了需要较高的硬件配置外，通常还需要音频、视频处理设备、光盘驱动器、各种多媒体输入/输出设备等。计算机厂商为了满足用户对多媒体功能的要求，采用两种方式提供多媒体所需的硬件设备。

一是把各种多媒体部件都集成在计算机主板上。目前大部分微机都把显卡、声卡、网卡等集成在主板上，因此这些多媒体微机不需要单独的显卡、声卡和网卡。这样降低了微机的生产成本，提高了微机工作的可靠性。对于普通多媒体用户，这无疑是一个很好的选择。但是，集成显卡和声卡的性能低于独立显卡和声卡，而且需要消耗 CPU 和内存资源。对于多媒体开发人员和某些特殊用户（如运行大型游戏的用户），一般采用独立显卡和声卡，这样大大提高了计算机的多媒体性能。

二是有很多厂商生产各种与多媒体有关的硬件接口卡和设备，这些具有多媒体功能的接口卡，可以很方便地插入到计算机的标准总线（如 PCI）或直接连接到标准接口（如 USB）中。例如，可以在微机 PCI 总线中插入电视卡，安装相关的驱动程序后，计算机就具有了接收有线电视的多媒体功能。常见的多媒体接口卡有声卡、语音卡、电视卡、视频数据采集卡、非线性编辑卡等。

多媒体计算机的硬件接口和常用多媒体外部设备如图 9-2 所示。

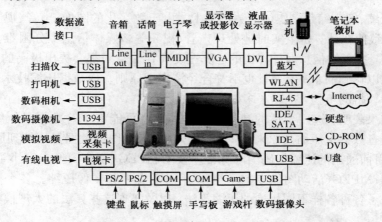

图 9-2　多媒体计算机的接口与设备

由图 9-2 可以看到，常用的多媒体操作设备有键盘、鼠标、触摸屏、手写板、游戏杆等；常用的多媒体存储设备有硬盘、CD-ROM、DVD、U 盘等；常用的多媒体显示设备有 CRT 显示器、液晶显示器、投影仪等；常用的多媒体音频设备有音箱、话筒、电子琴等；常用的多媒体数码设备有数码相机、数码摄像机、数码摄像头等；常用的多媒体模拟视频设备有有线电视、电视机、DVD 播放机、录像机；常用的多媒体通信设备有网卡、WLAN（无线局域网）卡、手机等。在一台具体的多媒体计算机硬件配置中，不一定都包括上述全部配置，但至少应当包括声卡和 CD-ROM 驱动器。

多媒体计算机的硬件技术要求主要有三点。

（1）要求主机处理性能强大。由于多媒体数据量巨大，而且必须对音频和视频文件进行压缩与解压缩操作，因此要求 CPU 的处理能力较强。对于普通用户而言，采用中低档 CPU 产品（如 Intel 公司 Celeron 系列产品）即可满足使用要求；对于多媒体开发人员和某些特殊用户，对 CPU 的要求较高，最好采用高频率、超线程、多内核、低发热的 CPU 产品。当然，如果没有经济条件的限制，CPU 性能越高越好。对于多媒体计算机来说，内存容量和稳定性也是非常重要的技术指标，在经济条件的允许下，内存容量也是越大越好。

（2）要求主机接口齐全。由于多媒体设备繁多，技术规格不一，因此多媒体计算机必须有足够多的接口。这样，多媒体设备的信号才可以进行输入和输出。目前较为流行的多媒体设备接口主要是 USB（通用串行总线）接口。

（3）各种多媒体设备齐全。多媒体计算机必须配置可存放大量数据的硬盘、DVD等存储设备。大屏幕高分辨率的显示器也是必要的，因为它可以使图像和视频节目的显示更加丰富多彩。

9.1.4 多媒体的关键技术

一、视频音频数据压缩、解压缩技术

数据压缩、解压缩是多媒体的关键技术。由于数字化的图像、声音、视频文件数据量非常大，致使在计算机上实时地处理声音、视频等多媒体信息十分困难。如果不经过数据压缩，多媒体信息对计算机的运算速度和存储空间都会提出极高的要求，这是目前微机难以达到的水平，而且也不符合经济实用原则。而数据压缩技术的发展，大大减轻了计算机的负担，推动了多媒体技术的发展。

研究结果表明，选用合适的数据压缩技术，有可能将字符数据量压缩到原来的1/2左右；语音数据量压缩到原来的 1/10～1/100；视频图像数据量压缩到原来的 1/10～1/100。目前通用的压缩编码国际标准主要有：JPEG（联合图像专家小组），用于静态图像压缩；MPEG（活动图像专家小组），用于动态视频图像压缩。各个企业也纷纷设计和生产了各种各样不同用途的压缩算法，以及实现这些算法的大规模集成电路和计算机软件。

二、大容量信息存储技术

多媒体音频、视频、图像等信息虽然经过压缩处理，但仍然需要相当大的存储空间。大容量光盘存储器的出现，解决了多媒体信息存储空间及交换问题。光盘具有存储容量大、介质可交换、数据保存寿命长、价格低廉等优点。利用数据压缩技术，在一张 CD-ROM 光盘上能够保存 74 分钟的视频图像，或十几个小时的语音信息或数千幅静止图像。在 CD-ROM 基础上，还开发了可一次刻录的光盘 CD-R 和反复刻录的光盘 CD-RW。1996 年推出了新一代光盘标准 DVD，它使光盘的数据存储容量达到了4.7～17GB，而盘片的尺寸与 CD 相同，更高容量的光盘也在不断研制中。

三、多媒体输入/输出技术

多媒体输入/输出技术包括媒体的变换技术、媒体识别技术和综合技术。

（1）媒体变换技术，指改变媒体的表现形式，如目前使用的视频卡、声卡、电视卡都属于媒体变换设备。

（2）媒体识别技术，指对信息进行一一对应的映像过程。例如，语音识别是将语音映像为一串字符或句子；触摸屏是根据触摸屏上的位置识别用户的操作要求。

（3）媒体综合技术，指把一些低级别的信息表示成高级别的模式。例如，语音合成器可以把一些文本内容转换为声音输出。

四、多媒体专用芯片技术

专用芯片是多媒体计算机硬件的关键。因为要实现音频、视频信号的快速压缩、解

压缩处理，需要大量的快速计算；而实现图像的许多特殊效果（如改变比例、淡入淡出、马赛克等）、图形的处理（如图形的生成和绘制等）、语音信号处理（如抑制噪声）等，也都需要较快的运算和处理速度，只有采用专用芯片，才能获得满意的效果。

多媒体专用芯片有两种类型：一种是固定功能的专用芯片，它只能完成一种固定的压缩算法，但是成本相对较低，使用简便；另一种是可编程的 DSP（数字信号处理器）芯片，它可通过编程来改变处理功能，实现不同的压缩算法，但是生产成本较高。

五、其他多媒体技术

其他多媒体技术主要包括：

（1）多媒体软件技术主要研究加强多媒体操作系统的功能和兼容性；

（2）多媒体内容的编辑与创作；

（3）多媒体应用程序开发；

（4）多媒体数据库管理技术；

（5）多媒体通信技术，包含了数据、语音和图像的混合传输技术。它要求在通信线路上同时传输语音、图像、文件等信号，因此，必须采用复杂的多路混合传输技术，而且需要特殊的协议来完成。

9.2　多媒体信息的数字化

多媒体的媒体元素主要有文本、图形、图像、声音、动画和视频等，多媒体计算机对这些元素进行处理时，首先需要将这些资料来源不同、信号形式不一、编码规格不同的外部信息，改造成为计算机能够处理的信号，然后按规定格式对这些信息进行编码，这个过程称为多媒体信息的数字化。

9.2.1　文本信息的数字化

文本（Text）由字符型数据（数字、字母、符号、汉字等）组成，文本信息的数字化主要是对文本信息在计算机中的表示进行统一的二进制编码。字符信息可以采用键盘人工输入，也可以采用扫描仪输入后，由 OCR（光学字符识别）软件进行字符识别；或采用语音输入后由计算机自动转换为文本方式等。字符在计算机中必须采用统一的二进制编码表示，字符编码是以某种固定的顺序排列字符，然后对每个字符进行唯一性编号。字符编码往往以国家或国际标准的形式颁布，统一编码解决了文本数据表达和交换的一致性问题。

一、ASCII（ASCII 码）

计算机中常用的字符编码标准有 ASCII（美国标准信息交换编码），它用 1 个字节的低 7 位（最高位为 0）表示 128 个不同的字符，包括大写和小写的 26 个英文字母、0～9 的 10 个数字、33 个通用运算符和标点符号以及 33 个控制码。利用 ASCII 标准，可以进行完整的英文文本表达。ASCII 虽然是一个美国国家标准，但是目前已经成为了一种事实上的国际通用标准。

二、GB2312—80（国标码）

我国在 GB2312—80《信息交换用汉字编码字符集基本集》国家标准中规定：一个汉字用两个字节表示，每个字节只用低 7 位，最高位为 0。由于国标码每个字节的最高位也为 0，与国际通用的 ASCII 码无法区分，因此，在计算机内部，汉字编码全部采用机内码表示。机内码就是将国标码两个字节的最高位设定为 1。这样就解决了与 ASCII 码的冲突，保持了中英文的良好兼容性。

GB2312—80 共收录 6763 个简体汉字、682 个符号。其中一级汉字 3755 个，以拼音排序；二级汉字 3008 个，以偏旁排序。GB2312—80 在大陆及海外使用简体中文的地区（如新加坡）是强制使用的唯一中文编码。DOS、Windows 3.2 简体中文版和苹果微机操作系统都以 GB2312—80 为基本汉字编码。

三、GBK（大字库）

GBK 是 GB2312—80 的扩展，是向下兼容的。它包含了 20902 个汉字，所有字符都可以一对一映射到 Unicode 2.0 标准中。Windows 98/2000/XP/2003 简体中文版都以 GBK 为基本汉字编码，但兼容 GB2312—80 标准。

GB18030—2000（简称为 GBK2K）在 GBK 的基础上进一步扩展了汉字，增加了藏、蒙等少数民族的字形。GBK2K 从根本上解决了字位不够和字形不足的问题。GBK2K 是强制性的国家标准，但现在还没有操作系统或软件实现对 GBK2K 的支持。

四、Big5（大五码）

港台地区的计算机，其中的汉字编码大多采用 Big5 编码，它与 GB2312—80 国标码不兼容。Big5 编码共定义了 13868 个字符，其中包括 5401 个常用字、7652 个次常用字、7 个扩充字以及 808 个符号，总计 13060 个汉字，汉字部分均以部首为序。

五、Unicode（大字符集）

国际标准化组织（ISO）于 1984 年 4 月成立了一个 WG2（第 2 工作组），主要工作是对各国文字、符号进行统一编码。1991 年美国多个 IT 跨国公司成立了 Unicode Consortium，并与 WG2 达成协议，采用同一编码字符集，因此，Unicode 具有双重含义。首先 Unicode 是对国际标准 ISO/IEC10646 编码的一种称谓（也称为大字符集），它是 ISO 于 1993 年颁布的一项重要国际标准，其目标是对全球所有文字进行统一编码；另外它又是由美国的 Microsoft、IBM、HP、Apple 等大公司组成的企业联盟的名称，该联盟的宗旨是推进多文种的统一编码。

Unicode 1996 年公布了 Unicode 2.0 标准，它包含符号 6811 个、汉字 20902 个、韩文拼音 11172 个、造字区 6400 个、保留 20249 个，共计 65534 个字符编码。

Unicode 显著的优点在于采用两个字节表示一个字符，最明显的好处是简化了汉字的处理过程。但是，Unicode 也存在一些问题。例如，采用 Unicode 编码的文件如果某处内容被破坏，则会引起其后汉字的混乱。

随着 Internet 的迅速发展，进行数据交换的需求越来越大，不同编码体系的互不兼容，越来越成为多媒体信息交换的障碍。由于多种语言共存的文档不断增多，于是对 Unicode 的呼声也越来越高。

9.2.2 图形信息的数字化

一、矢量图形的特点

图形(Graphic)一般指矢量图形文件。矢量图形是用一组指令集合来描述图形的内容，这些描述包括图形的形状(如直线、圆、圆弧、矩形、任意曲线等)、位置(如 x, y, z 坐标)、大小、色彩等属性。例如，Line(x1, y1, x2, y2)表示点 1(x1, y1)到点 2(x2, y2)的一条直线；Circle(x, y, r)表示圆心位置为(x, y)，半径为 r 的一个圆；用 $y = \sin x$ 来描述一个正弦波的图形等。

在图形文件中，只记录生成图形的算法和图上的某些特征点参数。矢量图形中的曲线是由短的直线逼近的(插补)，通过图形处理软件，可以方便地将矢量图形放大、缩小、移动和旋转，矢量图形的尺寸可以任意变化而不会损失图形的质量。由于构成矢量图形的各个部件(图元)是相对独立的，因而在矢量图形中可以只编辑修改其中的某一个物体，而不会影响图中其他物体。

由于矢量图形只保存了算法和特征点参数，因此，占用的存储空间较小，打印输出和放大时图形质量较高。但是，矢量图形也存在一些缺点，一是显示图形时计算时间较长；二是无法使用简单廉价的设备，将图形输入到计算机中并且矢量化。矢量图形基本上需要人工设计制作，如要设计一个三维的矢量图形，工作量特别大；三是矢量图形目前没有统一的标准和格式，大部分矢量图形格式存在不开放和知识产权问题，这造成了矢量图形在不同软件中进行交换的困难，也给多媒体应用带来了极大的不便。

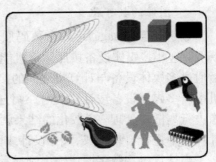

图 9-3 矢量的常见效果

矢量图形主要用于表示线框型图片、工程制图、二维动画设计、三维物体造型、美术字体设计等。大多数计算机绘图软件、计算机辅助设计软件、三维造型软件等，都采用矢量图形作为基本图形存储格式。矢量图形可以很好地转换为点阵图像，但是，点阵图像转换为矢量图形时效果很差。矢量的常见效果如图 9-3 所示。

二、矢量图形文件格式

(1) CDR 格式。矢量图形设计软件 CorelDraw 专用格式。

（2）IA 格式。Adobe 公司矢量图形设计软件 Illustrator 专用格式。

（3）DWG 格式。计算机辅助设计软件 Auto CAD 专用格式。

（4）3DS 格式。三维动画设计软件 3DS Max 专用图形格式。

（5）SWF 格式。Flash 动画设计软件专用格式。

（6）VSD 格式。Microsoft 公司网络结构图设计软件 Visio 专用格式。

（7）WMF 格式。Microsoft 公司一种矢量图形文件格式，它具有文件短小、图案造型化的特点。整个图形由多个独立的部分拼接而成，其图形往往较粗糙，并只能在 Microsoft Office 中调用编辑。

（8）EMF 格式。Microsoft 公司开发的 Windows 32 位扩展图元文件格式，目的是弥补 WMF 文件格式的不足，使得图元文件更加易于使用。

（9）SVG 格式。SVG 是由 W3C（因特网联盟）组织研究和开发的矢量图形标准。SVG 最大的优点在于它的易用性。SVG 可以自由缩放图形而不会变形、文字独立于图形、文件尺寸小，并且支持透明效果、动态效果、滤镜效果，有强大的交互性等。SVG 是基于 XML（可扩展标识语言）的应用。作为标准开放的 SVG，意味着它并不属于任何个体专利，正是因为这点，使得 SVG 能够得到更迅速的开发和应用。目前已经有少数公司推出了支持 SVG 创作、编辑和浏览的工具或软件。

9.2.3　图像信息的数字化

一、图像的数字化

数字图像（Image）可以由数码照相机、数码摄像机、扫描仪、手写笔等多媒体设备获取，这些多媒体设备按照计算机能够接受的格式，对自然图像进行数字化处理，然后通过多媒体设备与计算机之间的接口传输到计算机，并且以文件的形式存储在计算机中。多媒体设备或计算机对一幅自然图像进行数字化时，首先必须把连续的自然图像进行离散化处理，离散化的结果就产生了数字图像。当然，数字图像也可以直接在计算机中进行自动生成、人工设计或由网络、磁盘等设备输入。

当计算机将数字图像输出到显示器、打印机、电视机等模拟信号设备时，又必须将离散化的数字图像合成为一幅多媒体设备能够接受的自然图像。

二、图像的色彩深度

图像由像素点阵构成，也称为位图。

（1）二值图像。如果为黑白图像（如文字），图像中的每个像素点用 1 位二进制数表示（0 为白，1 为黑），这种图像称为二值图像。

（2）灰度图。如果图像为灰度图，图像中每个像素点的亮度值用 8 位二进制数表示，亮度表示范围有 0～255 个灰度等级。

（3）彩色图像。如果是彩色图像，则 R（红）、G（绿）、B（蓝）三基色每种色用 8 位二进制数表示，这时色彩深度为 24 位，它可以表达 1670 万种色彩。

色彩深度决定了位图中能够出现的最大颜色数。例如,8 位的彩色图像,就只能显示 256 种色彩(如 GIF 图像)。

位图记录由像素所构成的图像,位图表达的图像逼真。但是,位图文件较大,处理高质量彩色图像时对硬件平台要求较高;位图缺乏灵活性,因为像素之间没有内在联系而且它的分辨率是固定的,把图像缩小,再恢复到它的原始大小时,图像就变得模糊不清。

三、图像的分辨率

分辨率是数字化图像的重要性能指标,图像分辨率越大,图片文件的尺寸越大,也能表现更丰富的图像细节;如果图像分辨率较低,图片就会显得相当粗糙。图像分辨率有以下几个方面的含义。

(1) 图像分辨率。数字化图像水平与垂直方向像素的总和。例如,800 万像素的数码相机,拍摄的图像最高分辨率可以达到 3264×2448(水平像素×垂直像素)。

(2) 屏幕分辨率。一般用显示器屏幕水平像素×垂直像素表示,如 1024×768 等。

(3) 印刷分辨率。图像在打印时,每英寸像素的个数,一般用 dpi(像素点/英寸)表示。例如,普通书籍的印刷分辨率为 300dpi,精致画册印刷分辨率为 1200dpi。

(4) 分辨率之间的关系。例如,使用数码相机拍摄一幅 380 万像素的数码图片,图片的分辨率为 2272×1704。该图片在分辨率为 1024×768 的显示器中输出时,如果图片按 100% 的比例显示,则只能显示图片的一部分,因为图片分辨率大于显示器分辨率;如果将图片满屏显示,则屏幕只显示了图片 45% 左右的像素;如果将该图片在打印机中输出,当打印画面尺寸为 3.5"× 5"(5 英寸相片)时,打印出的图片分辨率为 450dpi 左右;如果打印画面尺寸扩大到 8"×12"(12 英寸相片,相当于 A4 大小)时,则打印出的图片分辨率将降为 190dpi 左右。

四、图像文件格式

图像文件有很多通用的标准存储格式,如 BMP、TIF、JPG、PNG、GIF 等。这些图像文件格式标准是开放和免费的,这使得图像在计算机中的存储、处理、传输、交换和利用都极为方便,如 BMP 与 JPG 图像格式可以相互转换。

(1) BMP 格式。BMP(Bitmap,位图)是 Windows 操作系统中最常用的图像文件格式,它有压缩和非压缩两类。BMP 文件结构简单,形成的图像文件较大,它最大优点是能被大多数软件接受。

(2) TIF 格式。TIF(Tag Image File,标记图像文件格式)是一种工业标准图像格式,它也是图像文件格式中最复杂的一种。TIF 图像文件格式的存放灵活多变,它的优点是独立于操作系统和文件系统,可以在 Windows、Linux、UNIX、Mac OS 等操作系统中使用,也可以在某些印刷专用设备中使用。TIF 文件格式分成压缩和非压缩两大类,它支持所有图像类型。TIF 文件存储的图像质量非常高,但占用的存储空间也非常大,信息较多,这有利于图像的还原。TIF 文件主要应用于美术设计和出版行业。

（3）JPG 格式。JPEG（Joint Photographic Experts Group，联合照片专家组）于 1991 年提出了"多灰度静止图像的数字压缩编码"（简称 JPEG 标准），这是一个适用于彩色、单色和多灰度静止数字图像的压缩标准。JPG 对图像的处理包含两部分："无损压缩"和"有损压缩"。它将不易被人眼察觉的图像颜色删除，从而达到较大的压缩比（2∶1～40∶1），但是对图像质量影响不大，因此可以用最少的磁盘空间得到较好的图像质量。由于它优异的性能，所以应用非常广泛，JPG 文件格式也是 Internet 上的主流图像格式。

（4）GIF 格式。GIF（Graphics Interchange Format，图像交换格式）是一种压缩图像存储格式，它采用无损 LZW 压缩方法，压缩比较高，文件很小，GIF89a 文件格式还允许在一个文件中存储多个图像，因此可实现动画功能。GIF 允许设置图像背景为透明属性，GIF 图像文件格式是目前 Internet 上使用最频繁的文件格式，网上很多小动画都是 GIF 格式。GIF 文件的最大缺点是最多只能处理 256 种色彩，因此不能用于存储真彩色的大图像文件。

（5）PNG 格式。PNG（Portable Network Graphic，流式网络图形）文件采用无损压缩算法，它的压缩比高于 GIF 文件，支持图像透明。PNG 是一种点阵图像文件，网页中有很多图片都是这种格式。PNG 文件的色彩深度可以是灰度图像的 16 位，也可以是彩色图像的 48 位，PNG 格式是一种新兴的网络图形格式。

9.2.4　音频信息的数字化

一、音频信号的数字化处理

物体在空气中振动时会发出连续的声波，大脑对声波的感知就是声音，也称为音频（Audio）信号。自然声音是连续变化的模拟量。例如对着话筒讲话时，话筒根据它周围空气压力的不同变化，输出连续变化的电压值。这种变化的电压值是对讲话声音的模拟，称为模拟音频。模拟音频电压值输入到录音机时，电信号转换成磁信号记录在录音磁带上，因而记录了声音。但这种方式记录的声音不利于计算机存储和处理，要使计算机能存储和处理声音信号，就必须将模拟音频数字化。

在每个固定时间间隔内对模拟音频信号截取一个振幅值，并用给定字长的二进制数表示，可将连续的模拟音频信号转换成离散的数字音频信号。截取模拟信号振幅值的过程称为采样，所得到的振幅值为采样值。采样值以二进制形式表示称为量化编码。对一个模拟音频采样量化完成后，我们就得到了一个数字音频文件。以上工作可以由计算机中的声卡或音频处理芯片负责完成。音频信号的数字化过程如图 9-4 所示。

数字音频信号可以通过光盘、电子琴 MIDI 接口等设备输入到计算机。模拟音频信号一般通过话筒和音频输入接口（Line in）输入到计算机，然后由计算机声卡转换为数字音频信号，这一过程称为模数转换（A/D）。当需要将数字音频文件播放出来时，可以利用音频播放软件将数字音频文件解压缩，然后通过计算机上的声卡或音频处理

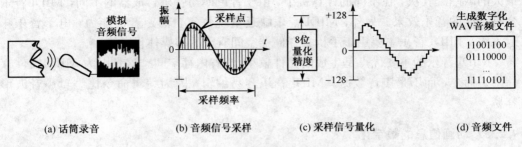

(a) 话筒录音   (b) 音频信号采样   (c) 采样信号量化   (d) 音频文件

图 9-4　音频信号数字化过程

芯片，将离散的数字量再转换成为连续的模拟量信号（如电压），这一过程称为数模转换（D/A）。

二、音频文件格式

音频文件可分为波形文件（如 WAV、MP3 音乐）和音乐文件（如手机 MIDI 音乐）两大类，由于它们对自然声音记录方式的不同，文件大小与音频效果相差很大。波形文件通过录入设备录制原始声音，直接记录了真实声音的二进制采样数据，通常文件较大。

目前较流行的音频文件有 WAV、MP3、WMA、RM 、MID 等。

（1）WAV 格式。WAV 格式是 Microsoft 公司和 IBM 公司共同开发的 PC 标准音频格式，具有很高的音质。未经压缩的 WAV 文件存储容量非常大，一分钟 CD 音质的音乐大约占用 10MB 存储空间。

（2）MP3 格式。MP3 是一种符合 MPEG-1 音频压缩第 3 层标准的文件格式。MP3 压缩比高达 1:10～1:12。MP3 是一种有损压缩，由于大多数人听不到 16kHz 以上的声音，因此 MP3 编码器便剥离了频率较高的所有音频。一首 50MB 的 WAV 格式歌曲用 MP3 压缩后，只需 4MB 左右的存储空间，而音质与 CD 相差不多。MP3 音频是 Internet 的主流音频格式。

（3）WMA 格式。WMA（Windows Media Audio）是 Microsoft 公司开发的一种音频文件格式。在低比特率时（如 48kbit/s），相同音质的 WMA 文件比 MP3 小了许多，这就是它的优势。

（4）RA、RM、RAM 格式。它们是 Realnetworks 公司开发的一种流式音频文件格式，主要用于在低速率的 Internet 上实时传输音频信息。

三、MIDI 音乐文件

MIDI（乐器数字接口）是电子合成乐器的统一国际标准。在 MIDI 文件中，只包含产生某种声音的指令，这些指令包括使用什么 MIDI 乐器、乐器的音色、声音的强弱、声音持续时间的长短等。计算机将这些指令发送给声卡，声卡按照指令将声音合成出来。MIDI 音乐可以模拟上千种常见乐器的发音，唯独不能模拟人们的歌声，这是它最大的缺陷。其次，在不同的计算机中，由于音色库与音乐合成器的不同，MIDI 音乐会有不同的音乐效果。另外，MIDI 音乐缺乏重现真实自然声音的能力，电子音乐味道太浓。MIDI 音乐主要用于手机等存储器空间有限的多媒体设备。

MIDI 音乐的主要优点是生成的文件较小、节省内存空间。这是因为 MIDI 文件存储的是命令，而不是声音数据。MIDI 音乐容易编辑，因为编辑命令比编辑声音波形容易。

9.2.5　动画信息的数字化

一、动画的类型

动画(Animation)是多幅按一定频率连续播放的静态图像。动画利用了人类眼睛的"视觉暂留效应"。人在看物体时，画面在人脑中大约要停留 1/24 秒，如果每秒有24 幅或更多画面进入大脑，那么人们在来不及忘记前一幅画面时，就看到了后一幅，形成了连续的影像。这就是动画的形成原理。动画主要有帧动画、矢量动画和变形动画三种类型。

(1)帧动画。帧动画是由多帧内容不同而又相互联系的画面，连续播放而形成的视觉效果。构成这种动画的基本单位是帧，人们在创作帧动画时需要将动画的每一帧描绘下来，然后将所有的帧排列并播放，工作量非常大。

(2)矢量动画。矢量动画是一种纯粹的计算机动画形式。矢量动画可以对每个运动的物体分别进行设计，对每个对象的属性特征，如大小、形状、颜色等进行设置，然后由这些对象构成完整的帧画面。

(3)变形动画。变形动画是把一个物体从原来的形状改变成为另一种形状，在改变过程中，把变形的参考点和颜色有序地重新排列，就形成了变形动画。这种动画的效果有时候是惊人的，适用于场景的转换、特技处理等影视动画制作中。

二、三维动画

三维动画是为了表现真实的三维立体效果，物体无论旋转、移动、拉伸、变形等，都能通过计算机动画表现它的空间感觉。三维动画是一种矢量动画形式，但是它融合了变形动画和帧动画的优点，可以说三维动画是真正的计算机动画。以前三维动画软件对计算机硬件和软件环境要求都相当高，目前普通微机就能完成三维动画设计。完成一幅三维动画，最基本要完成三项工作：建模、材质和动画。

(1)建模。建模就是使用计算机软件创建三维形体。使用最广泛和简单的建模方式是多边形建模方式，这种建模方式是基于三角面和四边形面的拼接而形成立体模型。一般三维设计软件提供了很多种预制的二维图形和简单的三维几何体，加上软件强大的修改功能，可以选择不同的基本形体进行组合，从而完成更为复杂的造型。但是在创建复杂模型时，有太多的点和面要进行计算，所以处理速度会变慢。

(2)材质。在三维动画中，往往把物体的色彩、光泽和纹理称为材质，将材质覆盖在三维模型上，就可以表现物体的真实感。影响物体材质的因素有两个方面：一是物体本身的颜色和质地；二是环境因素，包括灯光和周围的场景等。

（3）动画。动画是三维创作中比较难的部分。如果说在建模时需要立体思维，设置材质时需要美术修养，那么在动画设计时不但需要熟练的技术，还要有导演的能力。

9.2.6 视频信息的数字化

视频是多媒体的重要组成部分，是人们最容易接受的信息媒体。

一、模拟视频标准

目前国际上流行的视频制式标准分别为 NTSC 制式、PAL 制式和 SECAM 制式。

（1）NTSC 制式。NTSC(National Television Standards Committe，美国国家电视标准委员会)是 1952 年由美国国家电视标准委员会制定的彩色电视广播标准，美国、加拿大等大部分西半球国家，以及中国的台湾、日本、韩国、菲律宾等均采用这种制式。

（2）PAL 制式。PAL(Phase Altevnating Line，隔行倒相)是德国在 1962 年制定的彩色电视广播标准，主要用于英国一些西欧国家，新加坡、中国、澳大利亚、新西兰等国家也采用这种制式。PAL 制式规定：每秒显示 25 帧画面，每帧水平扫描线为 625 条，水平分辨率为 240～400 个像素点，采用隔行扫描方式，场频（垂直扫描频率）为 50Hz，行频（水平扫描频率）为 15.625kHz。

（3）SECAM 制式。SECAM 制式又称塞康制，是法文 Sequentiel Couleur A Memoire 缩写，意为顺序传送彩色信号与存储恢复彩色信号制，由法国在 1956 年提出，1966 年制定的一种彩色电视制式。使用国家主要集中在法国、东欧和中东一带。

二、模拟视频信号数字化

NTSC 制式和 PAL 制式的电视是模拟信号，计算机要处理这些视频图像，必须进行数字化处理。模拟视频的数字化存在以下技术问题：

（1）电视采用 YUV(一种 PAL 制式下的颜色编码方法)或 YIQ(一种 NTSC 制式下的颜色编码方法)信号方式，而计算机采用 RGB(红绿蓝颜色编码方法)信号方式；

（2）电视机画面是隔行扫描，计算机显示器大多采用逐行扫描；

（3）电视图像的分辨率大大低于计算机显示器的分辨率。

因此，模拟电视信号的数字化工作，主要包括色彩空间转换、光栅扫描的转换以及分辨率的统一等。

模拟视频信号的数字化一般采用以下方法。

（1）复合数字化。这种方式是先用一个高速的模/数（A/D）转换器对电视信号进行数字化，然后在数字域中分离出亮度和色度信号，以获得 YUV(PAL 制)分量或 YIQ(NTSC 制)分量，最后再将它们转换成计算机能够接受的 RGB 色彩分量。

（2）分量数字化。先把模拟视频信号中的亮度和色度分离，得到 YUV 或 YIQ 分量，然后用 3 个模/数转换器对 YUV 或 YIQ 的 3 个色彩分量分别进行数字化，最后再转换成 RGB 色彩分量。

将模拟视频信号数字化并转换为计算机图像信号的多媒体接口卡称为视频捕捉卡。

三、视频文件格式

（1）AVI 格式。AVI 是音频视频交错格式文件，它由 Microsoft 公司推出。所谓"音频视频交错"，就是指可以将视频和音频交织在一起进行同步播放。这种视频格式的优点是图像质量好，可以跨多个平台使用，缺点是体积过于庞大，而且更糟糕的是压缩标准不统一。有 MPEG-1、MPEG-2、MPEG-4 等其他算法压缩的 AVI 文件，因此经常会遇到 Windows 媒体播放器播放不了 AVI 格式视频。

（2）DV-AVI 格式。DV-AVI 格式是由索尼、松下等厂商联合提出的一种家用数字视频格式，目前流行的数码摄像机就是使用这种格式记录视频数据。这种视频文件的扩展名也是.avi，但是习惯称为 DV-AVI 格式。

（3）MPEG-1 压缩标准的文件格式。MPEG-1 压缩标准的文件格式主要应用于 CD-ROM、Video-CD、CD-I，也被用于数字电话网络上的视频传输，如 ADSL、视频点播（VOD）等。文件扩展名包括：.mpeg、.mpg、.mpe、.m1v 及 VCD 光盘中的.dat 文件等。

（4）MPEG-2 压缩标准的文件格式。MPEG-2 压缩标准的文件格式主要应用在 DVD 的制作方面，同时在一些 HDTV（高清晰电视广播）等方面也有应用。文件扩展名包括：.mpeg、.mpg、.mpe、.m2v 及 DVD 光盘中的.vob 文件等。

（5）MPEG-4 压缩标准的文件格式。MPEG-4 是为播放流媒体的高质量视频而专门设计的，它可使用最少的数据获得最佳的图像质量。MPEG-4 能够保存接近于 DVD 画质的小体积视频文件，文件扩展名包括：.mpeg-4、.avi、.mp4、.3gp、.asf、.mov 和.divX 等。

（6）DivX 格式。DivX 格式是由 MPEG-4 衍生出的一种视频压缩标准，即通常所说的 DVDrip 格式。它采用 DivX 压缩技术对 DVD 盘片的视频图像进行高质量压缩，同时用 MP3 或 AC3 压缩标准对音频进行压缩，然后再将视频与音频合成，并加上相应的外挂字幕文件，最后形成视频格式文件。其画质直逼 DVD，而体积只有 DVD 的数分之一。

（7）MOV 格式。MOV 格式是由美国 Apple 公司开发的一种视频格式，默认的播放器是苹果公司的 Quick Time Player。MOV 格式文件具有较高的压缩比率和较完美的视频清晰度。

（8）ASF 格式。ASF 格式是 Microsoft 公司推出的一种流媒体视频格式。由于它使用了 MPEG-4 压缩算法，所以压缩率和图像质量都不错。

（9）WMF 格式。WMF 格式是 Microsoft 公司推出的一种采用独立编码方式，它可以直接在网上实时观看视频节目。

（10）RM 格式。RM 格式是美国 Networks 公司制定的音频视频压缩标准，用户可使用 RealPlayer 进行播放。RM 格式文件可以根据不同的网络传输速率制定出不同的压缩比率，从而实现在低速率的网络上进行视频影像的实时播放。

（11）RMVB 格式。RMVB 格式是一种由 RM 视频格式升级而来的视频格式。它对静止和动作场面少的画面采用较低的编码速率，这样可以留出更多的带宽空间，而这些带宽会在出现快速运动的画面场景时被利用。这样在保证了静止画面质量的前提下，大幅地提高了运动图像的画面质量，从而使图像质量和文件大小达到了较好的平衡。

9.3　多媒体数据压缩技术

9.3.1　多媒体信息的数据量

数字化的图形、图像、视频、音频等多媒体信息数据量很大，下面分别以文本、图形、图像、声音和视频等数字化信息为例，计算它们的理论数据存储容量。

一、文本数据量

设屏幕的分辨率为 1024×768，屏幕显示字符大小为 16×16 点阵像素，每个字符用 2 个字节存储，则满屏字符的存储空间为

[1024（水平分辨率）/16（点）×768（垂直分辨率）/16（点）]×2（Byte）＝6KB

二、矢量图形数据量

矢量图形所需的存储空间较小。例如，存储一幅由 500 条直线组成的矢量图形，也就是要存储构造图形的线条信息，每条线的信息可由起点坐标（x1，y1）、终点坐标（x2，y2）、线条颜色、线条宽度、线条类型（虚线、实线等）等属性表示，其中 4 个坐标属性每个用 2 个字节存储，其他 5 个属性用 1 个字节存储，则存储这幅图形的存储空间为

[4（坐标点）×2（字节）＋5（属性）×1（字节）]×500（条）＝6.35KB

三、点阵图像数据量

如果用扫描仪获取一张 11 英寸×8.5 英寸（相当于 A4 大小）的彩色照片输入计算机，扫描仪分辨率设为 300dpi，扫描色彩为 24 位 RGB 彩色图，经扫描仪数字化后，图像的存储空间为

11（英寸）×300（dpi）×8.5（英寸）×300（dpi）×24（位）/8（bit）＝24MB

四、数字化声音数据量

模拟电话的声音频率为 4kHz，为了达到这个指标，采样频率必须为 8kHz，量化精度为 8 位，1 秒钟电话语音传输的数据量为

8000（Hz）×8（位）×1（秒）＝64kbit/s

五、数字化高质量音频

人们听到的最高声音频率为 22kHz，制作 CD 音乐时，为了达到这个指标，因此采样频率为 44.1kHz，量化精度为 32 位。存储一首 4 分钟的立体声数字化音乐需要的存储空间为

$$44100(\text{Hz}) \times 32(\text{位}) \times 2(\text{声道}) \times 240(\text{秒})/8(\text{bit}) = 80.7\text{MB}$$

六、数字化视频数据量

NTSC 制式的视频图像分辨率为 640×480，每秒显示 30 幅视频画面（帧频为 30fps），色彩采样精度为 24 位，因而存储 1 秒钟未经压缩的数字化 NTSC 制式视频图像，需要的存储空间为

$$640(\text{水平分辨率}) \times 480(\text{垂直分辨率}) \times 24(\text{位}) \times 30(\text{帧})/8(\text{bit}) = 26.4\text{MB}$$

9.3.2 多媒体数据的冗余

多媒体信息中存在大量的数据冗余，数据压缩技术就是利用了数据的冗余性，来减少图像、声音、视频中的数据量。数据中存在以下冗余数据。

（1）空间冗余数据。规则的物体和背景都具有空间上的连贯性，这些图像数字化后就会出现数字冗余。例如，在静态图像中有一块表面颜色均匀的区域（如白色墙壁），在这个区域中所有点的光强和色彩以及饱和度都是相同的，因此数据就会存在很大的空间冗余性。该图片数字化处理后，生成的位图有大量的数据完全一样或十分接近。完全一样的数据当然可以进行压缩，十分接近的数据也可以压缩，因为图像解压缩恢复后，人眼分辨不出它与原图有什么差别，这种压缩就是对空间冗余的压缩。

（2）时间冗余数据。运动图像（如电视）和语音数据的前后有很强的相关性，经常包含了数据冗余。在播出视频图像时，时间发生了推移，但若干幅画面的同一部位并没有什么变化，发生变化的只是其中某些局部区域，这就形成了时间冗余数据。例如，电视中转播讲座类节目时，背景大部分时间是不变的。在电话中通信中，用户几秒钟的话音停顿，也会产生大量的冗余数据。

（3）视觉冗余数据。人类视觉对图像的敏感度是不均匀的。但是，在对原始图像进行数字化处理时，通常对图像的视觉敏感和不敏感部分同等对待，从而产生了视觉冗余数据。

9.3.3 数据压缩技术

压缩处理一般由两个过程组成：一是编码过程，即将原始数据经过编码进行压缩；二是解码过程，即将编码后的数据还原为可以使用的数据。数据压缩可分为无损压缩和有损压缩两大类。

一、无损压缩

无损压缩利用数据的统计冗余进行压缩，解压缩后可完全恢复原始数据，而不引起任何数据失真。无损压缩的压缩率受到冗余理论的限制，一般为 2:1～5:1。无损

压缩广泛用于文本数据、程序和特殊应用的图像数据的压缩。常用的无损压缩算法有：RLE 编码、Huffman 编码、LZW 编码等。

1. RLE 编码

RLE(行程长度)编码是将数据流中连续出现的字符用单一记号表示。

例如，字符串"ABCAAABBBBCCCCC"可以压缩为"1A1B1C3A4B5C"。

RLE 编码的压缩效果不太好，但由于简单直观，编码/解码速度快，因此仍然得到广泛应用。如 BMP、TIF 及 AVI 等格式文件都采用这个压缩方法。

2. Huffman 编码

Huffman(哈夫曼)编码较为复杂，它的编码原理是：先统计数据中各字符出现的概率，再按字符出现慨率的高低，分别赋予由短到长的代码，从而保证了数据文件中大部分字符是由较短的编码构成。

3. LZW 编码

LZW(算术)编码使用字典库查找方法。它读入待压缩的数据，并与一个字典库(库开始为空)中的字符串对比，如有匹配的字符串，则输出该字符串数据在字典库中的位置索引，否则将该字符串插入到字典中。许多 DOS 下的压缩软件(如 ARJ、PKZIR、LHA)采用这种压缩方法，另外，GIF 和 TIF 格式的图像文件也是按这种方法存储的。

二、有损压缩

图像或声音的频带宽、信息丰富，人类视觉和听觉器官对频带中的某些成分不大敏感，有损压缩以牺牲这部分信息为代价，换取了较高的压缩比。有损压缩在还原图像时，与原始图像存在一定的误差，但视觉效果一般可以接受，压缩比可以从几倍到上百倍。

常用的有损压缩方法有：PCM(脉冲编码调制)、预测编码、变换编码、插值、外推、分形压缩、小波变换等。

三、混合压缩

混合压缩利用了各种单一压缩方法的长处，在压缩比、压缩效率及保真度之间取得最佳的折衷。例如，JPEG 和 MPEG 标准就采用了混合编码的压缩方法。

9.3.4 JPEG 静止图像压缩标准

国际标准化组织(ISO)和国际电信联盟(ITU)共同成立的联合照片专家组(JPEG)，于 1991 年提出了"多灰度静止图像的数字压缩编码"(简称 JPEG 标准)。这个标准适合对彩色和单色多灰度等级的图像进行压缩处理。

JPEG 标准支持很高的图像分辨率和量化精度。它包含两部分：第一部分是无损压缩，采用差分脉冲编码调制(DPCM)的预测编码；第二部分是有损压缩，采用离散余弦变换(DCT)和 Huffman 编码，通常压缩率达到 20~40 倍。

JPEG算法主要存储颜色变化，尤其是亮度变化，因为人眼对亮度变化要比对颜色变化更为敏感。JPEG算法的设计思想是：恢复图像时不重建原始画面，而是生成与原始画面类似的图像，丢掉那些没有被注意到的颜色。

JPEG算法主要计算步骤如下：

正向离散余弦变换（FDCT）→量化→Z字形编码→使用差分脉冲编码调制（DPCM）对直流系数DC进行编码→使用行程长度编码（RLE）对交流系数（AC）进行编码→熵编码。

JPEG解压缩的过程与压缩编码过程正好相反。

9.3.5 MPEG 动态图像压缩标准

运动图像专家组（MPEG）负责开发电视图像和声音的数据编码和解码标准，这个专家组开发的标准都称为 MPEG 标准。到目前为止，已经开发和正在开发的 MPEG 标准有 MPEG-1、MPEG-2、MPEG-4、MPEG-7 等。MPEG-3 随着发展已经被 MPEG-2 所取代，MPEG-4 则主要用于视频通信会议。MPEG 算法除了对单幅电视图像进行编码压缩外（帧内压缩），还利用图像之间的相关特性，消除电视画面之间的图像冗余，这大大提高了视频图像的压缩比，MPEG-2 压缩比可达到 60～100 倍。

一、MPEG 运动补偿压缩技术

为满足高压缩比和节目随机播放两方面的要求，MPEG 采用了运动补偿预测和运动补偿插值两种压缩技术。

（1）运动补偿预测。电视画面之间的运动具有连续性，即当前画面上的图像，可以看成是前面某个时刻画面上图像的位移，位移的幅度值和方向在画面各处可以不同。利用运动位移信息与前面某个时刻的图像，对当前画面图像进行预测的方法，称为前向预测。这种技术主要用于视频节目正常播放。反之，根据当前时刻的图像与位移信息，预测该图像之前的图像，称为后向预测，这种技术主要用于视频节目快倒。

（2）运动补偿插值。以插补方法补偿运动信息是提高视频压缩比最有效的措施之一。例如，以 1/15 秒或 1/10 秒的时间间隔选取一个参考子图（视频画面中的某个部分），对较低分辨率的子图进行编码，通过低分辨子图及反映画面运动趋势的附加校正信息（运动矢量）进行插值，就可以得到满分辨率（帧频 1/30 秒）的视频信号。插值运动补偿也称为双向预测，因为它既利用了前面帧的信息又利用了后面帧的信息。

二、MPEG-1 标准

MPEG-1 视频压缩算法采用了三个基本技术：运动补偿（预测编码和插补编码）、DCT 变换编码技术和熵编码技术。在 MPEG-1 中，DCT 不仅用于单幅画面的帧内压缩，而且在画面之间也进行 DCT 变换。这样减少了冗余数据，达到了进一步压缩的目的。

由于视频和音频需要同步，所以 MPEG-1 压缩算法对二者联合考虑，最后产生一个位速率约为 1.5Mbit/s 的视频和音频 MPEG 单一数据流。MPEG-1 的画面分辨率很低，只有 352240 个像素，一秒钟 30 幅画面（帧频），采用逐行扫描方式。MPEG-1 广泛应用于 VCD 视频节目。

三、MPEG-2 标准

MPEG-2 标准不仅适用于光存储介质（DVD），也用于广播、通信和计算机领域，而且 HDTV（高清晰度电视）编码压缩也是采用 MPEG-2 标准。MPEG-2 的音频与 MPEG-1 兼容，它们都使用相同种类的编码译码器。但是 MPEG-2 还定义了与 MPEG-1 音频格式不兼容的 MPEG-2 AAC（先进音频编码），它是一种非常灵活的声音编码标准，支持 8kHz 到 96kHz 的采样频率，支持 48 个主声道、16 个配音声道和 16 个数据流。

MPEG-2 采用了一种非对称算法，也就是说运动图像的压缩编码过程，与还原编码过程不对称，解码过程要比编码过程相对简单。

DVD 视频节目采用 MPEG-2 进行压缩，HDTV（数字高清晰度电视）也采用 MPEG-2 进行视频压缩。但这并不意味着能播放 DVD 的软件就可以播放 HDTV，因为 DVD 采用 MPEG-2PS 格式，它主要用来存储固定时长的节目，而 HDTV 采用 MPEG-2TS 格式，它是一种视频流格式，主要用于实时传送节目。

四、MPEG-4 标准

MPEG-4 是一种针对低速率（小于 64kbit/s）下的视频、音频压缩算法。它的显著特点是基于节目内容的编码，MPEG-4 更加注重多媒体系统的交互性、互操作性、灵活性。MPEG-4 标准对一幅画面中的图像按内容分成块，将感兴趣的物体从场景中截取出来，以后的操作就针对这些物体来进行。

五、MPEG-7 标准

MPEG-7 的正式名称为"多媒体内容描述接口"，它主要研究解决多媒体声像数据的内容检索问题。它将为各种类型的多媒体信息规定一种标准化的描述，这种描述与多媒体信息的内容本身一起，支持用户对其感兴趣的各种"资料"的快速、有效地检索。

参 考 文 献

鄂大伟. 2003. 多媒体技术基础与应用. 2 版. 北京:高等教育出版社
龚沛曾,杨志强. 2009. 大学计算机基础. 5 版. 北京:高等教育出版社
蒋加伏,沈岳. 2008. 大学计算机基础. 3 版. 北京:北京邮电大学出版社
裘正定. 2007. 计算机硬件技术基础. 北京:高等教育出版社
谢希仁. 2008. 计算机网络. 5 版. 北京:电子工业出版社
叶惠文,杜炫杰. 2010. 大学计算机应用基础. 北京:高等教育出版社